KB244256

살아 있는 것들의 아름다움

살아 있는 것들의 아름다움

The Beauty of the Beastly

나탈리 앤지어 지음 │ 햇살과나무꾼 옮김

해나무

릭에게 이 책을 바친다.

| 차 례 |

머리말

소녀 시절 나는 병적일 정도로 바퀴벌레를 싫어했다. 바퀴벌레를 무서워하는 것은 브롱크스의 가난한 아파트에 사는 사람한테는 불편하기 짝이 없는 일이었다. 그런 곳의 바퀴벌레들은 자기를 보자마자 짓눌러 죽여버리는 사람들 틈에서 꿋꿋하게 살아가는 기술을 익히고 있기 때문이다. 아버지는 맨손으로 바퀴벌레를 눌러 죽였고, 어머니는 휴지나 신발로 바퀴벌레를 해치우곤 했다. 오빠는 바퀴벌레의 번들거리는 몸뚱이가 눈에 띄면, 가장 가까이 있는 물건으로 바퀴벌레를 눌러 죽여버렸다. 하지만 나는 그렇지 못했다. 그토록 자주 바퀴벌레를 보아왔건만, 눈앞에서 바퀴벌레가 재빠르게 지나가는 것을 볼 때마다 화들짝 놀라 비명을 질러댔다. 바퀴벌레는 쏘거나 물 수 있는 기관이 없기 때문에 나를 해치지는 않을 거라고 수십 번 스스로 타일렀지만 소용이 없었다. 컵을 꺼내려고 찬장을 열었는데 바퀴벌레가 보이면, 차라리 물 마시는 것을 포기했다. 저녁마다 깜깜한 욕실에 들어가 불을 켜기—그것은 바퀴벌레한테는 군대의 기상 신호와 같은 의미를 가지리라—전에 오빠를 불러서 욕실의 지뢰를 제거해달라고 간절히 부탁했다. 오빠가 욕실에 들어가고 나면, 욕실 안에서는 탁탁 바닥을 치는 발소리와 우우 하는 소리가 들렸다. 그 소리로 미루어 보건대 오빠의 일이 중요하긴 하지만 그다지 즐거운 일은 아니었다. 오빠는 양손을 싹싹 비비면서 욕실에서 나와 이렇게 말하곤 했다.

"됐어, 놈들을 다 해치웠어."

그 정도로 나는 바퀴벌레를 무서워했다. 한번은 한밤중에 눈을 떠 보니 커다란 바퀴벌레가 베개 언저리에서 내 쪽으로 기어오고 있는 것이 아닌가? 그렇게 뻔뻔스럽게 행동하는 바퀴벌레는 처음 보았다. 다른 바퀴벌레들처럼 우리집 바퀴벌레들도 부산스레 돌아다니긴 했지만, 내 침대까지 기어 들어온 적은 한 번도 없었다. 나는 비명을 지르며 벌떡 일어났다. 하지만 어쩌랴? 오빠는 깨워봤자 금방 일어나지 않을 것이다. 그리고 부모님은 언제나 내가 별것 아닌 일에 유난을 떤다고 나무라시곤 했다. 하지만 나는 도저히 내 손으로 바퀴벌레를 죽일 수가 없었다.

결국 나는 침대를 적에게 양보하기로 마음먹었다. 나는 침대 발치로 물러나서 무릎을 안고 머리를 매트리스에 둔 채, 침대에 기대어 몸을 웅크렸다. 자세도 불편하고 잔뜩 겁에 질린 터라 한숨도 자지 못했다. 이튿날 아침, 나는 그 바퀴벌레가 다름아닌 크레용이었다는 사실을 알았다. 베개가 움푹 파인 부분에서 크레용이 앞뒤로 구르는 모습이 어둠 속에서는 뭔가 조그맣고 까만 생물이 움직이는 것처럼 보였던 것이다.

이런 이야기를 한 것은 이 책의 제목을 『살아 있는 것들의 아름다움』이라고 지은 이유를 조금이나마 설명하기 위해서이다. 나는 그 당시 바퀴벌레를 몹시 싫어했고, 지금도 바퀴벌레와 함께 살고 싶은 마음이 눈곱만치도 없다. 하지만 나는 이 책을 통해 바퀴벌레들이 햇빛 속으로 나올 기회를 주고 싶었다. 햇빛을 싫어하는 그 생물이 좋아하건 그렇지 않건 간에 말이다. 바퀴벌레의 생태학에 관해 자세히 배우고 나자, 나는 바퀴벌레들에게 깍듯이 인사라도 하고 싶었다. 바퀴벌레의 행동, 한 과(科)에 다양한 종이 존재한다는 사실, 인간과 함께 살기 위해서 또는 인간과 상관없이 자연에 적응하기 위해서 진화시켜온 몸의 구조 등 이것들 하나하나가 바퀴벌레의 위대한 무용담이었다. 바퀴벌레의 역사는 불굴의 인내와 저항력, 민감성, 그리고 변화에 대한 끊임없는 적응력으로 이루어져 있었다.

변화에 대한 적응력이야말로 바퀴벌레를 상징하는 중요한 특성이다. 「바퀴벌레에 버금갈 만한 것은 없다」라는 글에서 나는, 살충제 컴배트가 도시에서 바퀴벌레의 수를 억제하는 데 놀랄만치 탁월한 효과가 있다고 언급했다. 컴배트는 예전의 분무기식 깡통 살충제보다 훨씬 효과적이다. 하지만 이 글을 쓰고 있는 1994년 후반을 기해 워싱턴의 내 아파트에 사는 바퀴벌레들은 그 조그맣고 까만 컴배트를 극복해내기 시작했다. 내 부엌에는 스물네 개의 컴배트가 다닥다닥 붙어 있지만 아직도 살아서 돌아다니는 바퀴벌레들이 있다. 이 바퀴벌레들은 독을 해독시키는 구조를 개발해냈거나, 아니면 내가 생각하기에는 독이 들어 있는 컴배트를 피할 줄 알게 된 것 같다. 아무튼 나는 생쥐가 끈끈이 덫을 피할 만큼 영리하다는 사실을 알고 있다. 생쥐는 건너편에 있는 라면 봉지에 다가가기 위해 올림픽의 장애물 경기 선수처럼 줄줄이 놓여 있는 끈끈이 덫을 폴짝폴짝 뛰어넘어간다. 틀림없이 끈끈이 덫을 밟은 동료들의 운명을 지켜보고 배운 바가 있으리

라. 생쥐가 자기 몸을 변화시키기보다는 관찰을 통해 스스로를 보호할 수 있다면, 바퀴벌레라고 그렇게 하지 못하라는 법이 있을까? 그리고 그런 순응성과 활기와 삶에 대한 열망을 아름답게 여기지 않는다면, 모든 창조의 어머니인 신화를 훌륭하다고 할 수 없을 것이다. 진화는 눈앞에 진행되는 생물학의 마라톤 행렬 옆에 서서 이렇게 소리치고 있다.

"아름다워져라! 힘껏 버텨라! 살아남아라! 살아남아라!"

자연계의 아름다움은 사소한 것들 속에 있다. 그러나 여기서 말하는 사소한 것들이란 달력에나 실리는 값싼 그림의 소재가 아니다. 나는 사람들이 싫어하는 생물, 말하자면 거미, 전갈, 기생충, 벌레, 방울뱀, 쇠똥구리, 하이에나 같은 생물의 이야기를 쓰는 것을 즐거움으로, 아니 사명으로 여겨왔다. 다른 작가들이 관심을 쏟지 않는 생물을 고집스러울 정도로 좋아하며, 바로 그런 애정 때문에 이 글을 썼다. 그래서 나는 독자들이 내 글을 읽으며, 자연이 갖고 있는 다양성과 기발함, 거미줄처럼 얽히고설킨 무한한 가능성을 제대로 음미하고 감상하기를 바란다. 자연이 들려주는 이야기는 어느 하나 흥미진진하지 않은 것이 없다. 소매 속에 놀라운 이야기를 감추고 있다가 떨구어내는 세헤라자데(『아라비안 나이트』에서 매일 밤 왕에게 이야기를 들려주는 여성—옮긴이)의 원조라고나 할까. 물론 나는 자연의 이야기 가운데 극히 일부만 기록할 수 있을 따름이다. 그 이야기들은 보다 더 광범위한 것, 그러니까 자연이 들려주는 이야기들 중 하나다. 그것은 바퀴벌레, 뱀, 흡혈동물, 하등동물에서 네발짐승에 이르기까지 온갖 보잘것없고 괴상한 존재들이 모여서 완성된 자연이 나름의 방식으로 스스로를 보존해나가는 이야기다.

　나는 일반적으로 알려진 짐승들의 아름다움에 대해 쓰는 데 그치지 않고, 전통적으로 아름답다고 여겨지는 동물들의 이면에 야수성이 도사리고 있다는 증거를 제시했다. 가령 만인에게 사랑받는 돌고래는 거친 뱃사람 같은 행동을 하기도 한다. 난초는 자기 자신에 대해 허위 광고를 한다. 새, 벌, 비버처럼 옛날부터 들판의 일꾼으로 알려진 동물들은 사실 유럽의 보통 사람들보다 더 많은 여가 시간을 누린다. 그리고 모든 동물은 자기 짝을 속이려고 하거나 실제로 속인다.

　하지만 이렇게 모범적이지 않은 행동이라도 그 세세한 면을 들여다보면 아름답다. 최초에 인식되었던 사실, 즉 관찰 초기에 발견되어 주로 생물의 종, 사회 체계나 성 등을 분류하는 데 이용되었던 뚜렷한 특성들 뒤에는 더 많은 사실들이 숨어 있다. 나는 새로운 사실을 발견함으로써 불변의 진리로 여겨졌던 이론들을 뒤집거나 더욱더 복잡하게 만들기를 좋아한다. 나 자신이 과거에 그런 진리에 대해서 글을 썼다 해도 마찬가지다. 예를 들어 나는 이 책에서 암컷의 선택을 다루었는데, 그것은 지난 십여 년 동안 잘못된 학설로 폐기처분된 분야였다. 암컷의 선택이란, 짝짓기 시기가 되면 암컷이 수컷을 고르는 입장에 서게 되며, 암컷의 까다로운 취향 때문에 수컷들은 화려한 깃털이나 요란한 울음소리 등 과장된 특성을 여러모로 진화시키게 되었다는 이론이다. 이 가설은 번식에서 암컷이 수컷보다 상대적으로 많은 수고를 한다는 사실에 근거를 두고 있다. 암컷은 새끼를 임신하고 키우는 데 자기 에너지의 대부분을 투여한다. 따라서 암컷은 수컷보다 짝을 신중하게 선택해야 할 이유가 많다. 번식뿐 아니라 생식세포에 있어서도 암컷은 훨씬 많은 희생을 치른다. 암컷의 난자는 정자에 비해 크기도 훨씬 크고, 단백질, 지방 등의 영양물질과 배(胚)를 발생시키는 분자 신호들로 가득 차 있다. 반면에 작은 몸체에 효율적으로 내용물을 담는 수컷의 정자는 동그랗고 미끌미끌한 단백질 속에 담긴 유전자 꾸러미에 지나지 않는다. 낡은 과학적 공리에서도 볼 수 있듯이, 난자는 비싸고 정자는 싸다. 그러니 수컷들이 기회만 있으면 쌈짓돈을 쏟아 부으려고 안달하는 것도 어쩌면 당연한 일이다.

그런데 암컷과 수컷 사이의 입장 차이가 크긴 하지만, 자연이 그렇게 불공평한 것만은 아님이 밝혀졌다. 결국 정자는 그렇게 싸구려가 아니었다. 실제로 파리나 벌레를 실험해본 결과, 정자를 만드는 것은 수명을 상당히 단축시키는 일임이 드러났다. 이 결과에서 유추해보면, 우리가 좋아하는 몇몇 고등동물에게도 똑같은 현상이 일어나지 않을까라는 의문을 품게 된다.

그렇지만 이러한 최신 연구 결과가 암컷의 선택이 수컷의 외모와 행동의 진화에서 중요한 역할을 한다는 사실을 부정하지는 못한다. 어쨌거나 암컷은 난자보다 새끼들에게 훨씬 많은 에너지를 투여한다. 포유동물의 어미는 새끼를 데리고 다니며 젖을 먹이기까지 하지 않는가. 따라서 어미에게는 새끼들의 아비가 될 수컷에 대해 까다롭게 굴 만한 충분한 이유가 있다. 다만 정자 생산이 남성한테 상당한 대가를 요구한다는 사실을 알면, 보다 더 정확하고 새로운 관점에서 성적 행위의 원동력을 바라볼 수 있을 것이다. 예전에는 별것 아닌 것으로 생각했던 일들을 새로운 눈으로 바라보자. 여자는 마음에 드는 남자를 선택하고, 남자도 한 여자를 새로운 연인으로 선택하여 포옹하거나, "이 여자는 정말로 내 인생에서 일 분도 할애할 가치가 없어"라며 휙 지나쳐가기도 하는 것들을.

지난 세월 동안 내가 과학을 열심히 공부하면서 얻은 교훈은, 겉으로 보이는 것 그대로인 사물은 아무것도 없다는 사실이다. 사물을 올

바로 인식하기 위해서는 겉으로 드러나는 사실에 이제 막 발견되기 시작한 세부적인 사실을 덧붙여서 함께 사고해야 한다. 새로운 사실이 기존의 사실을 완전히 뒤집는 경우는 드물다. 그것들은 일단 그려진 초상화에 엷은 덧칠을 하는 것에 불과하다. 예를 들어 돌고래는 간혹 야비하게 굴 때가 있다. 상대방의 몸을 물어서 깊은 상처를 남기기도 한다. 하지만 돌고래들은 명랑하고 다정하게 굴 때도 많다. 돌고래들은 언제 여행하고 언제 물고기를 잡고 언제 휴식하는가 등의 문제를 다 함께 의논하여 결정을 내린다. 하이에나는 육식동물의 먹이 피라미드의 꼭대기에 앉아 있으며, 그에 걸맞게 잔인하다. 사자와 달리 하이에나는 고기, 털, 두개골, 뼈 등 죽은 동물의 찌꺼기를 먹어 치운다. 한배 형제인 하이에나 두 마리는 태어나자마자 서로를 때리고 상처를 입히기 시작해 대개 한 마리가 죽는 것으로 끝장을 본다. 하지만 하이에나도 기분이 좋을 때면, 그리고 하이에나가 당신을 알고 믿는다면, 자기가 무슨 애완동물이라도 되는 듯이 백 킬로그램에 이르는 육중한 몸뚱이를 당신의 무릎에 털썩 내던지면서 귀 뒤를 긁어달라고 어리광을 피울 것이다.

이처럼 기름 부음을 받은 성자들도 죄를 짓고, 야비한 겉모습을 가진 이들 속에도 지킬 박사와 같이 선한 면이 있다. 이런 이유 때문에 나는 내 글의 소재가 된 동물들을 자신들에게 주어진 환경과 조건의 드라마에 등장하는 불완전한 주인공으로 바라보는 것이 무척이나 재미있었다. 그리고 나는 거침없이 동물들을 인격화시킨다. 인간이 아닌 동물도 개성, 의지, 감정, 인식은 물론 꿈과 소망까지 갖고 있다고 가정한다. 그 가정은 이야기를 풀어나가기 위한 징치이며, 유전학, 형태학 상에서 나타나는 생명의 연속성을 보건대 지구상의 생물들이 한 형제라고도 할 수 있다는 생각에서 비롯되었다. 최근에 나는 자연사

박물관에서 말, 악어, 원숭이, 개, 쥐, 새, 돌고래, 인간 등의 뼈대를 전시해놓은 것을 보았다. 그 전시회는 자연이 자신의 최고 발명품들을 얼마나 자주 재활용하는지 똑똑히 보여주었다. 예를 들어 네발 동물, 두발 동물, 발굽이 있는 동물, 날개가 달린 동물 등은 종류에 상관없이 똑같은 방식으로 사지의 뼈가 어깨와 엉덩이로 분절된다. 그리고 한결같이 갈빗대가 척추로부터 포물선 모양으로 나란히 휘어져 나오며, 허벅지는 하나의 굵은 뼈로 이루어져 있고 종아리는 가느다란 두 개의 뼈로 이루어졌으며, 물갈퀴까지 포함하여 우리 모두가 손가락뼈를 갖고 있다. 인간이나 동물이나 살갗 속은 정말로 똑같은 것이다.

골격 구조의 유사성을 보고, 흔히 그렇듯이 나는 나 자신이 왜소해지는 느낌과 어리석은 인간의 우월주의라는 모순된 감정이 한꺼번에 몰려드는 것을 느꼈다. 거기에 있는 나는 자연의 조립 공식에 따라 조립된 동물에 불과했다. 규격에 따라 생산된 부품들이 밑그림에 적힌 번호대로 접착되고 꺾쇠로 고정된, 골반뼈가 약간 넓어진 것을 빼면 배열에서 다른 동물과 거의 다를 바가 없는 조립품 말이다.

그와 동시에 거기에 있는 나는 행복하게도 나의 몸체가 열두 번에 걸친 지질학적 연대기의 시험을 통과한 결과물임을 깨달았다. 그것은 생명이 진정으로 자신의 육체를 다룰 줄 알게 되었고, 날렵하고 유연하고 강인하고 참을성이 강한 활동적인 육체를 만들어냈다는 증거이다. 또한 그것은 육체가 빙빙 돌고, 날아다니고, 뛰어다니고, 땅을 파고, 산에 오르고, 달아나고, 흔들흔들거리면서 스스로를 통해 구체적으로 생명을 표현할 수 있게 되었음을 의미한다. 나 자신을 포함한 모든 짐승들이 활동하고, 문제를 해결하고, 대지와 중력을 잘 이용하도록 태어났다는 사실에서 나는 아름다움을 느낀다. 또한 그렇게 비슷한 요소들로 이루어진 육체들이라면 틀림없이 비슷한 감각과 성향, 즉 공포, 기쁨, 호기심, 지루함, 친밀감, 반감 등으로 이루어진 본성을 갖고 있으리라고 생각한다.

그렇다고 모든 동물들이 같은 사건에 똑같이 반응한다는 말은 아니다(분명히 그렇지 않다. 나는 바퀴벌레를 보면 달아나지만 고양이는 겁없이, 심지어는 신이 나서 달려든다). 하지만 나는 동물들이 그들 자신과 환경을 확실히 받아들이고 있다고 생각한다. 그것은 당연하다. 동물에게는 그들만의 의식 형태가 있다. 거미의 의식이 있고, 홍관조의 의식이 있다. 그런 사실을 받아들이는 것은 일종의 예의이며 자신의 무지를 인정하는 겸손한 태도이다. 다른 생물의 정신 속에 무엇이 있는지 알지도 못하면서 어떻게 그것이 텅 비어 있다고 추측할 수 있는가? 누구라도 다짜고짜 삶의 한가운데로 내몰리면 신경이 과민해질 것이다. 그런데 그런 상황에 처한 동물이 이해 안 가는 행동을 한다고 해서 그 동물을 프로그램된 로봇이나 우둔한 야수로 단정짓는 것이 과연 옳은 판단일까? 그래서 나는 동물을 의인화(擬人化)하는 태도의 타당성 여부를 두고 생물학자들이 열띤 논쟁을 벌인다는 사실을 알았을 때 무척 기뻤다(4부에 실린 「오직 인간만이……」를 보라). 전통적인 생물학자들은 의인화가 감상적인 과학이라고 비난하면서 연구자들은 모름지기 감정적인 객관성을 견지하기 위해 부단히 노력해야 한다고 주장한다. 반면에 의인화를 신봉하는 사람들은 감정이입이 없이는 절대로 그 존재를 이해할 수 없다고 주장한다. 나는 이들에게 단호히 반대한다. 하지만 내가 과학자가 아닌 이상 다듬어지지 않은 생각들을 치밀한 데이터로 뒷받침할 필요가 없기 때문에, 나는 더욱 멀리 나아가 식물까지도 인격화할 생각이다. 우리는 식물의 방어와 의사소통 체계의 복잡성에 대해서 너무나 많이 알고 있기 때문에 오히려 식물도 그 자신과 환경을 이해할 수 있다는 점을 간과하고 있다.

나는 분자도 의인화한다. 그렇다. 단백질, 핵산, 스테로이드 호르몬은 작은 연극 속의 등장인물들이다. 그것들은 움직이고, 회전하고, 껴안고, 성공하거나 실패하기도 한다. 나는 생명의 버팀목인 분자들에 관해 쓴 2부에 '춤'이라는 제목을 붙였다. 눈으로 볼 수 없는 그것들을 마음속에 그려볼 때면, 그것들이 춤추는 모습으로 떠오르기 때문이다. 하지만 현미경으로나 볼 수 있는 영역을 상상하는 방법이 또 있다. 몇 년 전에 나는 고에너지 X-레이를 사용하여 단백질의 원자 구조를 지도로 만드는 단백질 결정학자에게 단백질을 확대시키면 어떤 모양이냐고 물었다. 그는 잠시 곰곰이 생각하더니 "찌그러진 플라스틱 장난감 공들"이라고 대답했다. 나는 순간 "와우 멋진걸!" 하고 감탄했다. 그리고 그 뒤로도 그가 말한 이미지가 머릿속을 떠나지 않았다. 우리 몸의 세포 속에서 일하는 일꾼들, 우리가 의식하든 의식하지 않든 개의치 않고 핵심적인 일들을 수행하는 수천 수만의 단백질들이 찌그러진 알록달록한 장난감 공같이 생겼다고 상상해보라.

분자생물학을 다룰 때 나는 적절한 직유나 은유를 생각해내기 위해서라면 무슨 일이든 다 할 생각이었다. 추상적인 것을 구체적으로 나타내기 위해, 이야기를 풀어나가기 위해 필요한 일이었다. 분자생물학이 끔찍이도 어려운 학문이라는 것은 틀림없는 사실이다. 그래서 사람들은 분자생물학을 외면해버리곤 한다. 하지만 혁명이란 무시되어서는 안 되는 것이며, 분자생물학은 지금 바로 혁명의 한가운데에 있는 학문이다. 과학 칼럼을 쓰는 사람으로서 나는 우리를 현재의 우리로 만들어준 진화 과정과 같은 아주 큰 것뿐 아니라, 세포처럼 극히 작은 것까지 모두 이해하려고 했다. 분자생물학은 발전할 가능성이 많은 분야이며, 현재 과학은 바로 이 분야에서 눈부신 발전을 이루고 있다. 진화에 관한 문제들과 달리 분자생물학 분야의 의문점들은 세세하게 분류하여 뜻깊고 재생산 가능한 방식으로 분석할 수 있으며, 연구에 필요한 도구들이 갖추어져 있다. 과학자들은 일반적으로 상상력을 자극하는 문제보다는 해결할 수 있는 문제에 매달린다. 그래서 우리는 과학자들이 생명의 본성을 이해하기 위한 접근 방식에서 환원주의적 입장(생명 현상은 물리 화학적으로 모두 설명할 수 있다고 보는 견해―옮긴이)보다는 전체주의적 입장(복잡한 체계의 전체는 단지 각 부분의 기능의 총합이 아니라 각 부분을 결정하는 통일체라는 견해―옮긴이)을 가지길 바라는 한편, 과학자들이 끊임없이 시도하는 작업, 즉 자연을 분석하여 설명할 수 있는 대상으로 만드는 일에도 공감해야 한다. 이런 경우에 세포를 구성하는 요소들만큼 적절한 분석 대상은 없다.

나는 분자생물학을 다룬 2부에서 단순히 구체적인 이야기를 전달하는 것을 넘어서 세포 조직이 무엇인가라는 아주 중요한 개념에 대해 뚜렷한 인식을 심어주려고 했다. 요 몇 년간 공공연하게 진행된 대규모 사업인 인간게놈 프로젝트 덕분에 DNA와 유전자는, 생물이 어떻게 살아나가고 생명이 어떻게 지금과 같은 외양을 갖게 되었으며 왜 우리가 이렇게 생각하고 느끼고 행동하는가에 관한 과학적인 개념과 대중적인 관념 모두를 지배해왔다. 현재 논의되고 있듯이, 인간의 유전자 암호를 완전히 밝혀내기만 한다면 우리는 인간의 개성이라는 중요한 부분, 즉 각 인간이 어떻게 만들어졌는지 알 수 있을 것이다. 왜 혼자 있는 것을 잠시도 견디지 못하는 사람이 있는가 하면 수줍어하며 사람들과 사귀지 않으려는 사람이 있는지, 왜 고작 풀피리를 부는 정도의 음악적 재능을 가진 사람이 있는 반면 바이올린을 훌륭하게 연주하는 사람이 있는지 따위의 의문에 대해 우리는 화학적으로 이해할 수 있게 될 것이다. 또는 유쾌한 사람, 솔직한 사람, 여자의 발바닥에라도 입맞출 태세가 되어 있는 사람이 존재하는 이유도 알 수 있을 것이다. 또는 이렇게 외치는 사람도 있을 것이다. "환경적 요소도 중요하다는 사실을 잊어선 안 돼! 유전(nature)과 환경(nuture)의 방정식에서 절반을 차지하는 환경의 역할을 명심합시다." 이 항변은 변증법을 활용함으로써, 생명체가 오랜 세월을 거쳐오는 동안 어떻게 자신의 형태와 풍모를 갖게 되었는가에 대한 거대한 수수께끼의 해결에 근접할 수 있다는 말 같다. 또한 그것은 지력의 60%는 유전되는 것이고 나머지 40%는 환경에 의해 결정된다고 말하는 것 같다. 또는 반대로 생각할 수도 있다. 여러분은 마음대로 비율을 선택할 수 있다. 오랫동안 유전적 영향과 환경적 영향의 비율에 수많은 숫자들이 대입되어왔기 때문이다. 그렇다면 무엇을 유전적인 것으로, 무엇을 환경적인 것으로 간주할 것인가? 사람들은 흔히 부모가 어린아이를 대하는 태도나 텔레비전 쇼가 감수성 예민한 미취학 아동에게 미치는 영향 따위를 '환경의 영향'이라고 생각한다. 하지만 과학자들은 사람이 태어나기 전에 어머니의 자궁이라는 환경에서 일어났던 일도 환경적 요소에 포함시킨다. 따라서 임신한 여성이 심한 스트레스를 받아 호르몬의 균형이 깨지고 그 변화가 태아에게 영향을 미친 것으로 드러난다면, 그 영향은 환경적 요소로 불린다. 이와 비슷하게 태아 때 바이러스에 감염되어 정신분열증을 일으킨 것으로 추정된다면, 그것도 유전적 원인이 아니라 환경적 원인으로 분류된다.

하지만 자궁에 있을 때 일어난 사건이 태아의 유전자 자체에 영향을 미친다면 어떻게 될까? 자궁 속에서 호르몬 분비에 이상이 생기거나 다른 화학적 변화가 중요한 발달 단계에 있는 유전자의 발현에 영향을 미쳐서 특정 유전자가 발현되고 다른 유전자가 사라지는 결과를 낳는다면? 이러한 결과를 환경적 요소 때문이라고 보아야 하는가, 유전적 요소 때문이라고 보아야 하는가? 우리는 여기서 생물학의 회색지대로 들어서게 된다. 그 회색지대에서는 유전과 환경이 너무나 긴밀히 얽혀 있어서 서로를 떼어놓아봤자 아무런 의미가 없다. 어쨌든 성장은 진공 상태에서 진행되는 것이 아니다. 유전자라고 불리는 화학적 배열, 즉 As, Ts, Gs나 Cs 등의 염기사슬 수백 개가 우리의 세포 속에 들어 있지 않다면, 그것들이 가능성을 현실화시켜 우리를 현재의 우리로 만들지 못할 것이다. 그것들은 특정한 맥락 속에서 자신의 목적을 발견하는데, 여기서 중요한 점은 그들이 그 맥락에 따라 변화한다는 것이다. 이중나선은 탄력이 있으며 끊임없이 변화하는 분자들이다. 이중나선의 형태가 변하면 그 기능도 변화한다. 나선형 사슬이 이중으로 겹치면 앞쪽을 향하고 있던 유전자가 이중나선형의 안쪽으로 들어가게 된다. 그곳에는 유전자를 자극하여 활동하게 해줄 만한 것이 닿지 않는다. 유전자가 있어야 할 곳이 아닌 곳에 있을 경우에는 극장의 좌석에 붙은 껌처럼 전체 게놈에 달라붙은 채 몇 분, 몇 날, 몇 달 동안 침묵에 잠겨 있다. 이런 사실들은 바로 환경이 어떻게 하고 싶은 말을 품고 있다가 유전자라는 언어를 통해 말하는지를 보여주는 예이다.

나는 DNA가 시간과 공간 속에서 움직이는 존재이며 그 자체로서 유기체라는 점에 흥미를 갖고 있다. 따라서 내가 분자생물학에 대해 한 이야기들은 대부분 스스로 움직이는 입체적인 나선형 구조의 이야기다. DNA의 구조는 지금까지 그다지 중요하지 않다는 평가를 받아온 것 같다. 그 때문에 나는 그런 무관심을 조금이라도 시정해보고 싶다. 이 책에는 DNA가 구부러지는 현상에 대한 이야기가 나온다.

이중나선이 파이프 청소기처럼 둘로 접혀 고리 모양으로 묶여짐으로 써 나선 구조상에 나란히 배열해 있던 유전자들이 자극을 받아 활동 을 시작하는 것이다. 땅딸막한 미키 마우스같이 생긴 히스톤이라는 단백질 군(群)은 유전물질에 달라붙어 그것을 세포핵 속에 보이지 않 게 응축시키고, DNA와 세포 사이의 모든 회의 위에 군림한다. 그리 고 텔로미어가 있다. 텔로미어는 유전자 염기가 무수히 반복되어 있 는 구조로서 염색체 끄트머리에 달려 있으며, 세포의 나이가 얼마이 고 언제쯤 죽을 것인지 알려준다. 어쩌면 영원히 밝혀지지 않을 것 같은 유전자들에 비해 히스톤이나 텔로미어 같은 요소들은 무시되기 일쑤지만 이것들이 바로 유전자에게 감각과 생명을 부여하는 것이다. 또한 히스톤이나 텔로미어는 유전자의 핵산에 씌어진 이야기와 그 이 야기로 형성되는 육체와 뇌의 깊고 격렬하고 폭발적인 아름다움 사이 에 가교를 놓는다. DNA가 입체적인 구조로 존재함으로써 유전과 환 경이 한데 어울려 영향력을 행사하는 것이다.

　　나는 육안으로 보이는 것이든 현미경으로 보이는 것이든 생물들의 구체적인 특징을 기술하는 것에 머무르지 않고, 그런 특징들을 한데 묶어주는 주제들을 탐구했다. 4부의 '적응'을 비롯한 여러 부분에서, 인간과 동식물이 똑같이 좋아하는 행위, 그러나 전세계를 시장으로 삼는 현 체제에서는 관심도 찬탄도 받지 못하는 행위인 놀이와 즐거 움과 오랜 휴식에 대한 근본적인 욕구를 살펴보았다. 그리고 다양한 생물들의 성, 구애 의식, 짝짓기 전략을 자주 이야기했다. 내가 동물 의 섹스에 흥미를 가지는 것은 얼마간 음란한 호기심에서 비롯된 측 면도 있을 것이다. 암컷과 수컷이 용의주도하고 거만한 태도로 상대 에게 뇌물을 요구하기도 하면서 서로의 주위를 맴돌다가 마음이 맞아 함께 지내고 그러다 헤어지는 일들을 세세하게 관찰하는 일은 무척 흥미롭다. 섹스 이야기는 원래 흥미로운 법이며, 그 사실만으로도 들을 만한 가치가 있다. 그러나 나는 짝짓기를 바라보면서 그 관계 속에 담긴 메시지, 즉 현재의 모습과 미래의 가능성을 파악할 수 있었다. 다시 말해 개체가 현재 어떤 특성을 갖고 있는지는 유전자를 영원히 보존하느냐 못 하느냐라는 절박하고 항시적인 문제의 해답이 되어준다. 발정기에 이른 동물은 우주적 생명체다. 오직 태어나면서부터 지금까지 공허한 미래에 더 많은 생명을 남기기 위해 살아왔다는 듯이 행동한다. 그리고 그 자신은 특별하고 개성적인 연인이자 열정 속에서 새롭게 태어나는 존재이며, 그의 허기는 그 어느 때보다도 참을 수 없는 지경에 이른다. 성적인 동물은 신성하며, 그 순간만큼은 자신을 불멸의 존재로 믿고 있는 오만하기 짝이 없는 생명체다. 그리고 그에게는 시시콜콜한 사연들, 가령 수컷이라면 어떻게 암컷을 만나게 되는가가 가장 중요한 문제다. 성적인 동물은 자신이 가진 잠재력을 최대한 끌어올려서 가장 복잡하면서도 노골적인 상태에 이르러 자신을 완전히 드러낸다. 그 동물은 이렇게 소리친다. "날 봐! 내가 연기하는 모습을 잘 보라구! 난 살아 있고, 앞으로도 살아남을 거야. 어떻게 그러냐구? 살아 있는 동안 그 누구보다도 멋지게 무대 위에서 활보할 거야. 나처럼 멋지고 매력적인 놈은 여태껏 보지 못했을걸. 넌 나한테 반하지 않고는 못 배길 거야. 자, 날 봐. 난 여기 있어!" 그래서 나는 "좋아" 하고 고개를 끄덕이며 그를 눈여겨보게 된다.

하지만 여러분이 나를 훔쳐보기 좋아하는 천박한 사람으로 오해하지 않도록 동물들의 성적인 행동의 범주에 부모로서의 행동도 포함시켰디. 성적인 행동과 부모 노릇은 긴밀히 연관되어 있다. 즉 새끼를 돌보는 방식은 처음에 새끼를 낳게 한 교미 행위 못지않게 간단하거나 혹은 복잡하게 호르몬의 통제를 받음으로써 짝짓기 의식과 형태는 달라도 동일한 목적을 담고 있다. 물론 내가 여성이기 때문에 이런 생각을 하게 되었는지도 모른다. 대체로 암컷은 섹스와 어머니로서의 역할을 따로 떼어서 생각할 수 없기 때문이다. 그리고 부모로서의 행동도 수컷의 깃털 크기와 마찬가지로 성적으로 선택된 특성으로 간주해야 한다고 주장하는 진화생물학자들은 대부분 여성이다. 그러나 사실 내가 흥미를 느껴서 글을 쓰려고 했던 동물의 경우, 처음에는 가족생활과는 아무런 상관도 없는 부분이 흥미로워서 접근해가다 보면, 대부분 눈에 띄게 부모다운 행동을 보여주었다. 자신의 몸 전체가 젖가슴인 양 영양물질을 분비하여 새끼를 먹이는 동물도 있고, 새끼를 보호할 질소를 섭취하기 위해 남의 배설물을 먹는 동물도 있었다. 어떤 동물은 먹이를 갈가리 찢어 새끼들이 쉽게 소화할 수 있도록 죽처럼 걸쭉한 것으로 만든다. 어떤 곤충들은 겉보기에는 기계적인 것처럼 보여도, 몇 년 동안 헌신적으로 새끼를 돌본다. 동물들이 짝짓기 의식중에 자신들이 성실한 부모가 될 수 있다는 암시를 하는 경우도 많다. 예를 들어 시크리드 물고기의 수컷은 구애 과정에서 암컷의 용기를 시험하려고 암컷을 심하게 학대한다. 투지가 있는 암컷은 앞으로 새끼를 보호해야 할 시기가 오면 용감하게 싸울 것이기 때문이다.

지구의 다른 주민들과 인간이 공유하는 점들은 인간의 건강과 복지 문제까지 확대된다. 5부 '치료'에서는 건강에 관한 의학적 문제들에 초점을 맞추되, 그 문제들을 다양한 종을 포함하는 진화적 관점에서 다루었다. 가령 전세계 사람들이 비만으로 고민하게 되는 경우, 다른 포유류가 물질대사를 통해 체지방을 축적하는 방법을 고려해봄으로써 뭔가 도움을 얻을 수 있을지도 모른다. 왜 지방이 집중적으로 붙는 부분과 거의 붙지 않는 부분이 있는가? 왜 엉덩이나 허벅지에 붙은 지방보다 상체에 붙은 지방이 훨씬 더 건강에 해로울까? 우드척은 가을만 되면 혐오스러우리만치 뚱뚱해지지만 동맥에는 아무 이상이 없는데, 왜 사람은 살이 찌면 심장병과 고혈압에 걸리기 쉬운가? 이런 의문들은 우리에게 친숙한 주제인 인간의 비만을 진화론적 관점으로 생각하다 보면 자연스레 떠오르는 흥미로운 질문들이다. 월경도 마찬가지다. 월경을 주제로 쓴 「월경에 관한 새로운 이론」에서는 월경을 하는 이유에 대해 혁신적인 견해를 발표한 어느 진화생물학자의 이야기를 다루었다.

그래도 6부 '창조'에서는 인류만을 다루었다. 인간만이 창조하고 싶은 충동을 느끼는 것은 아닐 것이다. 바워버드(오스트레일리아 근방의 섬에 사는 새로, 수컷은 암컷을 꾀기 위해 정자亭子 모양의 둥지를 짓는다―옮긴이)나 쇠똥구리가 만든 흠잡을 데 없는 쇠똥 경단을 생각해보라. 하지만 우리는 창조를 고차원적인 것으로 여긴다. 그 가능성은 거의 무한대에 가깝다. 최근에 나는 잡지를 뒤적이다가 문득 로마의 멋진 유적들에 대한 여행사의 광고를 보고 그런 생각이 떠올랐다. 그 광고에는 라파엘로, 레오나르도 다 빈치, 미켈란젤로의 그림의 일부가 우표만한 크기로 인쇄되어 있었다. 그 그림들은 비록 작았지만, 잡지의 완고하고 평면적인 진부함을 박차고 나와 빼어난 아름다움으로 내 시선을 사로잡았다. 한마디로 주위의 그래픽이나 본문과는 차원이 달랐던 것이다. 셰익스피어나 릴케나 휘트먼의 시를 두고도 똑같이 말할 수 있다. 완벽한 어휘의 선택, 억양과 구조, 가슴 벅찬 희열에 이어지는 잔잔한 어구. 이처럼 걸작은 모두 평범한 언어에서는 느낄 수 없는 소리와 맛을 가지고 있다. 천재 예술가들은 인간성과 야수성 또는 시작과 과정과 끝을 초월하여 활동한다. 그들은 자연의 법칙과 한계로부터 스스로를 해방시킨다. 그래서 나는 두 장에 걸쳐 예술과 천재를 다루고, 또 한 장에서는 인간의 걸작을 신경생물학적으로 접근하여 밝혀진 사실을, 나머지 한 장에서는 않고 있는 치명적인 병이 예술작품의 창작에 어떤 영향을 미치는지를 고찰해보았다. 예술 분야의 창조성뿐만 아니라 과학 분야에서 뛰어난 창조성을 보인 세 명의 과학자에게도 지면을 할애했다. 그들은 세상을 그 자체로 탐구할 뿐 아니라 지성과 상상력을 결합하여 새롭게 창조해낸 사람들이다.

마지막 7부에서는 어떤 종을 막론하고 우리 모두를 넉넉히 포괄하는 죽음이라는 주제로 돌아갔다. 여기서 나는 죽음이라는 주제를 먼저 분자론적, 진화론적으로 접근하여 다룬 뒤에 개인적으로 접근했다. 나도 감정적으로는 죽음이 싫고 두렵다. 하지만 이성적으로 돌아가서 생물학적 관점으로 죽음을 바라보면, 죽음의 정당성과 타당성과 단순성을 알 수 있다. 생명은 연장될 수 있지만 결코 죽음을 피할 수는 없다. 세포의 죽음을 조직화하는 유전자들을 살펴보면—세포의 죽음은 작은 죽음이며 우리의 육체적인 죽음은 그런 작은 죽음들로 이루어진다—그것들이 변형될 경우에 영원히 죽지 않는 세포를 만들어낼 수 있음을 알 수 있다. 하지만 여기에는 함정이 있다. 그 불멸의 세포란 다름아닌 암세포이다. 따라서 죽음을 피할 방법은 없으며, 생명이 숭고한 아름다움을 갖고 있다면 그것은 그 누구도 죽음을 거역할 수 없다는 사실 때문이리라.

　마지막으로 한마디. 이 책에 실린 글들은 7부의 「조각이불에 한 조각을 더 붙이다」를 제외하고는 대부분 『뉴욕 타임스』에 실렸던 글이며, 이번에 책으로 묶어내면서 충분히 검토되고 다듬어졌다. 그렇다고 해서 이 책의 내용이 '쇠똥구리와 나'라는 식으로 나에 대한 이야기들로 바뀌었다거나 지나치게 개인적인 감상을 드러낸 글로 둔갑한 것은 아니다. 물론 나는 실제로 동물과 함께 지냈던 느낌이나, 화가 나서 꼬리를 바르르 떠는 1미터짜리 방울뱀의 눈을 바라보면 어떤 느낌이 드는지 여러분에게 알려주고 싶다. 나는 개인적으로 내가 제시한 이론을 모두 믿지도 않고 그럭저럭 만족할 만하다고 생각하지도 않는다. 그 이론들 중 어떤 것은 구체적인 증거를 충분히 제시하지 못하고 일반적인 서술에 그친 탓에 모험적이기까지 하다. 하지만 그 생각들은 자연에 대한 나의 감각과 사고 방식을 반영하고 있다. 여러분이 비웃으며 코웃음칠 정도의 시간만 내어 이 글을 읽는다면, 내가 선사하는 재미를 맛볼 수 있을 것이다.

1부 ____
사랑

평생의 동반자?

　　로맨스! 동물 세계에도 아름다운 로맨스가 있을까? 언제까지나 함께할 듯이 꼭 붙어서 우아하게 연못을 헤엄쳐다니는 청둥오리 한 쌍은 우리에게 그윽한 감동을 준다. 그뿐인가. 암수 두 마리가 일생 동안 짝이 되어 살아간다 해서 오랜 옛날부터 영원한 사랑의 상징이 되었던 나팔수큰고니는 어떤가. 서로 주둥이를 맞대고 길다란 우윳빛 목으로 하트 모양을 이루는 그들의 모습을 보면 우리의 가슴도 자못 설레지 않는가?

　　일생 동안 짝이 되어 산다는 것, 물론 몇 번쯤의 외도는 있다 해도 그런 일이 동물 세계에도 가능할까?

　　결혼 선물이나 청첩장을 만드는 사람들에게는 안된 일이지만, 동물 세계에는 일부일처제 같은 것이 거의 없다고 밝혀졌다. 최근에 이 분야에서 이루어진 수많은 연구에 따르면 그간의 속설들은 모두 낭설이었다. 서로에게 정조를 지키고 새끼들의 양육을 위해 암수가 성실하게 협력한다고 여겨졌던 동물들마저 실제로는 무수한 '배신'을 한다.

오래 전부터 생물학자들은 새들 중에는 '일부일처제'를 유지하면서 어미와 아비가 힘을 합쳐 새끼들을 길러내는 종이 있다고 생각했다. 어떤 사람은 조류의 94%가 일부일처제라고 주장하기도 했다. 하지만 새끼들의 아버지를 밝혀내는 유전자 감식법을 도입해본 결과, 한 둥지에서 자라는 새끼 새들의 평균 30% 이상이 그 둥지에 함께 사는 수컷의 자식이 아니라는 사실이 드러났다. 따라서 오늘날 학계에서는 '난혼'의 경향이 상대적으로 덜한 새를 찾아내는 것이 오히려 중대한 과제가 되었다.

뿐만 아니라 예부터 많은 교미 상대를 갖고 있다고 알려졌던 동물들도 그 정도가 생각보다 심하다고 밝혀졌다. 예를 들어 포유류는 애당초 정조 같은 것과는 거리가 멀고 그 가운데 고작 2~4% 정도만 배우자에게 충실하다고 여겨졌는데, 그것마저 하향 조정해야 하는 처지이다. 고전적 동물행동학자들에게는 당혹스러운 일인지 모르지만 성적으로 더욱 방탕한 것은 놀랍게도 주로 암컷들이다.

토끼와 엘크사슴과 줄무늬다람쥐를 야생 상태에서 조사한 결과에 따르면, 이들의 암컷들은 하루에도 몇 번씩 각기 다른 수컷과 교미하며, 교미한 후에는 체내의 정액을 대부분 배출하여 다음 교미 때 다른 수컷의 정액을 받아들일 여지를 남겨둔다. 이렇게 함으로써 암컷은 다양한 종류의 정자를 얻을 수 있고, 따라서 아주 다양한 유전적 형질을 갖는 후손들을 낳을 수 있다. 암컷들 중에서 가장 많은 수컷과 교접을 하는 동물은 아마 여왕벌일 것이다. 여왕벌은 한 번의 비행으로 수많은 수펄들과 짝짓기를 한다. 수펄들은 고분고분하게 짝짓기를 하고는 이내 죽고 만다.

암컷의 바람기를 막기 위해 수컷들이 자아내는 꾀는 놀랄 정도다.

아이다호 주(州)에 사는 줄무늬다람쥐 수컷은 암컷이 생식기에 이르면 암컷의 뒤만 졸졸 따라다닌다. 심지어는 암컷이 다른 수컷들과 어울리지 못하도록 구멍 속에 암컷을 몰아넣은 다음 입구를 엉덩이로 막고 앉아 있기도 한다. 어떤 다람쥐들은 설치류 판 정조대를 사용한다. 즉 사정을 한 다음 고무진 같은 액체를 배설하여 암컷의 생식기를 틀어막는 것이다. 그런데 대부분의 수컷들은 자신의 정자를 수정시키기 위해 소위 '정자 전쟁'이라는 전투를 치른다. 정자 전쟁이란 가장 성공할 가능성이 높은 기회, 그러니까 암컷이 정확히 배란기일 때 정자를 사출하여 수정시키기 위한 수컷들의 싸움을 말한다. 대개 마지막으로 교미한 수컷의 정자가 수정될 가능성이 가장 높다. 그래서 몇몇 수컷들은 저마다 암컷의 마지막 짝이 되기 위해 몇 번이고 짝짓기를 하는 소모전을 치른다. 하지만 적절한 도구가 있으면 훨씬 쉽게 경쟁자를 물리칠 수 있다. 가령 담색물잠자리 수컷은 성기 끝에 국자 같은 것이 달려 있어서 교미하기 전에 암컷의 생식기에서 그전 상대의 정자를 교묘하게 제거해버린다.

동물들의 새로운 짝짓기 습성들이 발견되고 거의 모든 동물에게 '난교 성향'이 있다는 사실이 밝혀짐에 따라, 동물행동학과 동물사회학 이론들이 다시 씌어지고 있다. 그 동안 사람들은 수컷만 여러 암컷과 짝짓기를 하며 암컷은 한 마리의 훌륭한 수컷으로 만족한다는 불쾌한 고정관념을 갖고 있었다. 하지만 동물의 사회 체제는 다정한 결합 못지않게 선택적 외도의 길을 허락하는 방향으로 발전하였다. 결국 동물들의 결혼은 대부분 정략결혼인 셈이다. 결혼을 통해서 동물들은 가끔씩 바람을 피울 여지만을 남거두고, 새끼를 키울 수 있는 안정성을 확보하는 것이다.

일부일처제나 난혼에 대한 잘못된 견해들은 대부분 다윈 시대에 생겨났다. 당시 다윈을 비롯한 많은 생물학자들은 야생 상태에서 짝을 이룬 동물들의 행태를 관찰하고 그것을 근거로 무척이나 그럴듯한 가설을 세웠다. 번식기가 되면 새들은 대부분 짝짓기를 한다. 그것을 보고 생물학자들은 새끼를 온전히 키우려면 반드시 암수 한 쌍이 결합해야 한다고 결론을 내렸다. 암컷과 수컷이 함께 알을 부화시키고 새끼를 먹이고 보호하지 않으면 새끼들은 날갯짓을 채 배우기도 전에 죽음을 면치 못할 것이다. 그렇게 안정적으로 새끼를 돌봐줄 부모가 필요하기 때문에 일부일처제가 생겨났을 것이라는 것이다.

그러나 현장 관찰 기술이 점점 더 향상되면서, 일부일처제를 지킨다고 여겼던 조류의 경우에도 암컷이나 수컷 한 마리가 둥지를 훌쩍 떠나 애인과 은밀한 시간을 갖는 것을 자주 목격하게 되었다.

이러한 관찰 결과를 얻게 되자 생물학자들은 DNA 지문법을 비롯하여 아버지를 추적하는 데 쓰이는 여러 가지 기술을 동원하여 새끼 새들의 아버지를 추적했다. 그 결과 한 둥지에서 자라는 새끼 새들 가운데 10%에서 70%에 이르는 새끼들이 그들을 돌봐주는 수컷의 자식이 아니라는 사실이 밝혀졌다.

북아메리카에 흔한 아메리카쇠박새를 예로 들어보자. 겨울이 되면 박새 무리는 계급 구조를 형성한다. 계급 구조가 이루어지면 박새들은 저마다 자신의 서열뿐만 아니라 다른 새들의 서열까지도 확실히 인식한다. 번식기인 봄이 오면 박새 무리는 쌍쌍으로 나뉘어 자기 영역을 정하고 그 안에서 번식한다. 어쩌다가 낮은 서열의 수컷과 짝짓기를 한 암컷은 그 수컷의 둥지를 떠나 근처에 있는 높은 서열의 수컷의 영토로 슬쩍 들어간다. 그리하여 암컷 박새는 새끼를 키워줄 착실한 짝이 있는 가정과 우수한 수컷의 유전자를 이어받은 새끼를 낳을 수 있는 기회를 한꺼번에 얻게 된다.

제비의 암컷도 그와 비슷하게 외도의 상대자를 까다롭게 고른다. 암컷은 바람을 피울 때면 항상 자기 짝보다 약간 길고 균형 잡힌 꽁지를 가진 수컷과 교미한다. 꽁지가 잘생겼다는 것은 기생충에 대한 저항력이 있다는 증거이기 때문에 암컷에게 커다란 매력이 된다. 새 끼에게 그런 저항력을 물려줄 수 있다는 이점 외에도 기생충에 감염된 파트너를 피함으로써 자기 자신도 피를 빠는 기생충에 감염될 위험을 줄일 수 있다.

한편 마구잡이로 짝짓기하는 암컷들은 훌륭한 유전자보다는 다양한 유전자를 얻기를 선호한다. 다양한 자손을 얻으면 그만큼 번성할 수 있는 자손을 얻을 가능성이 높아지기 때문이다. 여왕벌은 한번 벌집을 나오면 근방에 있는 스물다섯 마리 정도의 수펄과 한꺼번에 교미한다. 여왕벌의 음탕함은 무자비하기까지 하다. 불쌍한 수펄은 여왕벌의 몸 속에서 자신의 생식기를 파열시켜야만 교미를 완성할 수 있다. 그러는 사이에 수펄은 교미의 성과물만을 남긴 채 죽어간다. 여왕벌은 약 4백만 개의 난자를 가지고 있기 때문에 상당히 많은 정자를 필요로 하는데, 사실 어느 수펄이든 그만한 수의 정자를 제공할 수 있다. 따라서 여왕벌이 굳이 여러 수펄과 교미를 하는 것은 다양한 유전자를 얻기 위해서인 듯하다.

그러나 암컷의 바람기를 막으려 하는 수컷의 대응 전략도 진화해왔다. 짝을 두고도 바깥에서 열심히 교미 상대를 찾는 암컷들은 자칫하면 짝의 보살핌을 잃을 수도 있다. 수컷 제비는 자신의 짝이 이웃의 수컷과 교미하는 것을 보면 앙갚음으로 새끼들을 소홀히 돌본다. 그래서 외도는 대부분 은밀하고 신속하게 이루어진다. 이것을 생물학자들은 '도둑 짝짓기' 라고 부른다.

그렇다고 수컷들이 훌륭하다는 것은 아니다. 수컷들은 되도록 자신의 씨를 널리 퍼뜨리려고 갖은 꾀를 쓰는데, 어떤 경우에는 그 교활함이 혀를 내두르게 할 정도다. 제비 중에서 몸집이 가장 큰 종인 보라큰털발제비의 성숙한 수컷은 자기보다 나이 어린 수컷을 가볍게 배신한다. 성숙한 수컷은 둥지를 만들고 짝을 유혹한 다음 재빨리 교미를 한다. 그렇게 간단하게 일을 처리한 다음, 성숙한 수컷은 노래를 불러서 어린 수컷이 이웃에 이사오게끔 한다. 그러면 세상 물정을 모르는 한 살배기 수컷은 근처에 와서 둥지를 짓고 짝을 구하는 노래를 부른다. 하지만 어린 수컷을 찾아온 암컷은 바로 이웃에 사는 성숙한 수컷한테 강간을 당한다. 그 결과 한 살배기 수컷은 자기 짝이 가진 난자의 30%도 수정시키지 못했으면서도 그 둥지의 모든 새끼들을 끝까지 돌본다.

화려했던 지난날을 아쉬워하는 중년 이후의 사람들에게 솔깃할 이야기 하나. 동물들 사이에서는 나이 든 수컷이 젊은 수컷보다 암컷들에게 더 인기가 좋다. 젊은 수컷의 짝과 관계하는 나이 든 수컷도 허다하며 그러지 못한 경우에는 젊은 수컷한테 모욕을 준다. 청둥오리 수컷은 다른 수컷과 짝을 이룬 암컷에게 끈질기게 치근거린다. 암컷은 교미를 피하려고 날아서 도망가거나 물밑으로 잠수하거나 맞서 싸우기도 한다. 짝이 근처에 있는 경우에는 둘이 함께 싸우기도 한다. 그런 저항을 모두 이기고 암컷을 겁탈하는 수컷은 그 구역에서 가장 성숙하고 경험 많은 수컷이기 마련이다.

하지만 동물 사회에서 강간은 흔하지 않다. 수컷은 자신의 정자를 수정시키기 위해서 강간보다는 생리학적 방법에 의지한다. 번식을 위해서는 사정량이 많은 수컷이 유리한 경우가 많다. 그래서 어떤 수컷들은 엄청나게 큰 정소를 가지게 되었다. 암컷이 여러 수컷과 짝짓기하는 성향이 클수록 그 종의 정자 생산 기관은 더욱 커진다. 생물학자들이 고등 영장류들의 고환의 크기를 비교한 결과, 침팬지가 몸집에 비해 가장 큰 고환을 가졌다는 사실이 밝혀졌다. 침팬지는 무리내의 모든 상대와 짝짓기를 한다. 따라서 고환이 가장 큰 수컷이 경쟁자들을 누르고 자신의 정자를 수정시킬 가능성이 높은 것이다.

고릴라들은 큰 덩치에 비해 음낭(고환을 싸고 있는 주머니)이 작다. 이 사실은 고릴라 사회에서 정자 전쟁이 치열하지 않다는 것을 의미한다. 우두머리 수컷은 요란하게 가슴을 두드리고 포악한 행동을 일삼아 일단 지배력을 획득하고 나면 다른 수컷의 방해를 받지 않고 한 무리의 암컷을 거느릴 수 있으므로 정자 전쟁에 따로 나서지 않는다. 그처럼 수컷 한 마리가 대부분의 암컷을 독점할 수 있는 체제라면 고환이 커봤자 아무런 이득도 되지 않는다. 부하가 된 수컷들은 생식기를 크게 만드는 데 정력을 쏟기보다는 우두머리를 타도하여 암컷의 무리를 고스란히 빼앗는 편이 더 나을 것이다.

인간은 몸집에 비해 크지도 작지도 않은 고환을 갖고 있다. 생물학자들은 이것을 두고 인간이 근본적으로 일부일처제임을 보여주는 훌륭한 증거라고 하지만, 확실한 근거는 없다.

인간의 문제는 확실히 복잡하다. 동물들에게 유일한 짝이란 없다는 이 새로운 연구 결과를 인간에게 적용하기 위해서는 여론의 화살을 두려워하지 않는 겁 없는 생물학자들이 필요하다. 인간이란 자유 의지와 양심, 그리고 자연과학적 법칙으로는 설명할 수 없는 복잡한 내면을 지닌 존재라는 주장이 아직 드높기 때문이다. 그러나 요즘에는 용감한 이론가들이 많이 나타나서 인간의 바람기는 진화론적인 근거를 가지고 있다고 주장하고 있다

인간의 아기들은 성장하는 데 오랜 시간이 걸린다. 이 때문에 진화 초기에 인간들은 짝을 지어서 자식을 키웠을 것이다. 하지만 결혼생

활에 아무런 문제가 없는 남자라도 자신의 유전자를 더 많이 퍼뜨리고 싶은 욕구 때문에 부인 몰래 외도를 꾀할 수 있다. 여자는 더 건강한 유전자를 가진 듯이 보이는 남자나 그녀의 호감을 사려고 얼룩말고기라도 주는 남자와 바람을 피울지도 모른다. 많은 진화생물학자들은 일부일처제가 가진 문제들 때문에 남자들이 질투에 사로잡혀 여자의 성기에 상처를 내거나 중국의 전족(纏足)과 같이 여자들을 남자의 손아귀에 붙들어두려는 불쾌한 풍습이 생겨났다고 주장한다. 여자들도 남자들 못지않게 배우자의 부정에 분노를 느끼겠지만 여자는 체구가 작은 탓에 남자를 묶어두고 족쇄를 채우기에는 역부족이었다.

하지만 여자들이 바람 피울 방법이 전혀 없는 것은 아니다. 진화를 통해 여자들은 남자들의 감시를 피할 수 있는 방법을 개발했다. 그중에서 가장 주목할 만한 것은 배란 시기가 겉으로 드러나지 않게 되었다는 것이다. 히말라야원숭이의 암컷과 달리 인간의 여자들은 임신할 수 있는 시기가 되어도 엉덩이가 선홍색으로 변하지 않는다. 여자들은 나방처럼 유인물질을 공중에 퍼뜨리지도 않는다. 또한 고양이처럼 창가에 서서 애처롭게 울어대지도 않는다. 그래서 남편이 아내의 배란 기간을 정확하게 맞추어 단속하기란 쉽지 않다.

여자의 젖가슴은 남자의 혼란을 부채질하기 위한 수단이다. 덩치 큰 암컷 유인원의 부푼 젖가슴은 새끼에게 젖을 먹이는 중이므로 번식할 때가 아니라는 신호이다. 하지만 여자들은 항상 가슴이 부풀어 있기 때문에 남자들은 배란하는 중인지 수유하는 중인지 구별하기 힘들다. 그래서 여자들의 생식 활동을 억제하려는 남자들은 갈피를 잡을 수가 없다. 어쩌면 남자들은 그 실마리를 찾으려고 그렇게 젖가슴에 집착하는지도 모른다. 하지만 남자들은 전혀 엉뚱한 곳에서 헤매고 있다.

안고 싶은 충동

포옹은 거친 세상을 부드럽게 만들어주는 미약이다. 포옹은 성욕을 부추기는 역할을 하기도 한다. 포옹을 하면 남자는 여자를 더욱 열렬히 원하게 되고, 여자는 더욱 열정적으로 남자를 받아들이게 된다. 그리하여 흥분이 고조되고 절정으로 치닫는 관능의 파도에 몸을 맡기게 된다. 그런 다음 포옹은 성교 후의 담배처럼 느긋한 만족감을 느끼게 해준다. 뿐만 아니라 포옹은 가족의 유대관계를 더욱 돈독하게 해준다. 새로 어미가 된 이들은 포옹을 통해 더욱 기꺼운 마음으로 새끼를 키우게 되고, 아비들도 새끼를 한번 안아봄으로써 더욱 행복하게 보금자리를 맴돌며 새끼를 보살피게 된다. 반드시 섹스 상대자나 부모 자식간이 아니더라도 안지 않고는 못 배길 것 같은 기분이 들게 만드는 것은 화학물질의 작용 때문이다.

그 마법의 화학물질은 비로 옥시토신이다. 옥시토신은 작지만 강력한 펩티드 호르몬으로 뇌의 밑부분에 있는 아몬드만한 크기의 뇌하수체에서 분비된다. 예전부터 옥시토신은 출산시 자궁을 수축시키고 갓 난아기에게 먹일 젖을 분비시키는 화학물질로 알려져왔다. 하지만 옥 시토신은 근육을 수축시키는 것 외에도 여러 가지 작용을 하는 듯하 다. 과학자들은 옥시토신이 암수 모두에게 활발히 작용하며 동물들이 사회적이고 성적인 상호 작용, 즉 암컷과 수컷, 부모와 자식, 이웃간 의 상호 작용을 더욱 유쾌한 것으로 만들어준다는 사실을 알아냈다. 옥시토신은 만족감을 주는 호르몬이며, 자연이 생물들에게 준 기쁨의 선물이다.

흥미로운 과학 분야들이 흔히 그렇듯이, 지금까지 옥시토신에 관한 연구는 주로 인간이 아닌 동물들을 대상으로 진행되었기 때문에 연구 과정에서 밝혀낸 사실들이 인간에게도 적용될 수 있는지는 아무도 장 담할 수 없다. 분명한 것은 옥시토신이 인간의 성욕을 불러일으키고 행복을 느끼게 해주는 요소라는 사실이다. 하지만 옥시토신이 우리 의 몸과 뇌로 흘러 들어가는 경로는 머리가 아플 정도로 복잡하다. 그러니 언젠가는 프로작(Prozac, 우울증 치료제의 상품명—옮긴이)을 대체할 옥시토신 알약이 나오리란 기대 따위는 아예 접는 것이 좋을 것이다.

그럼에도 불구하고 옥시토신 마니아들은 분명히 존재한다. 쥐, 토 끼, 밭쥐, 양 등의 동물들을 연구해보면 옥시토신이 성적인 행동이나 애정 어린 행동을 통제하는 뇌의 여러 부위에 작용한다는 사실을 알 수 있다. 실험 결과 동물의 몸이 에스트로겐과 테스토스테론 같은 성 호르몬에 의해 생식할 준비가 되었을 때 그 메시지를 알아듣고 파트 너를 물색하러 다니는 것은 옥시토신의 작용 때문일 가능성이 높은 것으로 밝혀졌다. 뉴욕 록펠러 대학의 연구자들은 배란기의 생쥐에게 옥시토신을 추가로 주입하면 주사를 맞지 않았을 때보다 60% 내지

80% 가량 더욱 맹렬히 수컷을 유혹한다는 사실을 발견했다. 발정난 암컷은 등을 활처럼 구부리고 평소보다 더욱 매혹적으로 수컷에게 엉덩이를 내밀어 교미를 유도한다.

옥시토신은 또한 부모와 자식 사이의 유대를 강화시켜준다. 옥시토신 주사를 맞은 어미 쥐는 그렇지 않은 쥐들보다 새끼들을 자주 안아주고 살갗을 비빈다. 옥시토신 주사를 맞은 아비 쥐들은 새끼들의 보금자리를 만들고 정성껏 새끼들을 보호해줄 가능성이 높다. 하지만 옥시토신의 활동을 억제하는 주사를 맞은 수컷은 새끼 돌보기에 소홀할 뿐만 아니라 갓난 쥐를 잡아먹기도 한다.

옥시토신은 성적, 생식적인 부분에 영향을 미치는 것 외에 생물들끼리 친하게 지낼 수 있게 해주는 작용도 하는 것 같다. 무리지어 지내기를 무척이나 좋아하는 밭쥐들은 당연히 옥시토신에 쉽게 반응한다. 밭쥐들은 옥시토신 주사를 맞으면 더욱더 육체적인 접촉을 원하게 되고 가까이 다가가고 싶은 열망에 사로잡힌 나머지 서로의 품속으로 파고들기까지 한다. 하지만 밭쥐와 무척 가까운 친척인 생쥐는 천성적으로 혼자 있기를 좋아한다. 그래서 생쥐들은 급하게 교미 상대를 구하는 경우가 아니고서는 서로 마주치기를 꺼린다. 생쥐의 뇌는 밭쥐와 구조가 달라서 옥시토신에 둔감한 반응을 보인다. 이런 생쥐들한테는 옥시토신 호르몬 주사를 놓아봤자 별 효과가 없다.

밭쥐와 생쥐가 보여주는 상반된 반응을 살펴보면 혈액 속에 옥시토신이 얼마나 많이 흐르느냐가 아니라 뇌가 옥시토신에 얼마나 민감하게 반응하느냐에 따라 옥시토신의 효과가 달라진다는 사실을 알 수 있다. 이때 뇌가 반응하는 정도는 체내의 성호르몬과 단백질 따위의 복합적인 요소들에 의해 결정된다.

따라서 옥시토신이 몸의 생화학적 균형 상태에 따라 반응을 일으킬

때도 있고 아무런 반응도 일으키지 못할 때도 있다. 과학자들은 옥시
토신이 일정한 반응을 일으킬 것임을 알려주는 호르몬 신호가 무엇인
지 아직 알아내지 못했다. 다만 사교적이지 못한 종은 서로 친하게
지내라는 옥시토신의 요구에 반응하는 장치가 없는 반면, 천성적으로
사교적인 종은 옥시토신에 반응하는 장치가 있기 때문에 함께 모여
사는 것이라고 짐작할 뿐이다.

옥시토신이 인간의 행동에도 영향을 미치는가의 여부는 더욱 모호
하지만, 흥미로운 문제임에 틀림없다. 옥시토신의 역할을 알아보는
실험에서 연구자들은 인간이 오르가슴을 느끼고 사정을 하는 순간에
혈중 옥시토신의 양이 평소보다 세 배에서 네 배나 높아진다고 결론
지었다. 따라서 옥시토신은 오르가슴을 경험할 때 수축을 일으키는
물질일 수도 있고, 성교에서 절정에 이르는 것과 같은 강렬한 쾌감을
느끼게 하는 데 결정적인 역할을 하는 물질일 수도 있다. 하지만 옥
시토신이 그 두 가지 역할을 한꺼번에 담당할 가능성이 더 크다.

옥시토신이 성욕에 큰 영향을 미친다는 사실을 더욱 확실히 보여주
는 증거가 있다. 정상적인 성인이 성욕을 감소시키는 약을 복용할 때
흔히 나타나는 성 기능 장애를 일으키는 경우, 성욕을 촉진시키는 옥
시토신 주사를 맞으면 예전의 성욕을 되찾게 된다. 하지만 스스로 성
충동을 억제하는 약을 복용하지 않았는데도 발기 불능인 남자나 불감
증인 여자를 옥시토신 요법으로 치료할 수 있는지는 아직 밝혀지지
않았다.

최근의 연구 결과가 새롭고 놀랍긴 하지만 사실 옥시토신은 뉴로펩
티드, 즉 뇌호르몬 중에서는 가장 먼저 발견되어 세밀히 연구된 물질
이다. 옥시토신은 1903년에 발견되었으며 단백질 구성은 1950년에야
명확히 밝혀졌다. 옥시토신은 겨우 아홉 개의 아미노산으로 이루어진

조그만 단백질이다. 이렇게 크기가 작기 때문에 옥시토신은 뇌에서 뇌하수체를 거쳐 대동맥까지 효율적으로 운반된다. 하지만 최근까지 옥시토신의 연구는 주로 자궁 수축과 젖 분비의 역할에 초점을 맞추어 진행되었다. 주로 실용적, 임상적 관점에서 연구되던 옥시토신은 실험실에서 합성되어 피토신의 원료로 쓰였다. 피토신은 자궁 수축을 촉진하고 태반이 쉽게 빠져나오게 하는 데 쓰이는 약이다.

그러나 옥시토신이 그렇게 단순한 호르몬이 아니라는 증거도 많았다. 첫번째 증거는 남자들에게도 옥시토신이 상당량 존재한다는 사실이다. 옥시토신은 분만을 촉진하는 호르몬으로 추정되고 있었던 터라 그것은 특이한 발견이었다. 두번째 증거는 원시 어류 같은 고대 생물들에게서도 촘촘히 연결된 펩티드인 옥시토신이 발견되었다는 사실이다. 포유류가 아닌 종은 출산시 진통을 겪거나 아기에게 젖을 먹일 필요가 없는데도 옥시토신을 지니고 있었던 것이다. 지난 몇 년 동안 중요한 실험 도구들이 개발됨에 따라 과학자들은 뇌에 있는 옥시토신 수용체를 정확히 분석할 수 있었다. 옥시토신 수용체는 신경세포에 붙은 단백질로 옥시토신을 꼭 붙들어둠으로써 뇌가 반응하게 만드는 역할을 한다.

과학자들은 옥시토신 수용체의 분포도를 만들어보고 옥시토신이 뇌에 광범위한 영향을 미친다는 사실을 알아냈다. 그리고 나서 특히 어느 부위가 가장 민감하게 옥시토신의 신호에 반응하는지 연구하기 시작했다. 옥시토신 수용체는 후각, 시각, 내분비 체계와 배란을 조절하는 부위에 분포하고 있다. 그중에서도 수용체가 많이 분포하고 있는 부위는 뇌의 내측핵으로서, 다양한 성적, 생식적 행동을 조절하는 부위로 알려져 있다.

그러나 사람살이도 흥망성쇠가 있듯이, 일정한 부위에 있는 옥시토신 수용체의 숫자도 늘어났다 줄어들면서 에스트로겐이나 테스토스테론 같은 성호르몬이 증가하고 감소하는 주기를 변화시킨다. 암컷 쥐의 경우, 에스트로겐의 양이 가장 많아지는 배란기에는 뇌 내측핵의 수용체 숫자가 100%까지 치솟는다. 수용체가 늘어나면 뇌는 뇌를 순환하는 옥시토신에 더욱 민감한 반응을 보이고, 그 결과 성욕이 촉진된다. 배란기의 암컷 쥐는 갑자기 수컷 앞에서 웅크리며 성기를 보여주고 싶은 충동에 휩싸인다. 수컷이 올라타서 교미할 수 있도록 등을 구부리는 자세를 취하는 것이다.

옥시토신은 시기에 따라 효과가 달라지는 것 같다. 쥐나 원숭이의 수컷에게 옥시토신을 주사하면 음경이 발기하며 암컷한테 올라탄다. 그러나 옥시토신을 맞은 수컷이 짝짓기 대상을 그냥 지나치는 경우도 있다. 그것은 수컷이 교미를 싫어하기 때문이 아니라 옥시토신 때문에 이미 만족감을 느낀 탓이다. 옥시토신 수용체는 성교 후에 느끼는 만족감을 조절하는 것으로 알려진 뇌 부위에도 분포하고 있는 것이다.

옥시토신의 구조가 복잡하고 기능이 다채롭다는 사실은 인생의 쾌감과 그 뒤에 따라오는 감정, 흥분과 만족, 안고 싶은 충동이나 젖을 먹이려는 욕구와 교미하고 싶은 욕망이 종이 한 장 차이라는 결론을 뒷받침해주고 있다. 어미들은 새끼에게 젖을 먹이는 동안 성적인 자극을 경험하는 것으로 알려져 있다. 실제로 젖을 분비하는 옥시토신이 어미를 성적으로 자극하는 부수적인 효과를 가져올 가능성이 크다. 특히 뇌가 옥시토신에 반응하는 정도를 조절하는 에스트로겐이 수유 기간에 몹시 상승한다.

양을 관찰해보면 성적 욕구와 수유 사이에 뚜렷한 관계가 있음을 확실히 알 수 있다. 어미 양은 대개 새끼가 태어난 뒤 여섯 시간 동안 새끼와 함께 지냈을 경우에만 새끼를 돌본다. 출산 과정에 문제가 생

겨서 새끼 양과 여섯 시간이 넘도록 떨어져 있게 된다면 어미 구실을
하기에는 이미 때가 늦었다. 어미 양이 새끼를 돌보지 않고 본 체 만
체하기 때문이다. 그러나 뉴질랜드와 오스트레일리아의 양치기들은
며칠씩 떨어져 있던 어미 양과 새끼 양의 관계를 정상화시킬 수 있는
방법을 오래 전부터 알고 있었다. 바로 어미 양의 생식기를 오 분 동
안 자극해주는 것이다. 이런 민간 요법에는 심오한 과학적 근거가 있
다. 어미의 질을 자극하면 핏속에 옥시토신이 흐르게 된다. 옥시토신
이 불러일으킨 충동만으로도 어미 양은 부드러운 소리로 울면서 새끼
양을 혀로 핥아주고 젖을 먹이는 등 나무랄 데 없는 어미 구실을 하
게 되는 것이다.

친척 이야기

우리는 대부분 친척집에 가는 것을 우리 인생의 작은 '물집' 같은 것으로, 컴퓨터 단층 촬영보다 기분 좋을 게 없는 일쯤으로 여긴다. 그러니 인간도 케냐의 흰가슴벌잡이새보다 나을 게 없다. 이 새들은 친척간의 인정이라곤 눈곱만치도 없다. 갓 결혼한 암컷이 남편의 영토에 들어와 알을 낳고 가족을 이루려고 하면, 시부모 새들이 젊은 아들 부부를 떼어놓으려고 안간힘을 쓰기 때문이다. 교활한 부모 새들이 우아하고 애교 있게 아들을 꾀기 때문에 아들 새는 기꺼이 신부를 버리고 부모의 둥지로 돌아가기 일쑤다. 그리고 거기서 아들 새는 부모가 새로 낳은 새끼들을 정성껏 돌보며 먹이를 구해와 먹인다.

아프리카의 벌잡이새 두 집단을 연구한 과학자들은 나이 든 새들이 아름다운 소리로 지저귀면서 어린 자식들을 달콤한 말로 속이고 조종하고 착취한다는 사실을 알아냈다. 부모 새들이 바라는 것은 젊은 자식들이 독립심을 버리고 자기들한테 복종하는 것뿐이다. 군집생활을 하는 동물들의 가족관계가 뒤죽박죽이라는 것은 이미 알려진 사실이지만, 이 연구 결과에서 그 관계가 한층 더 혼란스럽다는 것이 드러났다. 그리고 그 때문에 생물학 분야에서 특히 많은 주목을 받고 있는 협동 행위의 진화에 관한 견해에 많은 의문이 던져지고 있다.

벌잡이새들의 집단에서 다 자란 아들을 부모의 둥지로 되돌아오게 설득하는 것은 바로 아비 새이다. 아들 새가 부모의 둥지로 돌아가면 최근에 낳은 새끼에게 먹일 곤충을 그 아들 새에게 물어다 날라주는 것은 어미의 몫이다. 부모 새는 아들이나 며느리를 때려서 상처를 입힌다거나 들들 볶는 짓 따위는 하지 않는다. 어른 벌잡이새는 몸집이 지빠귀만 하며 그 정도 덩치로는 아비가 아들을 못살게 굴 수 없다. 그리고 아비는 우월함을 자랑하거나 성숙한 남성다움을 과시하지도 않는다. 벌잡이새는 우윳빛 배와 청록색 등, 파란 꽁지깃과 은은하게 빛나는 붉고 까만 반점을 가진 아름다운 새다. 그래서 암컷이건 수컷이건, 어리건 늙건 하나같이 매력적이다.

아비 새는 쾌활한 듯 보이지만 사실 대단한 골칫거리다. 아비 새는 하루에도 수십 번씩 신혼부부를 찾아가서 방해공작을 편다. 아비 새는 신혼부부의 둥지 바깥에 내려앉아 신혼부부가 다시 둥지로 들어오지 못하게 한다. 또 아들이 자기 신부에게 알을 낳을 때를 대비하여 먹이를 물어다주려고 하면, 아비 새는 아들을 쿡쿡 찌르며 음식을 달라고 조른다. 아비 새는 그렇게 아들을 괴롭히는 틈틈이 벌잡이새 특유의 사교성과 단결성을 표현하는 다정한 몸짓을 곁들인다. 꽁지깃을 흔들고 부리를 딱딱 맞부딪치고 부드러운 소리로 우는 듯한 행위를 하는 것이다. 그럴 경우 열에 네 마리의 아들 새는 한숨 쉬며 체념한 듯한 모습으로 패배를 시인하고 집으로 돌아가서 형제들을 키운다. 홀로 남은 암컷은 하릴없이 둥지 주위를 맴돌기만 한다. 이미 알까지 낳았다 하더라도 수컷이 도와주지 않으면 암컷 혼자서 새끼들을 키울 수 없기 때문이다.

벌잡이새에 관한 이야기는 코넬 대학의 스티븐 T. 엠렌(Steven T. Emlen) 박사가 '협동의 어두운 측면'이라고 부른 사례들 중 가장 눈길을 끄는 대목이다. '협동의 어두운 측면'이란 고도로 사회화된 동물들이 친척들한테 지나친 도움과 희생을 요구하는 것을 말한다.

많은 새들과 몽구스, 들개 같은 몇몇 군집 포유류들은 부모, 조부모, 숙모, 조카 등의 친척들이 좁은 지역에 모여 살면서 공동으로 새끼를 키운다. 그런데 사실 친척간에 사이좋게 협동하는 것처럼 보이는 행동들이 실제로는 착취의 미묘한 형태인 경우가 많다.

그러나 거기에 참여하는 젊은 쪽이 꼭 손해만 보는 것은 아니다. 벌잡이새의 경우, 아들 새가 부모를 도와서 형제와 자매를 키우는 것은 결국 자신과 형제들이 공유하고 있는 유전자를 전파함으로써 간접적으로 자신의 유전자를 살아남게 하는 일이다. 하지만 유전자를 전파하는 입장에서 보면, 아들 새가 직접 자신의 새끼를 키우는 것이 두말할 나위 없이 좋을 것이다. 또 귀찮게 구는 부모만 없었다면 아들 새도 그렇게 했을 것이다. 따라서 나이 든 동물이 젊은 동물을 조종할 수 있는 환경적, 사회적 조건이 무엇이고 복종하던 동물들이 반항하는 것은 어떤 상황 때문인지 알아내는 것이 이 문제의 핵심이다.

오래 전부터 생물학자들은 많은 새들과 포유동물들이 소위 공동 육아를 한다는 사실을 알고 있었다. 공동 육아란 무리 가운데 운 좋은 한 쌍은 자유롭게 번식을 하고, 나머지 동물들은 자신의 새끼를 키우는 대신 주요한 위치를 차지하고 있는 쌍의 새끼들을 먹여주고 정성껏 돌보는 것을 말한다. 이렇게 명백히 이타적인 행위는 진화론에 어긋나는 것처럼 보인다. 진화론을 곧이곧대로 해석하면 동물들은 자신의 DNA를 전파하는 데만 편집광처럼 헌신해야 마땅하기 때문이다. 이렇게 공동으로 양육하는 동물들을 조사해본 결과, 희생을 하는 입장의 동물들은 십중팔구 번식하는 쌍의 가까운 혈육이며 대개 자식이나 형제뻘이 된다는 사실이 밝혀졌다. 따라서 희생자들은 적어도 다윈주의의 교의에 어느 정도 복종하고 있는 셈이다. 반드시 자신의 새끼를 낳지 않는다 하더라도 자기 혈통의 이익을 위해 종사하기 때문이다.

하지만 보다 심도 깊은 연구를 진행하던 과학자들은 그런 간접적인 원인만으로는 동물이 번식을 단념하는 행위를 해명하기가 불충분하다는 사실을 깨달았다. 동물이 번식을 포기하기로 결정할 만한 요인들이 좀더 밝혀져야 했던 것이다. 결국 과학자들은 동물이 자신의 새끼를 낳지 않고 친척의 새끼를 돌보기로 작정하는 경우에는 그들 나름대로 이유가 있다는 사실을 알아냈다. 비교적 나이가 어린 조력자들은 부모의 둥지에서 일하는 시기를 일종의 도제 기간으로 여기는 것 같았다. 도제 기간 동안 어린 새들은 가장 안전한 환경에서 새끼를 키우는 방법을 터득한다. 그보다 더 흔한 경우는 보금자리를 삼으려는 곳 근처에 경쟁관계에 있는 동물들이 너무 많이 살거나, 썩 마음에 드는 곳이지만 육식동물의 공격을 받을 위험이 크다는 등의 이유로 보금자리를 꾸미지 못했을 때이다. 그런 경우에 동물들은 연장자들을 돕다가 그가 얼른 죽어서 보금자리를 자기에게 넘겨주기를 기다리는 대기 전술을 쓴다.

라틴 아메리카에 사는 호아친(hoatzin)이라는 새는 동작이 굼뜨고 특이한 습관을 가졌으며 친척들이 힘을 합쳐 새끼를 키운다. 호아친은 나뭇잎을 먹고 소처럼 되새김질을 하며 힘겹게 먹이를 소화시킨다. 새끼는 날개 끝에서 나오는 특이한 발톱을 이용하여 나무에 기어오를 수 있다. 보금자리와 먹이를 고르는 데 까다로운 호아친에게는 늪 가운데에 솟은, 잎이 무성하고 눈에 잘 띄지 않는 조그만 섬 같은 곳이 가장 이상적인 서식지이다. 그런 곳에는 어김없이 수십 마리의 호아친들이 북적이며 저마다 친척끼리 무리지어 삑삑거리고 티격태격하며 산다. 여기서 경험이 없는 젊은 호아친 암컷은 몹시 힘든 홀로 서기 과정을 거친다. 호아친의 사회 체제에서 암컷은 자신이 태어난 곳에서 떠나 몇 달이고 이곳저곳을 날아다니다가 다른 무리에 생긴 빈자리를 찾아 들어가야 하기 때문이다.

어떤 동물들은 친척의 갓난 새끼들이 자라서 번식할 나이가 되면 자기의 새끼를 돌봐주리라는 희망으로 기꺼이 친척들을 도와준다. 이십여 년 동안 플로리다의 아메리카어치를 관찰해온 생물학자들에 따르면 아메리카어치들은 친척의 새끼를 잘 돌봐주는데, 특히 인근의 좋은 서식지를 다른 어치들이 차지하고 있을 때는 더욱 그렇다고 한다. 친척의 시중을 들던 어치는 나이가 들면 자기가 보살펴온 친척의 새끼를 병사로 삼아 다른 어치와 싸워서 둥지를 빼앗는다.

한편 도움을 주는 쪽이 분명히 손해를 보는 경우도 있다. 족제비의 먼 친척뻘인 난쟁이몽구스는 몸집이 쥐만한 아프리카의 포유동물인데, 이들의 사회에서는 극단적이고 노골적인 착취가 일어난다. 난쟁이몽구스는 가까운 친척 스무 마리 가량이 빈 개밋둑에서 무리지어 산다. 한 무리에서 한 쌍만 새끼를 낳고 나머지는 집을 지키거나 새끼를 먹이고 데리고 다니는 따위의 잡일을 한다. 가장 놀라운 사실은 그 무리의 하층 암컷들이 젖을 분비하여 지배적 위치에 있는 암컷의 새끼에게 유모 노릇을 한다는 것이다. 몽구스를 연구하는 퍼듀 대학의 피터 바이저(Peter Waser) 박사는 말한다.

"이것은 매우 보기 드문 투자이다. 젖은 상당히 비싼 생산물이기 때문에 암컷은 대개 자기 자식한테만 젖을 준다."

지배자 암컷은 다음과 같은 방식으로 친척들한테서 그런 헌신적인 도움을 얻어낸다. 먼저 젊은 하층의 암컷이 임신하여 낳은 새끼가 수수께끼처럼 사라진다. 이는 아주 드문 경우지만, 우위에 있는 쌍이 젊은 암컷의 새끼를 살해했을 가능성이 많다. 그렇게 자식을 빼앗긴 어미들은 젖이 나오면 자연스럽게 주위에 있는 새끼들에게 젖을 먹이게 되고, 결국 지배자 부부의 새끼들이 살아남을 확률이 크게 증가한다. 다음으로 아주 기묘하게도, 지배자가 새끼를 낳으면 알 수 없는 과정을 통해 하층의 암컷이 저절로 젖을 분비하기 시작한다. 이것은 대단히 특기할 만한 현상이다. 하층의 암컷들은 평소에 성적으로, 호르몬상으로, 혹은 다른 식으로 억압되어 있었기 때문이다. 하층의 암컷들이 임신하기 어려운 이유도 그 때문이다. 지배자 암컷이 쿡쿡 찌르며 못살게 굴거나 화학물질을 분비하는 등 여러 가지 과시를 통해서 자신이 무리의 여왕임을 끊임없이 상기시킨다. 이로 인해 하층의 암컷은 낮은 수준이긴 하지만 지속적인 스트레스를 받아 비호르몬 상태가 유지되는 것이다.

하층의 암컷이 불공평한 운명에 맞서 반란을 일으킬 수도 있겠지만 참는 것말고는 다른 선택의 여지가 없다. 자기 영토를 찾아나서는 경우 대부분 비참하게 실패하고 만다. 아프리카의 초원에는 난쟁이몽구스의 적이 많이 살고 있다. 난쟁이몽구스가 군집성 동물로 진화한 것도 사실 그들의 힘이 약했기 때문이다. 그러니 육식동물을 경계하기 위해서는 친족이라는 관계 속에 있는 편이 유리하다.

바이저 박사와 그의 동료들은 십구 년 이상 몽구스를 따라다니며 연구하는 동안 젊은 몽구스가 자기만의 보금자리를 찾아 떠돌아다니는 경우를 모두 열두 번 보았다. 하지만 그 용감한 모험가들 중에서

딱 한 마리만이 후손 한 마리를 성인이 될 때까지 키워낼 수 있었다. 무리의 둥지에 머무르는 쪽을 택한 이들은 안전이 보장된다는 이점이 있을 뿐만 아니라 나이가 들면서 번식할 기회를 얻기도 한다. 지배자 암컷은 보금자리에 계속 남아서 높은 자리에 머무르면서 가장 많은 새끼를 낳긴 하지만, 나이 든 암컷이 새끼 몇 마리쯤 키우는 것을 허락하기도 하는 것이다.

하층 몽구스도 처지가 딱하지만 시부모에게 버림받는 벌잡이새 암컷에 비하면 나은 편이다. 남편이야 자기 형제들을 키우면서 간접적인 혜택이라도 얻지만, 암컷은 아무런 소득도 없이 번식기를 헛되이 보내기 십상이다. 하지만 암컷이 앙갚음을 할 수도 있다. 드물게 일어나는 일이긴 하지만, 버림받은 암컷이 줏대 없는 배우자의 씨를 받은 새끼를 살리려는 시도를 함으로써 말이다. 암컷은 시부모의 둥지에 자기 알을 몰래 넣어 결국에는 자신의 새끼가 남편의 보살핌을 받을 수 있게 만든다.

암컷의 선택 : 이브의 진화론적 힘

여자들이 바라는 것은 도대체 무엇일까? 이 수수께끼에 난감해하며 하늘만 쳐다본 경험이 있는 남자라면 진화생물학자들을 본받는 것이 현명할 것이다. 뒤통수가 닳도록 긁적이지만 말고 가까이 있는 생생한 증거에 눈을 돌리라는 말이다. 미국을 비롯한 여러 나라의 생물학자들은 실험실과 야외에서 오랫동안 줄곧 무시당해왔던 진화의 동력을 탐구하고 있다. 바로 암컷의 선택에 의해 수컷의 외양과 행위가 진화해왔다는 사실이다.

수컷들은 자신을 과시하며 정성껏 구애 의식을 치른다. 어쩌면 쓸모 없어 보이는 이런 행위들은 실제로 암컷이 짝짓기 상대의 활력과 건강을 판단하는 근거가 된다. 오래 전부터 생물학자들은 수컷들이 보이는 요란한 행동들, 공작이 화려하고 다채로운 꽁지깃털을 자랑하고 황소개구리가 달밤에 요란하게 합창하는 것들이 암컷의 비위를 맞추기 위해 진화했으리라고 추정했다. 하지만 대부분의 사람들은 암컷의 선택이 수컷의 특성을 진화시키는 데 별다른 영향을 끼치지 못했을 것이라고 간단히 치부했다. 육식동물을 속이고 세력권을 방어하거나 암컷에게 접근하기 위해 치르는 싸움 같은 것에 비하면 암컷의 선택이 진화에 끼친 영향은 미미하다는 것이다.

그러나 마침내 암컷은 생물학계에서 마땅한 대접을 받게 되었다. 왜 암컷은 여러 수컷 가운데 굳이 한 수컷을 골라서 짝짓기를 하는가? 생물학자들은 개량된 조사 도구와 더욱 정교한 진화 이론의 도움으로 암컷이 어떤 특징을 보고 수컷을 선택하는지 정확히 알아내게 되었다. 그 결과 동물의 구애 의식을 연구하는 것은, 방 안에 앉아 키플링 식의 황당무계한 논리로 재미있는 말장난이나 하는 수준을 넘어서서 엄격한 학문 분야로 발전했다. 생물학자들은 수컷의 특성을 조금씩 변화시켜가며, 교미에 성공하는 비율이 어떻게 달라지는지 알아보는 실험을 했다.

연구 결과에 따르면, 많은 종류의 암컷들은 수컷이 기생충에 감염되었거나 병을 앓고 있는지 자세히 조사한다고 한다. 수컷들은 종종 피부색을 변화시키거나 날개에 무늬가 있음을 과시하여 자신이 건강하다는 사실을 알리곤 한다. 이러한 특징들은 암컷의 선택을 통해 여러 세대를 거치는 동안에 확대되고 뚜렷해진다. 어떤 새와 개구리의 암컷은 수컷의 유전자가 건강한지 시험하기 위해 구혼자에게 심장 혈관이 파열하기 직전에 이르도록 힘든 연기를 요구하기도 한다.

다른 종들, 특히 곤충의 암컷은 수컷이 결혼 선물을 주지 않으면 교미를 거부한다. 결혼 선물이란 영양소와 단백질로, 그것엔 암컷이 자신과 알을 보호하는 데 쓰이는 방어용 화학물질이 들어 있다.

암컷의 선택은 장기적으로 짝뿐만 아니라 암컷의 특징에도 영향을 미친다. 딸들이 어미로부터 특정한 남성적 특징을 선호하는 경향을 물려받기 때문이다. 그러나 '암컷의 선택' 논리를 지나치게 확대 해석해서는 안 된다. 우리 자신을 포함해서 대다수 종의 암컷이 어떤 특징을 왜 좋아하는지 아직도 명확히 밝혀지지 않았기 때문이다. 그러니 이 문제를 두고 여자들은 당연히 이렇게 물을 것이다. "무엇을 근거로 선택한다는 거냐?"고.

암컷의 선택에 관한 연구가 최근 새롭게 활기를 띠고 있긴 하지만, 그 시발점은 현대 진화론의 창시자인 다윈이 활동하던 시기였다. 1872년에 찰스 다윈은 암컷이 짝짓기 상대를 결정함으로써 종의 진화에 영향력을 행사할 수 있다는 의견을 내놓았다. 하지만 생물학자들은 오랫동안 그 의견을 무시했다. 생물학자들은 대부분 남성이었으므로 주로 수컷의 행동, 특히 수컷들이 발정기에 폭력적인 충돌을 일으키는 것에 관심을 기울였다. 암컷의 선택 이론은 1970년대 중반에 이르러 집단 행동보다는 동물의 개별적인 행동과 번식 전략에 관심이 집중되면서 다시 부각되었다. 동물행동학자들은 다윈의 착상에 살을 붙여서 일반적으로 암컷이 수컷보다 번식에 더 큰 관심을 갖고 있다는 의견을 내놓았다. 특히 새끼를 임신하고 낳아서 돌보는 포유류의 암컷은 번식에 유달리 관심이 높다. 하지만 곤충이나 물고기처럼 새끼 키우기에 많은 시간을 할애하지 않는 동물의 경우도 알의 영양소와 단백질과 지방을 만드는 데 쏟는 암컷의 에너지의 양이 수컷이 정자를 만드는 데 쏟는 것보다 월등히 많다. 오래 전부터 과학계에 전해 내려오는 말처럼 난자는 비싸고 정자는 싸다. 이렇듯 암컷들은 수컷보다 번식에 더 많이 투자하기 때문에 가장 훌륭한 짝을 고르려고 애쓰는 것은 당연하다. 자신의 유전자를 후세에 선해주려는 수컷들은 암컷의 마음을 끌거나 유전자를 전해줄 상대를 얻지 못해 대를 잇지 못하거나 둘 중 하나를 택해야 한다.

암컷의 선택에 관한 세부적인 측면은 새끼를 키우거나 보호하기 위해 수컷에게 물질적인 도움을 얻는 종의 암컷을 연구함으로써 뚜렷이 밝혀지게 되었다. 예를 들어 홍날개라는 딱정벌레는 구애 행위중에 암컷에게 이마에 깊이 파인 홈을 보여주는 기묘한 의식을 치른다. 그 깊은 홈의 의미가 무엇인지 오랫동안 확실히 밝혀지지 않다가, 최근에야 그 홈 속에 흔히 최음제로 알려진 칸타리스라는 화학물질이 조금 들어 있어서 암컷을 유혹한다는 사실이 알려졌다. 수컷은 땅가뢰의 알을 먹고 얻은 칸타리스를 구애하는 암컷에게 보여준다. 암컷은 수컷의 머리를 붙잡고 홈 속에 든 결혼 선물을 말끔히 핥아먹는다. 이 맛보기 요리에 깊은 감동을 받은 암컷은 수컷에게 짝짓기를 허락한다. 그리고 짝짓기 순간부터 암컷은 본격적으로 식사를 하게 된다. 교미하는 동안 수컷은 암컷에게 훨씬 더 많은 양의 칸타리스를 전해주고, 암컷은 그것을 알에 섞음으로써 개미나 다른 육식동물로부터 알을 보호한다.

수컷이 전희 기간에 머리에 파인 홈을 보여주는 것은 본질적으로는 암컷을 은근히 희롱하는 것이다. 마치 두둑한 지갑을 보여주면서 "은행에는 더 많은 돈이 있지" 하고 말하는 것과 같다. 칸타리스가 홍날개의 짝짓기에 결정적인 역할을 한다는 증거는 명백하다. 실험실에서 자란 딱정벌레는 칸타리스를 구할 수 없는 탓에 암컷에게 비참하게 퇴짜를 맞았다. 수컷들은 좌절한 나머지 암컷의 등에 강제로 올라타려고 하지만, 암컷은 놀라우리만치 능숙하게 치한을 등에서 떨어뜨렸다.

암컷이 수컷의 외모를 보고 짝을 선택하는 경우, 그것이 과연 무엇 때문인지는 결혼 선물의 경우처럼 확실하지 않다. 스위스 베른 대학의 과학자들은 가시물고기를 대상으로 일련의 실험을 했다. 가시물고기는 등에 가시 모양의 돌기가 세 개 달려 있는 조그만 물고기이다.

과학자들은 암컷의 선택이 수컷의 색깔에 어떤 영향을 미치는지 조사하던 중, 번식기에 이른 수컷 가시물고기가 몸빛이 선홍색으로 변하자마자 암컷 앞에서 지그재그 모양의 짝짓기 춤을 춘다는 사실을 발견했다. 또 기생충에 감염된 적이 있는 수컷은 기생충이 없어진 후에도 번식기에 선홍색이 아닌 검붉은 색으로 변한다는 사실도 알아냈다. 그렇다면 의문점은 바로 이것이다. 과연 암컷이 건강의 증표인 선홍색을 뽐내는 수컷을 선호할 것인가? 그 수수께끼를 풀기 위해서 연구자들은 선홍색 수컷 집단과 기생충에 감염된 적이 있는 검붉은 색 수컷 집단에 암컷이 어떤 반응을 보이는지를 실험했다. 처음에는 암컷이 붉은색의 차이를 선명히 알아볼 수 있도록 자연광을 비추고, 그 다음에는 초록빛 조명을 비추어서 선홍색과 검붉은 색이 잘 구별되지 않도록 실험 환경을 조성했다.

실험 결과, 암컷이 선홍색 수컷과 검붉은 색 수컷을 확실히 구분할 수 있을 때에는 두 집단의 수컷들이 똑같이 열심히 짝짓기 춤을 추는데도 하나같이 선홍색 수컷과 짝짓기를 했다. 하지만 초록빛 조명 아래서는 암컷들이 두 집단의 수컷 중에서 아무하고나 짝짓기를 했다.

새들도 물고기처럼 기생충에 감염되는 경우가 많다. 특히 새의 둥지는 피를 빠는 수많은 기생충에게 따뜻한 은신처가 되어주기 때문에 새들은 기생충에 감염될 위험이 더욱 커진다. 또한 수컷의 몸에 살고 있는 기생충이 암컷에게 옮는 것은 당연한 일이다. 닭의 친척뻘되는 붉은정글닭을 실험한 결과, 암탉의 마음을 가장 강하게 끌어당기는 수탉의 특징은 바로 볏과 턱볏이라는 사실이 밝혀졌다. 암탉은 수탉의 몸집이나 몸무게나 걸음걸이에 깃들인 공격성이나 깃털의 상태 같은 것보다는 볏에 더 깊은 관심을 나타냈다. 암탉은 볏이 길고 턱볏의 색깔이 밝은 수탉을 선택하는 경향이 있다. 그것은 나무랄 데 없는 판단이다. 볏과 턱볏은 수탉의 피부 가운데 가장 약한 부위이기 때문에 기생충과 질병에 감염되었는지 여부를 가장 먼저 드러낸다. 마치 시커먼 탄광 속의 노란 카나리아처럼 두드러져 보이기 때문에 볏과 턱볏의 상태는 농부들이 닭을 판단하는 기준이기도 하다.

암컷은 질병에 대한 저항력이 강한 수컷뿐 아니라 정력이 센 수컷을 선호하는 것으로 보인다. 잿빛 청개구리의 수컷은 암컷의 마음을 사로잡으려고 몇 날 며칠을 울어댄다. 개구리들은 호흡의 길이와 박자를 다양하게 변화시키며 노래할 수 있다. 청개구리 수컷은 저음으로 노래를 부르면서 엄청난 양의 산소와 에너지를 소모한다. 암컷이 육체적인 한계까지 밀어붙이라고 요구라도 한 듯 수컷은 언제나 기진맥진할 때까지 구애의 노래를 부른다. 사실 암컷은 수컷이 개구리의 한계를 뛰어넘는 힘을 보여주기를 바란다. 보통 정도의 소리를 내는 잿빛 청개구리와 진짜 개구리의 울음소리보다 두 배 정도 빠르게 합성된 소리를 내는 스피커가 있다고 가정하자. 그러면 암컷 개구리는 빠른 울음소리가 나는 곳으로 떼지어 달려들어 그 속에 숨은 가짜 왕자를 찾아내려고 안간힘을 쓴다. 암컷이 그런 짝을 원하는 이유는 뚜렷하지 않다. 수컷 청개구리는 암컷에게 방어물질을 준다거나 새끼를 돌보지도 않는다. 수컷은 번식에서 오직 유전자를 제공할 뿐이다. 이 점에서 미루어 보면, 암컷이 정력을 척도로 수컷을 선택하는 까닭은 튼튼한 새끼를 낳기 위해서인 것 같다.

그러나 튼튼한 수컷의 정자가 과연 튼튼한 후손을 만드는가 하는 문제는 큰 논쟁을 불러일으켰다. 그런데 그 둘 사이에 뚜렷한 연관성이 있다는 증거가 스위스의 제비 연구 결과에서 나왔다. 제비의 수컷은 대개 암컷보다 꽁지깃의 길이가 20% 정도 길다. 과학자들은 암컷의 선택이 수컷의 꽁지깃과 관련이 있는지 알아보기 위해 한 수컷 제비의 꽁지깃털을 잘라내 다른 수컷에게 붙여주었다. 꽁지가 짧은 수컷과 꽁지가 긴 수컷이 주어지자 암컷들은 하나같이 꽁지가 긴 수컷을 선택했다. 암컷이 그렇게 선택한 것은 기생충 때문이었다. 날 때부터 꽁지깃이 긴 수컷들은 짧은 수컷보다 몸에 붙어 피를 빠는 진드기의 수가 훨씬 적었던 것이다.

긴 꽁지를 가진 새는 유전적으로 진드기에 저항력을 가지고 있어서 미래의 새끼들에게 그 형질을 전해주는 것이 아닐까? 과학자들은 이런 의문을 풀기 위해 여러 세대에 걸쳐서 실험 조건을 조작하여 제비들의 자손을 추적하였다. 생물학자들은 환경적 요소의 영향을 최대한 줄이기 위해 꽁지가 긴 제비의 정자로 수정된 알과 꽁지가 짧은 수컷의 정자로 수정된 알을 다른 둥지로 옮겼다. 그리고 나서 모든 둥지를 똑같은 수의 기생충으로 감염시켰다. 새끼 새들이 자람에 따라 기대했던 대로 아비의 영향이 나타나기 시작했다. 즉 꽁지가 긴 수컷의 유전자를 받은 새끼들이 꽁지가 짧은 아비의 새끼들보다 몸에 사는 기생충의 수가 훨씬 적었다. 새끼 제비들의 기생충 저항력은 살고 있는 둥지나 길러주는 부모의 몸에 기어다니는 진드기의 수와 상관이 없었다. 오히려 새끼들의 몸에 사는 진드기 수는 생물학적 아비의 몸에 있던 진드기 수와 밀접한 관련이 있었다. 이것은 기생충에 대한 저항력이 유전된다는 사실을 강력히 시사하고 있다.

꽁지가 긴 수컷이 기생충에 저항력을 갖는 이유는 명확하지 않지만, 암컷들이 꽁지가 긴 수컷을 좋아한다는 사실은 명백하다. 어떤 무리에서든 수컷 중 약 15%는 아예 짝짓기를 하지 못하는데, 그들은 예외 없이 꽁지가 가장 짧은 제비들이었다.

그러나 제비가 그렇다고 하여 모든 새들이 다 똑같은 것은 아니다. 암컷의 선택은 다소 임의적으로 이루어지는 경우가 대부분이다. 예를 들어 어떤 암컷은 목소리가 유독 큰 수컷과 짝짓기를 하기도 한다. 그저 우연히 그의 목소리가 들렸기 때문이거나, 그가 동성연애자가 아니라거나 결혼하지 않았다거나 밥벌이를 할 수 있다는 이유만으로.

부모는 왜 모든 것을 참는가?

부모 노릇이란 세상에서 가장 자연스러운 일이기는 하지만, 일의 등급을 냉정하게 따져보면 농노에나 비견할 수 있는 일이다. 부모는 둥지를 틀고, 진통을 겪어 새끼를 낳고, 젖을 먹이고, 먹이를 물어다 주고, 어질러놓은 것을 치우고, 육식동물을 물리친다. 새끼가 울먹이 거나 낑낑거리는 행동 하나하나에 부모들은 무슨 큰일이 난 것처럼 소란을 떤다. 도대체 동물들은 어떤 끔찍한 약을 먹었기에 부모 노릇을 기꺼이 떠맡고 그토록 열성적으로 해내는 것일까. 그것도 마치 즐거운 일인 것처럼. 부모가 자식의 기저귀를 빨고 뒤치다꺼리를 하는 데에는 자식을 천사처럼 사랑스러워하는 것말고도 다른 동기가 있지 않을까? 물론 그렇게 생각하면 마음이 착잡해질 수도 있다. 하지만 생화학적 연구에 따르면, 양육 행동이 신중하게 기획된 일로 밝혀졌다. 어둠 속에서 힘겹게 실마리를 찾아 헤매던 과학자들은 마침내 암컷과 수컷이 짝짓기를 하고 협동 단위를 이루어 새끼를 기르고 보호하는 책임을 떠맡게 하는 호르몬을 알아낸 것이다.

과학자들은 주로 설치류를 대상으로 연구해왔다. 설치류의 행동은 쉽게 조종하고 이해할 수 있으며, 예측 가능하고, 변덕이 심하지 않기 때문이다. 우리 같은 고등 동물을 연구해보면, 인간도 설치류와 마찬가지로 가족을 이루어 생활하게 만드는 호르몬의 영향을 받는다는 사실을 알 수 있다. 아기에 대한 어머니의 반응, 여성과 남성 간의 애정, 어린아이가 외부 세계와 관계를 맺고 우정을 형성하는 등의 사회적 행동들이 모두 그 호르몬의 영향을 받는다.

이처럼 포유류의 가족관계와 사회관계에서 필수적인 호르몬은 바로 옥시토신과 바소프레신이다. 둘 다 뇌에서 분비되는 호르몬으로 크기도 작고 구조도 비슷한 단백질인데, 어떤 성에 영향력을 미치느냐에 따라 구분된다. 옥시토신은 암컷의 행동에 영향을 주고, 바소프레신은 수컷이 한 암컷에게 충실하고 새끼를 잘 돌보도록 자극한다.

두 호르몬은 오랫동안 포유류의 행동을 통제하기보다는 몇 가지 임무를 수행하는 호르몬으로만 인식되었다. 옥시토신은 암컷의 애정 행위와 출산과 수유를 돕는다. 바소프레신은 몸이 자극(스트레스)을 받으면 혈압이 높아지는 등의 투쟁-도피 반응*을 보이게끔 해준다. 그런데 이 두 호르몬은 생리학의 영역 너머까지 영향을 미친다. 자연은 검소한 기술자와 같이 하나의 물질이 여러 가지 역할을 동시에 해낼 수 있도록 하고, 나아가 이러한 일련의 복잡한 임무를 부문으로 나누어 효율적으로 조직한다. 수유와 육아가 동시에 일어나는 행동이라면, 자신의 세력권을 방어하고 아버지로서 자식을 돌보는 행동이 상호 연관된 노동이라면, 어미와 아비 각각 하나씩의 호르몬이 부모로

---

* fight-or-flight response, 방위 반응의 일종으로, 갑작스런 자극에 대해 자신의 행동 반응을 결정하지 못하는 상태.

서의 행동을 전체적으로 통제한다고 볼 수도 있지 않을까?

신경과학자들의 연구에 따르면, 바소프레신의 효과를 가장 뚜렷이 보여주는 동물은 프레리밭쥐이다. 프레리밭쥐는 미국 중서부가 원산지이며, 몸집이 작고 붉은 갈색 털이 북슬북슬한 설치류이다. 프레리밭쥐는 보기 드물게도 금실 좋은 일부일처제를 이루어 생활하며, 같은 종끼리 친하게 지내는 것으로 유명하다. 수컷과 암컷은 일생 동안 짝을 이루어 살고 함께 새끼를 키우는 데 헌신한다. 이때 바소프레신은 경험 없는 젊은 수컷을 애정이 깊고 든든한 짝이자 아버지로 만들어준다. 그런 행동의 변화는 교미 행위와 함께 시작된다. 수컷은 한 암컷과 교미를 하고 나면 이내 그 암컷을 다른 암컷보다 한결 더 좋아하게 된다. 수컷은 암컷을 포옹하고 털을 손질해주는 등 인간이 보기에도 친숙한 애정 표현을 곧잘 할 뿐 아니라, 낯선 쥐가 자신의 영역에 접근하면 암컷이건 수컷이건 가리지 않고 공격한다. 공격은 애정을 표현하는 방법의 하나이며, 교미를 하고 난 프레리밭쥐는 겉보기에도 싸움꾼처럼 보인다.

연구자들은 프레리밭쥐에게 호르몬의 작용을 막는 약을 주사한 뒤 변화를 조사하여 바소프레신의 역할을 밝혀냈다. 호르몬의 작용이 차단된 밭쥐들은 여전히 교미하는 것을 좋아하여 여러 암컷과 짝짓기를 하지만, 짝짓기를 한 암컷에게 각별한 애정을 보여주거나 낯선 밭쥐들을 공격하지 않는다. 반면에 바소프레신 주사를 맞은 수컷은 교미를 하지 않았는데도 가까이 있는 암컷과 결혼이라도 한 듯이 극진한 애정을 쏟고 침입자가 나타나면 공격한다.

그런데 의미심장하게도, 일부일처제가 아닌 산악밭쥐(montane vole)의 경우에는 바소프레신의 활동을 차단하건 바소프레신을 주입하건 행동에 별다른 차이가 나타나지 않는다는 결과가 나왔다. 산악 밭쥐는 부모다운 행동을 자극하는 바소프레신에 반응하는 뇌의 회로가 없기 때문이다.

애머스트에 있는 매사추세츠 대학의 신경과학자들은 프레리밭쥐를 연구하던 중 밭쥐의 뇌에서 바소프레신이 풍부한 부위에 바소프레신 차단제를 주사해보았다. 그러자 수컷에게서 새끼를 껴안고 털 고르기를 해주거나 안전한 곳으로 피신시키는 따위의 아버지다운 행동이 눈에 띄게 줄었다.

바소프레신은 핵가족의 생활에만 영향을 미치는 것이 아니다. 짝과 유대관계를 갖지도 않고 새끼를 돌보는 일에도 별 관심이 없는 수컷 쥐가 동료를 알아볼 수 있는 것은 바로 바소프레신 덕분에 사회적 기억이 자극되기 때문이다. 하지만 바소프레신 차단제를 맞은 쥐들은 예전에 알고 지내던 쥐를 알아보지 못하고 만날 때마다 낯선 쥐를 탐색하듯이 온몸의 냄새를 맡는다.

바소프레신이 인간의 행동에서 담당하는 역할은 아직 추측 수준에 머무르고 있다. 어쩌면 자폐증이나 정신분열증 같은 정신질환은 바소프레신의 분비가 낮기 때문에 발생하는 것일지도 모른다. 몇몇 예비 조사에서 자폐아들의 혈중 바소프레신 농도가 비정상적으로 낮다는 사실이 밝혀졌다. 하지만 농도가 낮기 때문에 바소프레신이 뇌에서 정상적인 활동을 못 하는 것인지 그렇지 않은지는 알 수 없다. 뇌를 촘촘히 둘러싼 혈관 조직은 혈액과 뇌 사이에 완충 작용을 하며, 호르몬이 뇌와 몸에서 각기 다르게 활동하도록 해준다. 따라서 혈중 호르몬의 농도가 뇌의 호르몬 농도에 영향을 미칠 수도 있고 그렇지 않을 수도 있다. 만약 혈관에 있는 바소프레신을 뇌에 주입할 수 있는 방법이 개발된다면, 이론적으로는 바소프레신 같은 물질로 자폐증 환자를 치유하여 그들이 회피하려 드는 사회적 관계를 발달시킬 수 있다. 그러나 실제로 바소프레신을 사용하여 섬세하고 세심한 아버지들을 길러낼 수 있는지의 여부는 별개의 문제이며 무리한 비약이다.

바소프레신이 수컷에게 사회적 결속력을 꽃피우게 해주는 것처럼 옥시토신도 암컷에게 같은 역할을 하는 듯하다. 친절한 행위만을 기준으로 보면, 옥시토신이 바소프레신보다 오히려 나은 역할을 한다. 바소프레신은 애정과 적대적인 공격성을 동시에 불러일으키는 반면, 옥시토신은 짝짓기나 새끼 돌보기 같은 긍정적인 사회적 행동만을 담당하고 있기 때문이다. 게다가 암컷의 뇌는 옥시토신의 자극에 강렬하고 빠르게 반응하도록 되어 있는 것으로 보인다. 최근에 쥐와 생쥐를 연구한 신경과학자들은 놀라운 사실을 발견했다. 수유 기간 동안 뇌에 옥시토신을 주입하면 곧바로 신경세포를 지탱해주는 신경지지질(중추신경계의 주요 조직을 지지하고 결합하는 가느다란 섬유질―옮긴이)이 수축된다는 것이다. 이런 현상은 뉴런과 뉴런을 연결하는 시냅스가 새로 형성되는 첫번째 단계에서 나타난다. 신경 구조가 그토록 빨리 변할 수 있다는 사실은 뇌가 생각보다 더 유연하다는 것을 의미한다.

우리의 두뇌 또한 우리가 믿는 것보다 더 감수성이 예민할지도 모른다. 스톡홀름에 있는 카롤린스카 연구소의 케르스틴 우브나스-모베르크(Kerstin Uvnas-Moberg)는 자신의 사회 문화적 관계에 비추어 보았을 때 스스로도 선동적이라고 인정할 만한 연구를 시도했다. 케르스틴은 여성들의 불안이나 공격성과 같은 특성들을 수치로 측정해본 결과 임신 직후와 임신 기간 동안 그 수치가 상당히 변화한다는 사실을 알아냈다. 케르스틴은 이렇게 말했다.

"여성들은 일단 임신을 하면 훨씬 침착해지고 다른 사람의 기분이나 비언어적인 의사소통에 더욱 민감해진다. 임신한 여성들은 사회적으로 바람직한 태도라고 일컫는 특성, 즉 기꺼이 남을 기쁘게 해주려는 태도에서 높은 점수를 받았다."

임신하기 전후의 혈중 옥시토신 양을 측정해본 결과, 임신으로 인해 옥시토신의 농도가 현저하게 높아질수록 사회적 민감성 부문에서 높은 점수가 나왔다. 수유 기간에도 옥시토신의 농도는 높은 상태로 유지되었고 성격 테스트에서 나타났던 행동의 변화에도 변함이 없었다.

과학자들은 옥시토신이 명랑한 성격과 밀접한 인과관계를 갖고 있는지의 여부는 명확히 알아내지 못했다. 그리고 인간을 실험하기에는 한계가 많다는 점을 고려할 때 앞으로도 알아내기 힘들 것이다. 또한 수유기가 지나도 옥시토신이 성격에 계속 좋은 영향을 미치는지의 여부도 명확하게 밝혀지지 않았다. 스웨덴에서 연구한 바에 따르면, 어떤 피실험자들은 젖이 마르고 나면 원래의 성격으로 되돌아가는 반면, 어떤 피실험자들은 오랫동안 변화된 기분을 유지한다고 한다. 어떤 이유에서인지는 모르지만 일부 여성들은 옥시토신이 더이상 분비되지 않는데도 변화된 행동이 지속되어, 까다롭게 굴기보다는 침착하게 행동하고 남을 의심하기보다는 상냥하게 대하는 것이다.

돌고래의 구애 : 야비하고 교활하고 복잡한

돌고래는 강아지나 팬더나 어린아이처럼 누구한테나 사랑받는 존재이다. 돌고래는 살짝만 건드려도 신이 나서 까불대며 장난을 칠 것 같다. 입에는 항상 흐뭇한 표정이 감도는 것처럼 보이고, 돌고래의 행동과 거대한 뇌는 인간에 맞먹는, 또는 논란의 여지가 있지만 인간을 넘어선 지성을 가졌음을 말해준다.

돌고래가 무척 영리하다는 사실은 명백하지만, 감상적인 고래 애호가들이 바라듯이 사랑이 넘치는 이상적인 사회를 이루고 살아가는 것은 아니다. 오스트레일리아 해변에서 병코돌고래의 행동을 수천 시간 동안 관찰해온 과학자들은, 돌고래 수컷들이 인간 이외의 다른 동물한테서는 유례를 찾아볼 수 없을 만큼 정교하고 교활한 사회적 동맹을 맺는다는 사실을 알아냈다. 돌고래 무리는 다른 무리와 우호 동맹을 맺고서 제3의 무리에 집단적으로 대항한다. 그것은 상당히 지적인 계산법을 필요로 하는 다층적인 전투 계획이다.

돌고래가 이렇게 복잡한 동맹을 맺는 것은 단지 장난을 치기 위해서가 아니다. 수컷들은 다른 무리에게서 임신할 수 있는 암컷을 훔치기 위해 동료들과 공모한다. 그리고 암컷을 납치하고 나서도 전열을 흐트러뜨리지 않으며, 암컷이 도망가지 못하도록 위협적이고도 멋진 곡예를 부린다. 수컷 두셋이 암컷 하나를 둘러싼 채 완벽하게 호흡을 맞추어 동시에 뛰어오르고, 배로 수면을 치면서 다이빙하고, 원을 그리며 돌거나 공중제비를 넘는다. 암컷이 그 춤에 별다른 감명을 받지 못하고 도망치려 하면, 수컷들은 암컷을 쫓아가서 물거나 지느러미로 때리거나 육중한 몸으로 부딪친다. 과학자들은 이렇게 수컷이 암컷을 붙잡아두려고 애쓰는 행동을 '무리짓기'라고 지칭한다. 하지만 과학자들도 그 단어만으로는 그 행위에 담긴 공격성을 표현할 수 없다는 것을 알고 있다. 무리짓기가 진행되는 동안 바다 속에서는 지느러미로, 혹은 몸 전체로 암컷을 때리는 소리가 울려퍼지며, 암컷이 옆구리에 깊숙한 이빨 자국을 새긴 채 나타나는 일도 드물지 않다.

생물학자들은 오랫동안 병코돌고래—훈련자를 잘 따르기 때문에 해양동물 쇼에서 자주 등장하는 돌고래—의 지적 능력과 사회적 복잡성에 주목했지만, 병코돌고래 수컷이 마키아벨리와 같은 교활한 책략을 부리는 것을 발견하고는 깜짝 놀랐다. 침팬지나 개코원숭이를 포함한 많은 영장류들이 경쟁관계에 있는 집단을 공격하기 위해 무리를 이룬다고 알려져 있지만, 한 집단이 제3의 집단을 공격하기 위해 제2의 집단을 구슬리는 경우는 없었다. 또하나 인상적인 사실은 돌고래들의 동맹관계가 유동적이어서 필요에 따라 날마다 바뀌는 것 같다는 것이었다. 그리고 한 무리가 다른 무리에게 도움을 받았는가 아닌가, 싸워서 이길 만한 대상인가 아닌가에 따라 동맹관계가 변하기도 했다. 돌고래는 대단한 기회주의자인 듯하다. 그러니까 돌고래는 저마다 항상 누가 친구이고 적인지 계산하고 있다는 뜻이다.

돌고래 암컷들도 수컷의 침입을 막기 위해 정교하게 동맹을 맺는데, 자기들의 친구를 빼앗아간 수컷들을 추적하기도 했다. 또 돌고래 암컷은 자기를 납치하려는 수컷들 중에서 마음에 드는 수컷을 고르기도 하는 것 같다. 어떤 때에는 필사적으로 도망치려고 애써서 탈출하기도 하지만, 어떤 때에는 만족스러운 듯이 수컷들 곁에서 헤엄치기도 하기 때문이다. 이 모든 사실들을 고려해보면, 정략에 따라 동맹을 맺기도 하고 적대시하기도 하는 유동적인 상황 때문에 돌고래들의 지능이 발달했는지도 모른다.

이쯤 되면 돌고래는 지느러미와 분수 구멍을 가진 흉악범이나 다름없어 보인다. 생물학자들은 그런 오해를 막으려고 돌고래가 평소에는 착하고 다정한 동물이며 표범이나 침팬지보다 열 배는 평화롭게 산다는 사실을 힘주어 말한다. 30종에 이르는 돌고래들 대부분과 몸집이 작은 고래류는 매우 사교적이어서 몇 마리에서 몇백 마리까지 무리지어 다닌다. 그 무리는 정기적으로 작은 씨족으로 나뉘었다가 다시 뭉치기 때문에 이른바 '분열-융합 사회'라고 불린다. 돌고래가 사회를 이루는 이유는 무엇보다도 상어를 피할 수 있고 효율적으로 물고기를 잡을 수 있다는 이점 때문인 것 같다.

병코돌고래나 얼룩돌고래 같은 종들은 대개 합의를 거쳐 결정을 내린다. 돌고래들은 아늑한 만(灣) 속에서 몇 시간이고 빈둥거리며, 서로 쿡쿡 찌르고, 끽끽 소리지르고, 휘파람 불고, 콧소리를 내거나, 딱딱 소리를 내는 등 기괴한 바다의 교향곡을 연주한다. 그 소음들은 점점 시끄러워지다가 이윽고 하나의 높은 음조에 이르는데, 그 고음

은 투표 결과 만장일치가 이루어졌으며 이제는 '가서 물고기를 잡자'
는 등의 구체적인 행동을 취할 때가 되었음을 알리는 신호이다. 돌고
래 연구의 권위자인 케네스 노리스(Kenneth Norris) 박사는 이렇게 말
한다.

"돌고래들이 합의를 통해 결론을 끌어내는 과정은 관현악단이 조율
하는 것과 같다. 시간이 지날수록 그 소리는 더욱 정열적이고 리드미
컬하게 변한다. 민주주의는 시간이 걸리게 마련이다. 그래서 돌고래
들은 날마다 몇 시간씩 회의를 한다."

그런 음악만큼이나 의외인 점은 돌고래들이 동료에게 '물고기를 잡
으러 가자'고 똑똑히 말할 수 있을 만큼 복잡한 언어 체계를 갖고 있
지 않다는 사실이다. 그렇다고 돌고래가 완전히 제멋대로 소리를 내
는 것은 아니다. 예를 들어 병코돌고래는 각기 자기만의 호출 부호가
있다. 그것은 각 돌고래에게 고유한 휘파람 이름이라고 할 수 있다.
돌고래는 몸 속에서 휘파람 소리를 내는데, 그 소리는 사람의 휘파람
소리보다는 무전 신호에 가깝다. 어미 돌고래는 새끼에게 휘파람 소
리를 반복해서 가르친다. 새끼는 자신의 존재를 선언하기라도 하듯
이따금씩 그 소리를 따라하며 기억해둔다. 간혹 돌고래가 남의 휘파
람 소리를 흉내내기도 하는데, 그것은 친구의 이름을 부르는 것이다.

하지만 돌고래 연구가들은 돌고래를 포유류 이상의 존재로 보고 과
찬하는 경향에 대해 경고한다. 돌고래 조련사이기도 한 어느 과학자
는 말한다.

"돌고래를 연구하는 사람들은, 돌고래가 마치 바다의 호빗*이라도
되는 양 여기는 돌고래 애호가들한테 질렸다. 돌고래는 그저 건전한

---

* Hobbit, 영국의 판타지 작가 J. R. R. 톨킨의 『호빗』『반지의 제왕』 등에 등장하는 상
　상의 종족.

사회성을 가진 포유동물일 뿐이며, 간혹 우리가 보기에 매력적이지
못한 행동도 하는 동물이다."

　수컷 돌고래가 짝짓기를 하고 싶어할 때나 암컷 돌고래가 짝짓기를
피하려 할 때의 모습은 특히 매력적인 것과는 거리가 멀다. 병코돌고
래의 암컷은 사오 년에 한 번씩 새끼 한 마리를 낳기 때문에 임신할
수 있는 암컷이 무척 귀하다. 게다가 암컷이나 수컷이나 몸집이 거의
비슷하므로 일대일의 만남에서 암컷이 수컷한테 강간을 당하는 일은
없다. 수컷이 무리지어 암컷을 약탈하는 것은 어쩌면 이런 이유 때문
일지도 모른다.
　과학자들은 서부 오스트레일리아 앞바다에 사는 3백 마리에 달하는
돌고래 수컷들을 십 년에 걸쳐 연구했다. 연구 결과, 병코돌고래 수컷
이 청소년기 초기에 한두 마리의 수컷들과 함께 굳건한 동맹을 맺는
다는 사실이 밝혀졌다. 그 돌고래 동맹은 몇 년 동안, 어쩌면 평생 동
안 함께 다니며 놀고, 고기 잡고, 항상 나란히 여행하고, 동시에 바다
위로 떠오르는 등 변함없는 우정을 과시한다.
　둘이나 셋씩 이루어진 무리가 간혹 다른 무리와 동맹을 맺지 않고
단독으로 암컷에게 구애하는 경우도 있다. 하지만 일단 수컷들이 암
컷 한 마리한테 떼지어 모여든 뒤로 무슨 일이 일어나는지, 그 암컷
이 한 마리의 수컷을 선택하는지, 아니면 수컷 모두와 교미하는지는
알려져 있지 않다. 돌고래는 깊은 바다 속에서 교미를 하기 때문에
관찰하기가 불가능하다. 또한 수컷이 무엇을 근거로 암컷이 임신 가
능한 시기에 있다는 사실을 아는지, 혹은 임신할 시기가 가까우니 무
리로 끌어들일 만한 가치가 있다고 판단하는지도 밝혀지지 않았다.
수컷은 냄새로 임신 가능성을 알아내려는 듯 암컷의 성기 근처를 냄

새맡기도 한다. 그러나 병코돌고래 암컷은 출산이 드물기 때문에 수컷들은 암컷이 반드시 배란기가 아니더라도 발정하게 될 장래의 귀중한 순간에 자신들의 서비스가 필요해지기를 바라는 마음으로 암컷을 무리에 끼워주는 것 같다.

짝짓기할 대상이 드문 경우, 수컷들은 초조해진다. 그럴 때면 두셋으로 이루어진 수컷 무리는 다른 무리의 암컷을 훔친다. 그들은 먼저 암컷이 없는 돌고래 무리를 물색한 다음, 가슴지느러미로 능숙하게 몇 번 어루만지거나 부드럽게 입을 맞추며 함께 모험을 하자고 설득한다.

일단 연합하기로 합의가 되면, 두 돌고래 연합은 암컷 한 마리를 따라 무리지어 다니는 제3의 무리를 습격한다. 암컷을 뺏기 위해 다른 무리를 쫓아다니고 공격하는 것이다. 대체로 수적으로 우세한 연합군이 승리를 거두고 암컷을 빼앗아온다. 여기서 중요한 점은 승리한 연합군은 본래의 무리대로 해체되고, 처음 동맹을 제안했던 무리가 암컷을 차지한다는 사실이다. 다른 무리는 그냥 호의로서 그들을 도와준 것으로 보인다.

그러나 연합군 사이의 우정도 일시적인 것에 불과하다. 일 주일간 우호관계에 있던 두 무리의 돌고래가 그 다음주에는 적이 되는 경우도 있기 때문이다. A라는 한 쌍의 돌고래 수컷이 처음에는 B라는 무리를 도와 암컷을 사로잡았다가, 그후에 C라는 무리와 마음이 맞으면 그들과 협력하여 B한테서 도로 그 암컷을 빼앗아오기도 한다.

짝짓기 상대를 구하는 과정이 안정적이지 못하고 복잡한 점으로 미루어 볼 때, 일단 암컷을 사로잡은 수컷들이 암컷에게 지나치게 집요하고 공격적으로 구는 까닭도 이해할 수 있을 것 같다. 둘이나 셋으로 이루어진 수컷 무리는 암컷을 머리로 툭툭 들이받고, 공격하고, 물어뜯고, 울타리처럼 암컷을 에워싼 채 완벽하게 호흡을 맞추어 공중으로 솟구치거나 헤엄치는 묘기를 부린다. 이것은 모두 암컷을 지키기 위한 행동이다. 수컷들은 발기된 성기가 몸 밖으로 나와 있지만 암컷에게 삽입하지 않고 암컷의 아래쪽에서 위쪽으로 헤엄치기만 한다. 이따금 수컷 한 마리가 속이 텅 빈 나무를 주먹으로 두드리는 듯한 소리로 암컷한테 외친다. 암컷이 그 소리를 무시하면 수컷은 암컷을 위협하거나 공격한다. 이로 미루어 보아 그 특이한 소리는 아마도 '빨리 이쪽으로 와!' 라는 뜻인 듯하다.

어느 시기에 이르러 암컷이 한 마리 혹은 그 이상의 수컷과 짝짓기를 하고 나서 새끼를 낳으면, 그 무리는 암컷에게 흥미를 잃는다. 그리고 암컷 돌고래는 사오 년 동안 혼자서 새끼를 키운다.

동료와 협동하거나 경쟁해야 한다는 부담이 돌고래의 두뇌 발달을 더욱 촉진시켰는지도 모른다. 또 돌고래는 동물계에서 몸집에 비해 뇌가 큰 축에 속하며, 몸집에 대한 뇌의 비율이 곧 지능의 척도로 연결되는 경우가 많다. 뇌가 큰 동물인 인간의 지능 발달도 이와 똑같은 가설을 적용하여 설명할 수 있다. 인간도 돌고래처럼 고도로 사회화된 조건 속에서 진화했고, 친척, 친구, 적이 모두 함께 공존하고 있는 사회 속에 살고 있으며, 오늘은 공유할 수 있는 자원들이 내일에는 무척 귀해져서 분쟁을 일으키기도 한다. 그런 상황에서는 흑백을 분명히 가를 수 있는 관계가 드물다. 그리고 회색의 미묘한 색조 차이를 구별할 수 있는 능력은 지능을 필요로 하게 마련이다.

하지만 뇌가 크다는 사실만으로 돌고래의 사고 능력을 대단한 것으로 평가할 수 없다는 사실을 명심해야 한다. 자연계에서 몸집에 비해 뇌의 크기가 가장 큰 동물은 다름아닌 양이기 때문이다.

아름다움이란 표피적인 것에 불과하다?

'아름다움이란 표피적인 것에 불과하다.' 이 흔한 문구는 얼마나 듣기 좋은가! 이 말은 외모가 빼어나지 않더라도 세상에 내세울 것이 많다고 생각하는 못생긴 이들이나 오랜 세월 자신의 외양을 포장하는 데 열중하다가 이제는 자신의 내면으로 사랑받기를 간절히 바라는 미남미녀 모두에게 똑같이 위안을 준다.

우리가 몇몇 진화생물학자들의 말을 믿는다면, 그 상투적인 문구의 한 가지 문제점은 바로 그 말이 진실이 아닐 수도 있다는 것이다. 요즈음 동물들이 서로에게 끌리는 이유를 연구하는 사람들이 점점 늘어나고 있다. 이들은 아름다운 얼굴과 몸매가 매력적인 이유는 변덕스러운 미적 기준 때문이 아니라 그 밑에 존재하는 특성을 설득력 있게 보증해주는 표시이기 때문이라는 의견을 갖고 있다. 금화조, 밑들이, 사슴, 인간 등 다양한 종에 대한 연구 결과를 보면, 생물들은 적어도 한 가지 이상의 고전적인 미의 기준을 가지고 짝짓기 후보자의 전체적인 가치를 평가한다는 것을 알 수 있다.

이 이론에 따르면 까다롭게 짝을 고르는 쪽은 대부분 암컷이며, 암컷들은 되도록 몸의 좌우 균형이 맞는 구혼자를 고른다고 한다. 절묘한 조화의 표시를 찾는 것이다. 왼쪽 날개와 오른쪽 날개의 모양과 길이가 같다거나, 입술이 얼굴 한복판에서 거울에 비친 듯 좌우 대칭을 이룬다거나 하는 따위이다. 암컷은 균형 잡힌 외양에서 수컷의 건강 상태, 면역 체계의 활동성, 어려운 환경을 견뎌낼 수 있는 유전자의 능력에 대한 실마리를 얻는다는 것이다.

짝을 선택하는 데 새삼스레 균형의 중요성을 강조하는 것은 진화론의 연구에서 빚어지는 못마땅한 발전들 가운데 하나이다. 그 관점은 뿌리깊은 선입견에 간접적으로 타당성을 부여해준다. 다시 말하면 공주와 왕자는 착하고 튼튼하고 사랑스럽고, 악한은 기형이거나 못생겼다는 동화적 세계관에 정당성을 더해준다는 것이다. 생물학자들은 균형이란 동물이 짝을 선택하는 방법의 하나일 뿐이며, 완벽하게 균형 잡힌 몸이 동료들에게 어떤 의미를 지니는지 알아내려면 아직도 해명해야 할 점들이 많다고 강조한다.

그러나 균형이 남의 호감을 사는 데 한몫을 담당하는 것은 사실인 것 같다. 금화조 수컷이 다리에 다양한 색깔의 끈을 매고 있는 경우, 암컷은 두 다리에 각기 다른 화려한 끈을 매고 있는 수컷보다는 좌우 대칭적으로 끈을 묶고 있는 수컷을 훨씬 좋아한다. 다리에 각기 다른 색 끈을 묶고 있는 새의 모습은 아마 짝짝이 양말을 신고 의기양양해하는 데이트 상대를 보는 듯한 느낌을 줄 것이다. 밑들이 암컷은 눈으로 보는 것뿐 아니라 화학적 신호, 즉 수컷이 내뿜는 페로몬 냄새를 통해 날개가 균형 잡힌 수컷을 구분할 수 있다. 양 날개의 길이가 약간 다른 수컷과 똑같은 수컷이 페로몬을 풍기는 경우, 암컷은 날개의 길이가 똑같은 수컷이 풍기는 냄새 쪽으로 갈 것이다.

사슴의 무리 가운데서 가장 많은 암컷을 거느리는 수사슴의 뿔을 보면, 크기도 크지만 좌우 균형이 잘 잡혀 있다. 다른 수컷과 싸움에서 패배하여 자신이 거느린 암컷을 빼앗긴 젊은 수사슴은 이듬해에 뿔이 비대칭적으로 자란다. 안타깝게도 머리 위에 주홍글씨를 다는 셈이다.

비뚤어진 코와 비열한 미소를 섹시하다고 하는 사람도 있겠지만, 우리가 가장 아름답다고 생각하는 얼굴은 사실 가판대에서 우리를 노려보고 있는 패션 잡지 속의 얼굴과 같이 균형 잡힌 얼굴들이다. 이와 관련해 과학자들은 한 가지 인상적인 실험을 했다. 우선 남녀 대학생의 사진을 찍어서 컴퓨터에 입력한 다음 정확한 치수를 측정하기 위해 사진 정보를 숫자로 처리했다. 그리고 나서 눈의 바깥쪽과 안쪽, 광대뼈, 입가, 콧구멍의 바깥 가장자리, 턱의 외곽선 등 얼굴의 주요 부위에 점을 찍고 얼굴의 균형을 측정했다. 한쪽 점에서 맞은편 점을 연결하여 선을 그리고 그 선의 중점을 계산했다. 완벽하게 균형 잡힌 얼굴은 그 선의 중점들이 모두 얼굴 한복판에 모여 수직선을 이룬다. 중점이 그 수직선에서 벗어나면 그 얼굴은 균형 잡힌 얼굴이 아니라는 평가를 받았다.

과학자들은 다른 학생들에게 그 컴퓨터 사진을 보여주며 인물의 매력을 평가해보라고 했다. 그러자 가장 균형 잡힌 얼굴이 가장 매력적이라는 결과가 나왔다. 더 나아가 사진 속의 학생들에게 언제 처음으로 성관계를 가졌으며 지금까지 모두 몇 명과 성관계를 가졌는지 설문 조사를 했다. 이른바 유전적 적합성, 다시 말하면 유전자를 퍼뜨릴 수 있는 가능성을 대략적으로나마 측정하기 위해서였다.

한 연구자가 말했다. "정말 신통하게 잘 맞아떨어지더군요. 얼굴이 균형 잡힌 사람일수록 첫경험이 빠르고 파트너 숫자도 많다는 결과가 나왔거든요." 남자의 경우, 재치 있는 성적 유혹이나 다른 어떤 것보다도 균형 잡힌 얼굴 덕분에 끊임없이 섹스 상대자를 얻을 수 있는 것으로 드러났다.

진화론적 관점에 따르면, 얼굴과 몸매가 균형 잡혀 있다는 것은 중요한 성장 시기에 수컷의 중앙 운영 시스템의 기능이 모두 최고조에 달해 있었다는 사실을 말해준다. 어떤 수컷이 균형 잡힌 몸을 가지고 있다면, 그것은 깃털이나 날개나 털이나 뼈가 균형 있게 성장하지 못하게 하는 기생충 감염을 억제할 수 있는 면역 체계를 가진 것을 의미한다. 또는 부족한 먹이나 극도의 추위나 더위, 주위의 독소 등의 정상적인 발육에 해가 되는 요소들을 견딜 수 있다는 넓은 의미의 건강을 의미할 수도 있다.

이론적으로야 암컷은 당연히 균형 잡힌 수컷을 고를 것이다. 왜냐하면 그런 수컷은 우수한 유전자를 후손에게 물려주거나 새끼를 키우고 보호하는 데 큰 도움을 줄 만큼 건강할 가능성이 높기 때문이다.

균형에 관한 연구는 성 선택(sexual selection) 연구 분야의 일부이다. 성 선택 분야는 현재 연구가 활발히 진행되고 있는데, 암컷이 여러 수컷 가운데 한 수컷을 선택하는 이유에 관한 수많은 새로운 논문들을 양산해내고 있다. 공작의 화려한 깃털에서부터 귀뚜라미의 쩌렁쩌렁한 울음소리에 이르기까지 수컷들에게서 발견되는 두드러진 특징들은 몇 세대에 걸쳐서 암컷의 취향에 맞게 형성된 것으로 추정된다. 다만 풀리지 않는 의문은 암컷이 왜 그런 취향을 갖게 되었느냐 하는 점이다. 한 가지 근거만으로는 암컷이 취향을 충분히 해명할 수 없다. 암컷이 분명히 다른 암컷을 따라하는 경우도 왕왕 있다. 어떤 물고기 암컷은 다른 암컷이 어떤 수컷을 마음에 들어하는지를 살펴보다가 자신도 모르는 사이에 그 선택받은 수컷 쪽으로 헤엄쳐간다.

사실 수컷은 부자연스럽고 이국적인 장식물 덕분에 남들보다 매력적으로 보일 수도 있다. 정상적인 금화조의 수컷에게는 깃털 벗이 없다. 그런데 만약 어떤 수컷이 머리에 조그맣고 하얀 볏을 달고 있다면 그는 당장 암컷들에게 인기를 끌게 된다. 이와 대조적으로 빨간 볏이 달린 수컷은 그 장신구로 아무런 이득도 얻지 못한다. 금화조의 암컷이 딱히 기능적인 중요성 때문에 빨간색보다 흰색을 선호하는 것 같지는 않다. 금화조는 원래 머리에 볏이 달려 있지 않기 때문에 암컷이 튼튼한 유전자를 염두에 두고 하얀 볏을 가진 수컷을 선택할 리는 없는 것이다. 이런 사실들은 암컷이 수컷을 선택할 때 감각적인 것에 영향을 받는다는 '감각 이용론'을 뒷받침한다. 이 이론에 따르면, 암컷이 특정 수컷을 선호하는 것은 수컷의 유전자 자질을 세심하게 평가한 결과라기보다는 동물의 지각 체계와 뇌가 작동하는 양식, 즉 환경 속에서 뇌가 무엇을 주목하고 무엇을 무시하는지를 반영한다고 한다.

성 선택 이론에서 뭔가 새로운 주장이 나오면 항상 노골적으로 비판하는 사람이 있고, 균형 이론도 예외가 아니다. 비판가들은 현재 과학자들이 측정해내는 육체적 불균형 정도는 너무나 작아서 생물의 날개에 캘리퍼스(직접 자 등을 대서 재기 어려운 물체의 두께나 지름을 재는 컴퍼스 모양의 기구―옮긴이)를 들이대야 겨우 알아볼 수 있다고 비판한다. 이리저리 돌아다니기 바쁜 밑들이가 과연 최신 과학 기기의 도움도 없이 짝이 될 수컷들의 사소한 차이를 알아챌 수 있을까라는 의문을 제기하는 것이다. 게다가 균형 잡힌 몸을 가진 개체가 특별히 건강한 유전자를 갖고 있다는 사실도 증명되지 않았다. 한 비판가는 이렇게 말했다.

“사람들은 자기들이 야외에 나가서 측정할 수 있다는 이유만으로 이런 균형 이론을 신봉한다.”

균형이 동물의 성욕과 어떤 관련을 갖는지는 정확히 모르지만, 예술적인 관점에서 보면 균형은 매력적인 개념이다. 이집트인들이 엄격하고 정밀하게 균형 잡힌 피라미드를 건설하기 시작한 이래 5천 년이 넘도록 화가나 조각가나 건축가들은 균형에 대해 탐구해왔다. 르네상스 시대의 거장 라파엘로는 유명한 그림 〈아테네 학당〉과 〈성체에 관한 논쟁〉에서 화면이 완벽한 균형을 이루게끔 왼쪽과 오른쪽에 똑같은 수의 사람을 배치했다. 그 당시만 해도 균형과 비례는 신의 계획의 일부, 즉 천국의 완벽함을 반영하는 것으로 여겨졌다.

그러니 균형은 자연의 계획에 포함되는 것 같다. 동물들은 대개 좌우 대칭을 이루는 몸을 갖고 있으며, 사지와 날개는 몸통을 중심으로 거울에 비친 듯 좌우가 똑같다. 또 수많은 꽃들은 방사상의 균형을 이루고 있어서 활짝 핀 상태에서는 모든 꽃잎이 중심에서 바깥쪽으로 똑같이 뻗어나간 모양을 이룬다. 바이러스들은 완벽할 정도의 균형을 자랑하고 있으며, 세포분열을 주관하는 세포 속의 중요한 구조들도 그러하다.

그러나 과학자들은 1990년에 이르러서야 균형이 짝을 평가하는 것과 관련이 있을지도 모른다는 사실을 깨닫기 시작했다. 스웨덴 우파살라 대학의 진화생물학자 안데르스 몰러(Anders Moller) 박사는 제비를 연구했다. 제비는 Y자 모양으로 자라는 긴 꽁지깃을 갖고 있는데, 연구 결과 몰러 박사는 암제비가 꽁지깃이 긴 수컷을 좋아하며 꽁지깃이 길면 길수록 선호도가 높다고 결론을 내렸다. 그런데 실험용으로 깃털을 조작하던 중 또다른 사실을 발견했다. 그것은 암컷이 Y자 모양으로 갈라진 꽁지깃의 양쪽 길이와 색깔이 같은 수컷도 선호한다는 사실이었다.

몰러 박사가 꽁지깃에 다른 꽁지깃을 덧붙이거나 꽁지깃을 자르거나 다른 무늬를 그려넣거나 하며 다양한 변수를 적용하여 실험한 결과, 암컷이 수컷을 선택할 때 꽁지깃의 길이와 균형에 거의 비슷한 비중을 두고 있다는 사실을 알아냈다. 다시 말해 길지만 약간 불균형한 꽁지깃을 가진 수컷과 짧고 균형 잡힌 꽁지깃을 가진 수컷이 선택되는 비율은 엇비슷하지만, 길고 균형 잡힌 꽁지깃을 가진 수컷이 나타나면 암컷들은 반드시 그 수컷을 선택한다는 것이다. 그렇게 좋은 조건을 타고난 수컷은 항상 암컷의 마음을 끌었다. 또다른 실험에서 나온 결과는 몸집이 큰 수컷이 항상 유리하다는 기존의 예상을 뒤엎었다. 밑들이 암컷은 몸집이 크지만 불균형한 날개를 가진 수컷보다는 균형 잡힌 날개를 가진 수컷을 더 좋아했던 것이다.

균형 이론에 대한 연구는 질병과 오염이 동물의 성장에 미치는 영향을 과학적으로 이해하는 문제와 맞물렸다. 예를 들어 오염된 물 속에 사는 물고기는 기형의 새끼를 낳는다. 그렇다면 암컷이 자기 짝이 균형 잡혀 있는지 살펴봄으로써 전체적인 건강을 평가하지 말란 법은 없지 않은가? 몰러 박사는 균형 잡힌 동물이 약간 불균형한 수컷에 비해 튼튼하다는 증거를 찾다가, 균형 잡힌 꽁지깃을 가진 제비는 그렇지 않은 제비보다 기생충에 감염될 확률이 적다는 결론을 내렸다. 그는 실험을 통해 균형 잡힌 꽁지깃을 가진 제비의 면역세포가 비교적 더 강하다는 사실도 알아냈다.

과학자들은 찌르레기들의 털갈이 기간에 음식 양을 조절하는 실험을 통해 음식의 양이 균형 잡힌 깃털을 만들어내는 데 영향을 미친다는 사실을 알아냈다. 먹이를 적게 먹은 찌르레기들은 이듬해에 깃털이 자랄 때 불균형하게 자랄 가능성이 높다. 따라서 깃털이 균형 있게 자랐는지 여부는 지금 그 새가 얼마나 건강한지를 평가하는 간편하고 예민한 잣대이다. 수컷의 깃털이 균형 잡힌 것은 그만큼 영양분을 많이 공급받았다는 뜻이고, 그런 수컷이라면 아무래도 가족을 더 잘 먹여 살릴 수 있을 것이다. 아침을 든든히 먹고 하루를 시작한 사람이라면, 아침을 거른 사람보다 오후에도 팔팔하게 일할 수 있지 않을까.

균형 잡힌 외모 때문에 혜택을 보는 것은 수컷만이 아니다. 밑들이 암컷 중에서도 가장 균형 잡힌 암컷은 능수 능란하게 먹이를 모아서 저장하고, 경쟁자를 쫓아내고, 동료들 위에 군림하며 지배계급의 일원인 양 행동한다.

그리고 좋든 싫든 간에 인간 사회에서도 아름다움은 여자가 가진 힘의 가장 강하고 유일한 원천이다. 아름답고 반듯하게 균형 잡힌 얼굴을 가진 여자는 남에게 사랑받고, 부러움을 사고, 자연에게 선택받은 여자로 공인된다. 나이가 들면서 조금씩 균형을 잃어가며 걸작이 해체되기 전까지는.

난초의 웅대한 전략

이들은 꽃의 왕국에서 P. T. 바넘*이라 할 수 있을 것이다. 바넘이 손짓하기만 하면 순진한 얼뜨기들이 넘어가듯이, 이들에게도 날개와 가슴이 있고 꿀과 사랑에 목말라하는 얼뜨기들이 끊임없이 날아든다. 이들은 바로 난초이다. 난초의 꽃은 너무나 빛깔이 야하고 꽃잎이 탐스러워 퇴폐적으로까지 보인다. 게다가 가루받이를 해줄 곤충을 유혹하고 속이는 교활함까지 덧붙인다면, 난초의 퇴폐성은 오스카 와일드(Oscar Wilde)조차 기가 죽을 정도이다.

난초과는 식물 군 가운데 가장 규모가 크며, 학계에 알려진 종만 해도 3만여 종에 달한다. 난초는 무척 교묘한 속임수를 쓴다. 색깔이나 향기나 생김새 등에 걸친 난초의 풍부한 위장 전술에 식물학자나

---

* P. T. Barnum, 1810~1891, 미국의 흥행사. 서커스나 쇼에서 교묘한 심리 조작을 사용하는 데 탁월했던 그는 '왕창 폭탄 세일' '단 한 번뿐인 기회' 등의 과대 상업광고의 원조이다. 특히 '지상 최대의 쇼' 서커스 광고가 유명하다.

진화생물학자들은 탄복해 마지않았다. 찰스 다윈도 난초에 깊이 심취하여 난초의 재생산 전략이라는 주제로 책 한 권을 썼을 정도이다.

그러나 생물학자들은 최근에 와서야 난초가 왜 그렇게 지독한 사기꾼 노릇을 하는지, 번식이나 생존, 생태계에서의 위치와 같은 중요한 문제에서 다른 식물들과 어떤 차이점을 갖고 있는지 정확히 알아냈다. 난초의 생태를 세세히 살펴보면, 왜 어떤 식물은 일찍부터 그리고 자주 번식을 하는 반면 어떤 식물은 당당한 태도로 장기적인 안목을 가지고 자신들의 유전자를 확실히 물려주는 방법을 선호하는지 이해할 수 있다. 난초들은 대부분 희귀한 종이다. 따라서 난초들의 생존 전략을 살펴보면, 수만여 종의 희귀 동물과 꽃들이 넘쳐나는 열대 지역을 비롯하여 지구상의 여러 서식지에 대해 깊은 통찰을 얻어낼 수 있다.

몇몇 과학자들은 가장 이국적인 것의 표본인 열대 난초들이 몽땅 사라지기 전에 연구를 해야 한다며 애를 태우고 있다. 열대우림이 사라짐에 따라 열대 난초가 점점 서식지를 잃어가고 있기 때문이다. 게다가 난초 재배 붐이 다시 일면서 장사꾼들이 무단으로 숲에 들어가 멸종 위기에 처한 난초들을 몰래 캐내는 일이 잦아졌다. 장사꾼들은 온실에서 흔히 재배되는 난초로는 만족하지 못하는 광적인 수집가들에게 희귀한 난초를 불법으로 판매한다. 브루클린 식물원의 한 원예가가 말했듯이 난초는 '속물들의 마음을 사로잡는 매력'을 지니고 있다. 속물들은 마지막으로 남은 단 하나의 황홀하도록 아름다운 난초를 소유함으로써 희열을 느끼는 것이다.

아름다움이 보는 이에 따라 다르게 느껴지는 것은 당연하다. 생김새와 냄새가 마치 암벌과 같은 난초는 먹이를 찾아 돌아다니던 수벌에게 저항할 수 없는 유혹의 미끼를 던진다. 또 어떤 난초는 암컷 말벌을 빼닮은 탓에 수컷 말벌들이 자꾸만 들러붙어 수시로 난초의 꽃가루 주머니를 들었다 내렸다 한다. 이를 위사(僞似) 교미라고 하는데, 물론 아무리 열심히 운동을 해도 이 수벌은 새끼 말벌의 아버지가 될 수 없다. 단지 이 난초의 정자에 해당하는 물질을 저 난초의 씨방처럼 생긴 부위로 전해주어 가루받이를 시켜줄 뿐이다.

어떤 난초는 썩은 고기의 냄새를 풍겨서 근처에 날아다니는 파리를 유혹한다. 또 어떤 난초는 다른 꽃의 아름다움과 향기를 흉내내기도 한다. 전통적으로 꽃의 세계에서는 꿀을 제공하고 곤충들이 찾아오게 하는 것이 예절이다. 하지만 인색한 난초는 굳이 귀중한 음료를 만들어내지 않는다. 그저 속임수에 빠진 어리석은 벌에게 꿀 대신 끈적끈적한 꽃가루 덩어리를 줄 뿐이다. 난초꽃 속에서 빠져나오는 벌 중에는 등에 진 꽃가루 덩어리가 너무 무거워 제대로 날지 못하는 벌도 있다.

난초들이 흉내내는 동식물과 난초의 닮은 점을 세세히 살펴보면, 곤충들이 자기 주위의 세상을 어떻게 지각하며 어떤 감각 능력을 갖고 있는지를 파악할 수 있다. 다시 말해 난초가 눈에 잘 띄는 무늬를 개발했다면 그 난초의 가루받이를 해주는 곤충이 무늬에 관심이 있다고 볼 수 있고, 난초가 화학물질을 만들어냈다면 그 곤충이 화학물질에 민감하다고 볼 수 있으며, 특정한 생김새를 갖고 있다면 그 생김새는 곤충이 좋아하는 것일 것이다.

꽃가루를 날라다주는 동물에게 과즙 보너스를 주는 난초들도 있다. 하지만 그 난초들은 까다로워서 특정 곤충만을 집중적으로 유혹한다. 아프리카의 마다가스카르 원산인 안그라이쿰 세퀴페달레(*Angraecum sesquipedale*)라는 학명의 난초는 저녁 무렵이면 재스민과 비슷한 향기를 내뿜어 어두울 때만 나타나는 나방을 유혹한다. 그 나방은 30센티미터나 되는 주둥이 또는 혀를 갖고 있는데, 그 정도 길이면 난초의 즙과 꽃가루가 있는 깊은 관 속까지 닿을 수 있다.

이와 비슷하게 인심이 후한 난초가 중남미 지역에 살고 있다. 이 난초는 특정 종류의 수벌이 암벌에게 구혼할 때 필요한 향료를 만들어낸다. 수벌은 난초에 내려앉은 다음, 앞다리에 달려 있는 조그만 솔을 사용하여 그 귀중한 향료를 방울방울 빨아들인다. 그리고는 대롱처럼 비어 있는 뒷다리 속에 향료를 저장해두었다가 암컷을 유혹할 때 방출한다. 난초는 이렇게 수벌과 가깝게 접촉함으로써 가루받이를 하는 것이다.

하지만 그렇게 서로에게 도움이 되는 경우는 드물다. 난초들은 대부분 뻔뻔한 사기꾼들이다. 오키드(orchid)라는 난초의 영어 이름도 속임수로 얻어진 것이다. 그리스인들은 난초의 줄기 아래에 있는 주름진 둥근 덩이를 보고는 그것을 난초의 뿌리로 여기고, 그 모양이 인간의 정자를 만드는 장소인 고환을 닮았다 하여 고환을 뜻하는 그리스어(orchis)를 따서 난초의 이름을 붙였다. 하지만 난초의 구근은 씨를 담고 있지도 않고 튤립의 구근처럼 배아를 감싸고 있지도 않다. 단지 물과 영양소를 저장하는 곳일 뿐이다.

그러나 난초의 겉모습은 이러한 본질과 딴판이다. 미국의 추리소설 작가 레이먼드 챈들러(Raymond Chandler)는 『깊은 잠 *The Big Sleep*』이라는 책에서 난초의 촉감을 인간의 살결에 비유했다. 여류화가 조지아 오키프(Georgia O'Keeffe)가 그린 난초 꽃은 그다지 회화적인 기교를 많이 사용하지 않았는데도 상당히 에로틱한 여성적 분위기를 풍긴다. 난초는 또 꽃의 모양에 따라 거미, 나비, 바구니, 신발, 완두콩, 당나귀 등의 이름이 붙은 것들도 많다.

이렇듯 다양하지만 모든 난초들은 몇 가지 공통점을 갖고 있다. 가장 두드러진 공통점은 입술꽃잎과 속기둥이다. 잎술꽃잎은 삐죽 튀어나와 있어서 활주로처럼 곤충들이 내려앉도록 유혹한다. 그리고 속기둥에는 꽃가루 주머니와 씨방이 들어 있다. 난초는 정자에 해당되는 꽃가루를 다른 난초에게 보내기도 하고 다른 난초의 꽃가루를 받아들이기도 하지만, 자가 수분을 할 수 있는 종은 거의 없다. 따라서 난초가 자신의 유전자를 전파하려면 가루받이를 해줄 매개체가 필요하다. 그리고 일단 가루받이를 하고 나면 수정된 씨방이 꽃자루 밖으로 자란다.

또 난초에게는 다소 기생적인 특성이 있다. 난초 씨앗은 크기가 먼지 입자 정도밖에 되지 않아 단백질이나 영양소를 품을 수 없다. 따라서 일단 씨방에서 나와 땅에 떨어진 난초의 씨앗은 근처에서 자라는 균류에게서 영양분을 얻어야 살아갈 수 있다. 난초들은 저마다 다른 균류에 기대어 싹을 틔운다. 공짜로 얻는 것만이 난초의 유일한 생계수단인 듯하다. 많은 난초들은 나무에 붙어사는 착생식물이다. 나무에서 양분이나 수분을 빼앗지는 않지만, 새의 배설물이나 썩은 나뭇잎 또는 비에 씻겨 내려온 물질에서 비타민을 얻기 위해 뿌리를 대롱거린다.

하지만 게으르다는 사실만으로는 난초를 온전히 설명할 수 없다. 난초들은 대개 파멸을 자초하는 속성을 조금씩 갖고 있는 듯하다. 난초가 가루받이를 해줄 곤충들한테 비열한 속임수를 쓰기 때문에 곤충들은 난초를 피하려고 한다. 예를 들어 어떤 난초는 새총과 비슷한 장치를 사용하여 자신의 꽃잎에 앉은 꿀벌에게 꽃가루가 든 캡슐을 쏘아보낸다. 꽃가루 캡슐을 얼마나 세게 쏘는지 벌들이 그 캡슐에 맞고 나가떨어지는 경우를 흔히 볼 수 있다. 이렇게 호되게 당하고 나면 벌들은 이내 저격수 같은 난초를 피하게 된다.

　개불알꽃이라는 난초과의 식물은 미국 전역의 산간 지역에서 발견되는 무척 화려한 꽃이다. 개불알꽃은 꿀이 흠뻑 고여 있는 것처럼 보이고 달콤한 냄새까지 풍기지만, 실제로 꽃 속을 들여다보면 바싹 말라 있다. 역시 야비한 속임수이다. 벌이 맛있는 꿀을 얻으려고 아랫입술 모양의 꽃잎에 내려앉으면, 개불알꽃은 윗입술 모양의 꽃잎을 덮어 벌을 가두어버린다. 벌이 도망갈 곳이라곤 뒤쪽으로 난 통로밖에 없다. 꿀벌이 밖으로 나가려고 애쓰다 보면 꽃가루 기둥을 지나치게 되고 자기도 모르게 꽃가루 주머니를 집어들게 된다. 한번 그런 일을 겪은 벌은 다시는 개불알꽃 근처에 가지 않으려 할 것이다. 하지만 벌이 경계심을 품게 되면 난초의 입장에서는 아주 곤란하다. 같은 벌이 두 번은 속아주어야 가루받이가 완성되기 때문이다. 처음에는 꽃가루를 묻히고, 다음에는 다른 난초의 암술에 발라주어야 가루받이가 성공하는 것이다.

　한 식물학자가 메릴랜드 국립공원에서 십오 년간 개불알꽃 천 포기의 운명을 추적했는데, 그중에 겨우 스물세 포기만이 그곳에 사는 멍청이 벌들을 이용하여 운 좋게 가루받이에 성공했다.

　이런 것들은 생산성과는 분명 거리가 멀다. 하지만 난초의 번식 전략에 대한 새로운 이론은 그 행동을 제법 그럴듯하게 설명해준다. 그 이론에 따르면, 난초들은 골수 도박꾼이어서 목돈을 쥘 한 번의 가능성에 모든 것을 건다고 한다. 꽃을 피우는 식물들은 대부분 해마다 수정하긴 하지만, 수정한 뒤 생산하는 씨앗은 딱 한 개 또는 한 줌 정도밖에 되지 않는다. 이와 대조적으로 난초는 대부분 번식하지 못하고 한 해를 나지만 그중 하나라도 수정을 한다면 그것은 커다란 횡재나 다름없다. 보스턴 대학의 생물학 교수인 리처드 B. 프리맥(Richard

B. Primack) 박사는 이렇게 말한다.

"난초들은 복권 시스템으로 살아간다. 수정이 될 가능성은 매우 낮지만, 일단 수정이 되면 수만에서 수십만 개의 씨앗을 만들어낸다."

이러한 '모 아니면 도' 식의 전략은 난초들에게 잘 맞았던 것 같다. 3만 종에 이르는 난초들 대부분은 개체수가 얼마 되지 않는다. 난초는 높은 나무나 외딴 곳에 드문드문 자라나는 태생적으로 희귀한 꽃이다. 일반적으로 희귀한 종은 과격하고 모험적이며 고도로 전문화된 번식 전략을 만들어낸다. 자신의 외딴 서식지에서 살아남기 위해 고객의 요구에 맞추어 스스로를 만들어나가는 것이다. 난초들은 대개 한 종류의 곤충을 집중적으로 유혹하여 가루받이의 매개로 삼는다. 그 때문에 난초는 암컷 말벌의 모습으로 진화하거나, 단 한 종류의 파리의 흥미를 끌 자극성 물질을 방출하거나, 한 종류의 벌을 유혹하여 바보 하나를 두 번 속여넘기기까지 한다. 난초는 완벽하게 가루받이를 해주는 매개체를 기다릴 여력이 있다. 꽃을 피우는 식물 중에서 가장 오래 살고 천적도 거의 없는 것이다. 그 결과 다른 식물들보다 훨씬 많은 난초가 한 해를 넘기고 다음해까지 산다.

속기 쉬운 얼뜨기들이란 올 때도 있고 갈 때도 있지만, 희대의 사기꾼들은 오래오래 살아남는 법이다.

춤

기계의 맥박

현미경으로 들여다보면 그것들은 조그맣고 투명한 뱀같이 생겼다. 졸린 듯이 느리게 꿈틀꿈틀 기어다니거나, 제 꼬리를 처음 본 듯이 몸을 접거나, 어쩌다 다른 이와 부딪히면 천천히 몸을 움츠린다. 그것들의 투명한 피부 밑으로 근육세포와 신경섬유가 맥박치는 것이 똑똑히 보인다. 그 모습이 얼마나 아름다운지, 이들이 정원이나 퇴비 더미에서 흔히 볼 수 있는 선충이라는 사실이 믿어지지 않을 정도이다. 게다가 그 꿈틀거리는 매끄러운 생명체가 기초 생물학의 면모를 일신시키고 있는 장본인이라는 사실은 더욱 믿기 어렵다.

그 생물은 카이노르하브디티스 엘레간스(*Caenorhabditis elegans*)라는 길이 1밀리미터의 선충으로, 박테리아를 먹고살며 알에서 깨어난 지 사흘 만에 번식 가능한 성충이 된다. 세포에서 분사, 유전자 하나하나에 이르기까지 아주 미세한 부분을 탐구하는 선충 생물학 분야도 성충의 성장 속도에 발맞추기라도 하듯이 나날이 발전하고 있다.

세계 여러 나라의 과학자들은 선충에 대한 연구를 통해, 단세포인 수정란이 어떻게 완전하고 복잡한 개체로 성장하는가 하는 커다란 수수께끼에서부터 세포들은 어떻게 자신이 죽을 때가 되었음을 알게 되는가 하는 좀더 어려울 수도 있는 수수께끼에 이르기까지 자신들이 몰두하고 있는 과제를 해결하려 하고 있다. 선충류는 비교적 원시적인 신경 체계를 가졌기 때문에 동물이 세상을 감지하고 받아들이는 데 필요한 시냅스, 축색돌기, 뉴런, 감각기관 따위를 연구하기에 적당하다.

선충 연구자들이 실험 대상인 선충에게 애정을 갖고 있긴 하지만, 그들이 선충 자체의 탄생이나 선충의 뇌에 관심이 있는 것은 아니다. 오히려 그들은 선충 연구를 통해 알아낸 사실을 기초로 진화의 사다리를 차곡차곡 밟아 올라가서 언젠가는 인간을 탐구할 수 있으리라는 희망을 품고 있다. 선충은 인간을 대신하는 모델이 되는 유기체일 뿐이다. 선충은 실험 목적에 따라 조작되고, 방사선을 쐬어 돌연변이가 되고, 분류되어 짝짓기하고, 잡아 찢기고, 뒤섞이고, 활동을 멈추고 원상 복구되고 또 희생되어, 마침내 생물학 지식의 일부가 된다. 인간의 경우라면 상상도 할 수 없는 방식으로 그 존재가 파악되는 것이다. 하지만 기초 생물학은 선충이라는 모델 유기체를 기초로 성과의 탑을 쌓았다. 선충이 없다면 우리는 과학의 발전이라는 위대한 대의를 위해 방사성 염료를 번갈아 가며 마셔야 할지도 모른다.

선충의 몸 속에 있는 끈끈한 DNA 사슬을 연구하던 과학자들은, 손상될 경우 암을 발생시키는 것으로 알려진 인간의 유전자와 무척 비슷한 유전자를 발견했다. 인간의 유전자가 어떤 일을 하고 왜 암을 일으키게 되는가 하는 문제는 오랫동안 과학자들이 골치를 썩어온 의 문점이었다. 그러나 이제 과학자들은 선충의 유전자가 어떻게 활동하는지 추적할 수 있게 됨으로써 암세포가 형성되는 생화학적 메커니즘에 대해 중요한 실마리를 얻을 수 있게 되었다. 배(胚)의 원형세포에서 근육세포 조직과 신경세포가 발생하도록 지시하는 유전자, 척추가 성장하는 과정에서 이주세포를 유도하여 적절한 자리로 보내는 유전자, 세포가 자살하도록 부추기는 유전자…… 이러한 유전자들이 모두 선충에서 발견됨으로써 과학자들은 생명체에서 기어, 스프링, 차임벨과 호루라기 역할을 하는 유전자들을 살펴볼 수 있었다. 1994년말에 이르러 생물학자들은 선충류의 유전정보를 담은 유전자 지도를 완성했다. 유전자 지도는 DNA 사슬들을 모아놓은 것으로, 선충의 유전적 청사진을 구성하고 있는 만 개 가량의 유전자를 하나도 빠짐없이 기록하고 있다. 단세포생물인 효모보다 복잡한 유기체의 유전자 지도가 만들어진 것은 선충류가 처음일 것이다. 독실한 종교인이 흔히 그렇듯이, 선충 생물학자들도 확신에 차서 선충의 유전자 지도가 훌륭한 연구 자료가 되리라고 장담했다. 또한 유전학자들은 만 개에 달하는 선충의 유전자에 들어 있는 수억 개의 DNA 염기를 하나씩 나열하여 판독하고 있다. 5천만 달러의 경비가 소요될 것으로 추정되는 그 연구 계획은 인간게놈 프로젝트의 인기에 힘입은 바 크다. 인간게놈 프로젝트는 30억 개나 되는 인간의 DNA를 지도로 만들려는 국제적인 프로젝트이다. 이 프로젝트를 두고 악의에 찬 논쟁과 나라간의 경쟁이 벌어지는 바람에 인간게놈 프로젝트는 급작스런 시작과 중단을 거듭하며 진행되고 있다. 이에 반해 선충 생물학자들은 선충의 염기 배열 작업이 20세기 말까지는 끝나리라고 기대하고 있다. 우리 인간이나 다른 고등 동물의 유전자 배열이 확정되려면 그 뒤로 한참 더 지니아 할 것이다.

이미 선충에 관한 중요한 사실들이 많이 밝혀졌지만, 앞으로 선충의 유전자 정보가 첨가될 것이다. 초파리나 생쥐와 같은 일반적인 실험용 동물의 세포 수는 추측할 수밖에 없지만, 선충류의 세포 수는 정확히 959개임이 밝혀졌다. 또 신경세포가 302개이며 각 신경 단위가 어떤 신경 단위에 연결되어 있는지도 밝혀졌다. 우리가 완벽한 신경 조직 지도를 확보한 동물은 선충뿐이다. 선충의 각 신경이 어떻게 생겼고, 어떤 식으로 돌기가 뻗어나가며, 신경세포의 돌기와 축색돌기가 어떻게 다른 신경세포들과 한데 엮이는지까지 세세히 밝혀낸 것이다. 또한 선충의 유충이 성장하면서 정확히 131개의 세포가 태어난 지 삼십 분 안에 죽어버린다는 사실도 밝혀졌다. 그 세포들은 아마 처음부터 그렇게 단명할 운명을 타고난 것 같다. 생성되었다가 바로 사멸하는 것은 괜한 낭비인 것처럼 보이지만, 죽을 운명을 타고난 세포는 어쩌면 자신이 죽음으로써 살아남은 세포들이 제 역할을 수행할 수 있도록 해주는지도 모른다. 그 세포들이 단역으로 출연한 이유가 무엇이든 세포의 죽음을 결정하는 유전자의 실체를 확인하는 데에는 쓸모가 있다. 그리고 그런 유전자의 실체를 파악하는 것은 알츠하이머병이나 파킨슨병 같은 노화성 질병에서 나타나는 세포의 집단 퇴화 현상을 이해하는 데도 도움이 될 것이다.

선충에 관해 알려진 지식은 대부분 선충류의 두드러진 특징인 투명한 몸뚱이 덕분에 얻어진 것이다. 선충의 투명한 몸을 관찰하면, 수정 단계에서 성숙 단계에 이르는 모든 발달 과정에서 세포분열이 어떻게 일어나는지 알아낼 수 있다. 선충류는 세포의 개수가 모두 똑같다. 그리고 어떤 세포가 어떤 세포를 발생시키는지도 밝혀졌으며, 959개의 세포 각각이 어떻게 발생되어 머리, 신경 조직, 꼬리, 음문 등의 부위가 되는지를 나타내는 계통 지도도 작성되었다.

선충을 연구하는 학자들은 몇 년 동안이나 현미경을 통해 선충을 관찰해왔으면서도 자신의 연구 대상을 열광적으로 찬미하는 경우가 많다. 생쥐나 초파리를 연구하는 학자들은 그렇지 않은데 말이다. 인간을 대상으로 하는 유전학자들도 주로 인간의 질병을 연구하기 때문에 인간이 얼마나 대단한 걸작품인가를 시적으로 표현하는 경우가 드물다. 게다가 그들은 발견을 하게 되면 특허 내기에 바쁘다. 하지만 카이노르하브디티스 엘레간스를 연구하는 학자들은 선충의 우아함과 섬세함에 대해 꿈꾸듯이 이야기한다. 꼬물거리는 선충들을 보면 꼭 안아주고 싶은 기분까지 들며, 성장 과정에서 세포분열을 일으키는 광경은 짜릿한 전율마저 불러일으킨다는 것이다. 한 생물학자는 선충의 유전학 수업을 이렇게 회상했다. 어느 토요일 한밤중에 학생들이 모여 앉아 선충의 배(胚)가 발생하는 장면을 찍은 비디오를 보았다. 화면 주위에 모여든 열두 명의 학생들은 세포 하나가 분열할 때마다 환호성을 지르거나 숨을 죽였다. 누군가가 와서 "시내에서 파티가 있다"고 했지만, 학생들은 방해하지 말고 어서 나가라고 손을 내저을 뿐 조금도 동요하지 않았다. 세포 하나가 자라는 동안 팔딱거리는 맥박 하나도 놓치고 싶지 않았던 것이다.

선충류를 실험 동물로 맨 처음 사용한 사람은 영국의 케임브리지 대학 의학연구소의 시드니 브레너(Sydney Brenner) 박사이다. 브레너 박사가 1960년대에 처음으로 선충류를 실험용으로 쓰게 된 동기는 선충이 지닌 아름다움 때문은 아니다. 브레너 박사는 신경생물학과 발생에 관한 문제들을 연구하기 위해서 대장균 박테리아와 비슷한 다세포생물이 필요했다. 그 당시에는 대장균 박테리아가 분자생물학의 주요 실험 대상이었다. 브레너 박사는 동물학 교과서들을 샅샅이 뒤지다가 카이노르하브디티스 엘레간스에 눈길이 머물렀다. 카이노르하브디티스 엘레간스는 투명해서 관찰하기 쉬울 뿐만 아니라 단순성과 복잡성이 어우러진 생물이었던 것이다.

카이노르하브디티스 엘레간스는 크기가 작고 신경 단위도 거의 없지만, 상당히 다양한 행동을 한다. 가령 먹이인 박테리아가 있음을 알려주는 쓰레기 냄새가 나면 구미가 당기는 그 냄새를 향해 관능적인 사인 곡선을 그리며 움직인다. 또 소금기에 닿으면 몸의 수분을 빼앗기기 때문에 소금기가 많은 곳을 피한다. 카이노르하브디티스 엘레간스는 온도도 감지할 수 있으며 접촉을 싫어하고, 오십 초 간격으로 배변할 때를 알려주는 생체 시계를 가지고 있다. 카이노르하브디티스 엘레간스의 수컷은 먹이를 찾으러 다니는 시간만큼이나 많은 시간을 짝을 구하러 다니는 데 할애한다.

선충의 생식 체계가 뛰어난 적응성을 가지고 있다는 점도 실험 대상으로서 훌륭한 장점이다. 선충에는 수컷과 암수한몸이라는 두 유형이 있다. 수컷은 난자를 지니고 있는 암수한몸에 정액을 주입하여 수정시킨다. 암수한몸은 난자뿐 아니라 정자도 함께 가지고 있다는 사실 때문에 생물학에서 중요한 의미를 가진다. 암수한몸은 수컷이 없으면 자가 수정을 한다. 그런 특징 때문에 브레너 박사는 암수한몸의 짝짓기 기능을 방해하지 않고도 유전정보를 조작할 수 있음을 깨달았다. 유전학에서는 유전자를 조작하여 그 유기체의 성장과 행동에 일어난 돌연변이 효과를 관찰할 수 있느냐 없느냐가 성공의 관건이다. 유전학자들은 암수한몸인 선충류를 이용하여 한 세대에서 다음 세대로 전해지는 가장 기묘한 돌연변이까지 연구할 수 있었다. 선충의 근육 조직과 신경 체계를 마음대로 조작하여 움직이지는 못하지만 번식은 할 수 있게끔 만들어놓은 다음, 연구를 위해 끊임없이 돌연변이 자손을 만들어냈던 것이다.

브레너 박사의 연구 동료가 된 사람들은 곧 선충이라는 종교로 개종했다. 그중에서도 가장 열렬한 신봉자는 존 설스턴(John Sulston) 박사였다. 그는 1970년대에서 1980년대 초반까지 십 년간에 걸쳐 그 유명한 카이노르하브디티스 엘레간스의 계통 지도를 도표로 만드는 데 혼신의 힘을 기울였다. 설스턴 박사는 현미경 위로 몸을 구부린 채 한 마리의 선충이 태어나고 죽을 때까지 일어나는 세포분열을 하나도 빠짐없이 관찰하고 기록했다. 설스턴 박사의 실험실 바닥에는 해부용 현미경과 관찰용 현미경 사이를 끊임없이 오간 의자 바퀴자국이 깊이 패어 있었다. 설스턴 박사는 해부용 현미경에 선충을 올려놓고 관찰 준비를 했으며, 관찰용 현미경을 통해 세포가 발생하는 것을 관찰했다. 젊은 선충 연구자들은 설스턴 박사의 실험실을 성지 순례하듯이 찾아와서 눈물 흘리는 성모 마리아의 기적을 바라보듯 마룻바닥에 파인 자국을 가리키곤 한다.

연구자들은 세포의 운명을 결정하는 유전자를 연구함으로써 세포의 계보에 관해 한 걸음 더 진전된 상세한 정보를 얻어냈다. 그리고 포유류의 유전자와 비슷한 유전자의 정체를 밝혀내게 되었다. 자연이 수십억 년의 진화 과정 속에서 이런 유전자들을 계속 보존해왔다는 사실은, 그것들이 세포의 생명 유지와 건강에 필수적임을 강력하게 시사한다. 세포의 성장을 통제하는 데 가장 핵심적인 역할을 하는 발암 유전자는 정상 상태에서는 세포분열과 성숙을 감독하지만 발암물질에 의해 변형되면 인간과 같은 고등 동물에게 암을 발생시킬 수도 있다. 선충을 연구한 덕분에 과학자들은 발암 유전자가 정상적인 상태와 변형된 상태에서 어떤 식으로 작용하는지 알아낼 수 있었다. 선충은 인간에게 여러 가지 종양을 만들어내는 것으로 추정되는 두 유전자를 갖고 있다. 그중 하나는 '라스(ras)' 라는 유전자이고, 나머지

하나는 표피 성장인자 수용체 유전자이다. 이 두 유전자는 암수한몸인 선충의 몸 속에서 서로 협력하여 생식기를 발달시키는 필수적인 역할을 담당한다. 일단 수용체 유전자가 선충의 발아 부분에 붙어 있는 세 개의 세포 내부에 신호를 보낸다. 그러면 그 세포들 내부에 묻혀 있던 라스 유전자가 수용체 유전자의 신호를 받아들여 봇물이 터지듯 활동을 시작한다. 50개의 유전자들이 일제히 활발하게 움직이면서 세 개의 발아세포에게 명령을 내린다. 세포분열하여 선충의 난소와 외부의 연결통로인 음문 조직을 형성하라는 명령이다. 건강한 선충류는 이런 식으로 생식기를 발달시킨다. 하지만 선충류의 라스 유전자를 인간의 발암 유전자와 비슷하게 변형시켜서 실험해보면, 암수한몸의 생식기에 일종의 암과 비슷한 것이 발생하며 마침내 다중 음문 조직이 형성된다. 이 굉장한 연구 결과는 라스 유전자의 작용을 이해할 수 있는 실마리가 되었을 뿐만 아니라 조그만 사회적 소동을 일으키기도 했다. 한 과학자가 나에게 이런 일화를 들려주었다.

"내가 식당에서 밥을 먹으며 '다중 음문 조직'에 대한 이야기를 꺼내면, 그때마다 주위가 갑자기 조용해졌어요. 다들 우리가 하는 이야기가 도대체 무슨 소리인지 의아해하며 귀를 기울이고 있었죠."

그밖에도 다양한 비교 연구 결과, 인슐린을 만들어내는 유전자와 근육 조직의 필수성분을 만들어내는 유전자, 분열하는 세포를 떼어놓는 단백질 유전자 등 인간 유전자에 해당되는 선충의 유전자가 발견되었다. 형태도 없는 원시 배세포를 최초로 자극하여 신경세포의 형태와 기능을 갖게 하는 유전자도 선충에서 발견되었다. 신경 체계를 이해하려면 먼저 신경 체계를 형성하기 시작하는 신호들을 찾아내야 하기 때문에 이 발견은 의미가 크다.

지금껏 모델 유기체인 선충을 아낌없이 칭찬해온 선충학자들은 앞으로 더욱 중요한 발견들이 밝혀질 것이라고 큰소리친다. 선충의 세포와 신경의 해부학적 구조는 완전히 밝혀졌다. 선충의 유전자 지도도 거의 완성되었고, 이제 곧 유전자 염기서열도 모두 밝혀질 것이다. 카이노르하브디티스 엘레간스는 진흙 속에서 태어났을지 모르지만, 생물학계의 스타로서의 미래는 확실히 보장되어 있는 듯하다.

DNA를 감싸고 있는 것

인간의 DNA 분자 사슬을 최대한 늘여놓으면, 웬만한 유치원 아이들의 키인 60센티미터가 넘는다. 하지만 그 생명의 분자들을 압축하여 둘둘 만 다음 세포의 한복판에 정확히 쑤셔넣으면, 그 지름은 25만분의 1센티미터 정도밖에 되지 않는다.

비좁기 이를 데 없는 곳에 길고 끈끈한 사슬 모양의 유전물질을 꾸려넣는 이 뛰어난 기술은 주로 히스톤이라는 단백질의 몫이다. 히스톤은 다섯 종류가 있으며, DNA를 감싸안아 응축시키는 역할을 한다. 그러나 이런 응축 작업이 상당히 중요함에도 불구하고, 히스톤은 오랫동안 별 볼일 없는 구조적 요소에 지나지 않는 것으로 여겨졌다. 너트나 볼트처럼 꼭 필요한 유전자들을 연결시켜 적당한 크기로 만들어주는 생화학적 장치 정도로만 알려졌던 것이다.

그러나 이제는 히스톤이 DNA를 응축시키는 것 이상의 역할을 한다는 증거가 잇달아 발견되고 있다. 즉 히스톤이 생명을 유지하는 데 중요한 임무를 수행한다는 것이다. 그 임무란 때를 정확히 맞추어 세세하게 규정된 형식에 따라 DNA 사슬상의 유전자를 연결하거나 단절시키는 것을 말한다. 히스톤이 이런 식으로 유전자의 활동을 통제해주는 덕분에 세포들은 저마다 본연의 임무를 수행할 수 있다. 이를테면 쓸개세포가 담즙산염을 분비한다거나 갑상선세포가 신진대사 호르몬을 분비하는 것 등이다. 유전자의 활동을 통제하기 위해서 히스톤은 DNA와 결합하려는 다른 단백질들과 경쟁한다. 전사(傳寫)인자(DNA에 저장된 유전정보를 읽어 RNA로 복사하는 과정을 전사라고 하는데, 그 과정을 조절하는 단백질—옮긴이)로 알려진 단백질이 유전자와 결합하여 활동을 하려면, 경호원처럼 팔짱을 낀 채 사납게 버티고 있는 히스톤을 납득시켜야 한다. 히스톤은 애원하는 전사인자에게 가장 정확한 생화학적 조건 아래에서만 DNA와 접촉하여 메시지를 전해줄 자리를 내준다.

히스톤은 어떤 세포 속에서는 염색체를 느슨하게 풀어서 바깥 세상으로 밀어내어 다른 일을 준비시키고, 또다른 세포 속에서는 똑같은 염색체를 외부와 차단시켜서 죽은 듯이 숨어 있게 한다. 히스톤은 특히 유전자의 활동을 정지시키는 데 중요한 역할을 하는 것 같다. 사람들은 대부분 유전자가 활동하지 않는 상태를 아무런 자극이 없는 '제로' 상태로 여기지만, 세포 속에는 미약하나마 꾸준히 활동하는 유전자가 있기 때문에 히스톤이 단호하게 억제하지 않으면 치명적인 해를 끼칠 수도 있다. 따라서 유전자의 활동을 차단하는 것 자체도 능동적인 과정이다. 히스톤은 댐이 무너지는 것을 막은 네덜란드 소년처럼 열심히 유전자에게 재갈을 물리려고 하는 것이다.

소규모의 히스톤 단백질 무리가 어떻게 우리 몸의 무수한 세포들 속에서 유전자들이 발현될 수 있는 정상적인 환경과 상태를 만들어줄

까? 과학자들은 그 문제를 해명함으로써 세포들이 어떻게 자신의 역할을 인식하고, 분열 시기와 소멸 시기를 아는가 하는 중대한 수수께끼를 풀 실마리를 얻고자 한다.

DNA 구조와 히스톤의 작용을 알아내면 나중에 몇몇 질병이 어떻게 발생하는지 밝혀낼 수 있을지도 모른다. 예를 들어 흔한 혈액 질환 가운데 지중해 빈혈이라고 알려진 병은 간혹 DNA 사슬이 잘못 꼬인 탓에 발생하기도 하는데, 그것은 아마도 히스톤이 제대로 작용하지 못했기 때문일 수도 있다. 암은 유전자 활동에 이상이 생긴 탓에 세포분열이 비정상적으로 일어나는 병이다. 따라서 DNA를 보호하는 히스톤 단백질의 역할에 혼란이 생기는 것은 악성 형질전환으로 가는 중요한 단계로 볼 수 있다.

그러나 과학자들이 히스톤에 관심을 가진 것은 히스톤의 실용적인 가치 때문이라기보다는 단백질 중에서 풍부한 논쟁을 벌일 만한 것이 히스톤밖에 없다는 단순한 이유 때문이다. 그리고 모든 사람이 히스톤의 가치를 순순히 인정하는 것은 아니다. 어떤 이들은 자료들이 제시하는 사실에도 아랑곳하지 않고 히스톤을 하찮은 것으로 여긴다. 히스톤에 대한 이런 거부감은 하루아침에 형성된 것이 아니다. 그것은 대장균과 같은 박테리아를 연구하던 시절까지 거슬러 올라간다. 유전자 연구는 박테리아를 연구하면서 눈부신 발전을 거듭했다. 그런데 대장균의 DNA는 고등 유기체의 DNA와는 아주 다른 방식으로 세포 속에 존재한다. 박테리아의 DNA는 고등 생물의 세포처럼 세포 중앙에 있는 핵 속에 안전하게 격리되어 있거나 히스톤에 감싸여 있지 않고, 젤라틴 같은 세포질 속에서 자유롭게 돌아다닌다. 이렇게 박테리아가 히스톤이 없어도 아무 탈 없이 살아갈 수 있는 것을 보고, 과학자들은 굳이 히스톤을 두고 논쟁할 필요가 없다고 생각했다. 그래서 박테리아보다 고등한 생물들을 연구할 때에도 유전자 주위의 히스톤을 화학적으로 제거한 채 유전자 가닥만 시험관에 넣고 실험하는 경우가 다반사였다. 그렇게 히스톤을 제거한 상태에서 DNA를 복제하고 활성화시키는 특별한 단백질을 연구한 것이다.

그런 원시적인 시험관 실험 방법 덕분에 유전자의 복제를 명령하는 신호를 발견하게 되었다. 하지만 최근에는 시험관 실험이 자칫 오해를 불러일으키거나 잘못된 결과를 초래하는 환원주의에 빠질 수 있다는 비판의 소리가 높아졌다. 비판적인 과학자들은 히스톤에 둘러싸여 있는 DNA가, 히스톤이 제거된 채 시험관에서 연구되는 DNA와 판이하게 다르게 움직인다고 주장한다. 따라서 동물의 DNA는 어지러운 자수 무늬를 그대로 가진 원초적인 상태, 그러니까 핵 속에 든 상태에서 연구해야 한다는 것이다.

유전물질을 염색체에 들어 있는 대로 분리시켜서 실험해본 결과, 유전물질은 핵 부분에 히스톤과 DNA가 똑같이 감겨서 굵은 목걸이 모양을 이루고 있다는 사실이 밝혀졌다. 네 쌍의 히스톤 단백질이 구슬 모양으로 결합되어 미키 마우스를 빼닮은 옥토머(octomer, 8량체)라는 조그만 분자가 된다. 그 옥토머를 146개의 염기가 연결된 DNA 한 가닥이 두 겹으로 감아서 염색체의 기본 단위인 뉴클레오솜을 형성한다.

구슬 모양의 뉴클레오솜들을 연결시키는 것은 짤막한 사슬들인데, 이 사슬은 히스톤 단백질의 다섯번째 변종에 50개 이상의 DNA 염기가 실타래처럼 감겨서 만들어진 것이다. 그렇게 구슬과 사슬이 번갈아 연결되어 있는 긴 끈은 히스톤이 아닌 보조 단백질까지 다닥다닥 날라붙은 상태에서 둘둘 감기고 서로를 감싸고 에워싸고 조여서 압착된다. 바로 이런 장치 덕분에 1미터는 족히 되는 DNA 사슬이, 눈에 보이지 않을 정도의 크기로 줄어들 수 있는 것이다. 미생물 이상의 고등 유기체들은 공통적으로 이런 장치를 가지고 있다. 사람, 효모, 뒝벌, 칠면조, 옥수수 등 어떤 생물의 세포핵이든 염색체를 숨막히게 응축시키고 있는 히스톤 단백질을 발견할 수 있다.

그러나 히스톤의 구조와 진화에 대해 그토록 상세한 사실들이 밝혀졌는데도, 과학자들은 오랫동안 히스톤 단백질이 특별한 역할이 없는 비활성 분자 이상의 존재라고 주장하기가 쉽지 않았다. 발전된 유전 공학 기술들이 도입되고 나서야 비로소 히스톤이 언제, 어떻게, 어떤 환경에서 그토록 우아하게 유전자를 감싸서 통제하는지 밝혀지기 시작했다. 그러한 진전을 가져온 획기적인 기술 중 하나는 실험실에서 효모세포를 치밀하게 조작하여 히스톤의 생산을 마음대로 조절할 수 있게 된 것이다. 실험의 조건을 명확히 규정한 상태에서 살아 있는 핵을 모의 실험할 때, 과학자들은 마치 마술처럼 뉴클레오솜과 그것을 연결하는 사슬들 간에 상호 작용하는 요소를 모두 시험관 속에 재창조했다.

이러한 기술적 발전을 통해 다양한 히스톤의 부위들이 생각했던 것보다 훨씬 엄격하게 DNA를 추동해낼 수 있다는 사실이 분명해졌다. 효모세포를 실험하던 중, 히스톤 단백질이 만들어질 때 사소한 요소 하나라도 파괴되면 그 세포는 살아남기 힘들다는 결과가 나왔다. 히스톤이 제대로 생산되지 않으면, 효모가 당류를 섭취하여 물질대사를 하는 데 필요한 유전자들이 활동할 수가 없다. 그리고 히스톤 단백질의 한쪽 끝이 파열되면, 세포는 반드시 억제해야 할 몇 가지 유전자의 활동을 막을 수 없게 된다. 히스톤이 유전자의 행동을 조화롭게 만드는 교묘하고도 다양한 능력을 갖고 있다는 명확한 증거가 보충 연구를 통해 제시된 것이다. 히스톤은 유전자의 길을 밝히는 횃불 역할과 그 불꽃을 끄는 역할을 모두 수행한다.

몇 가지 시험관 모의 실험에서 연구자들은 히스톤이 DNA에 달라붙는 특권을 얻기 위해 전사인자 단백질들과 적극적인 경쟁을 하고 있음을 알아냈다. 유전자의 배열에 따라 그러한 경쟁은 상당히 다양한 결과를 낳는다.

어떤 경우에 히스톤은 DNA에 잠깐 붙어 있을 뿐이라는 듯이 적당한 전사인자가 들어오면 순순히 자리를 비켜준다. 그 전사인자들은 유전자의 화학 반응을 촉진시키도록 특별히 고안된 단백질이며 그밖에 달리 하는 일이 없다. 또 어떤 때는 히스톤이 더욱 단단히 이중나선에 달라붙어 확고하게 제자리를 지키고 있는 경우도 있다. 히스톤의 경쟁 상대인 전사인자들이 히스톤을 밀어내려고 하고, 히스톤이 밀려난 자리에 전사인자가 들어서면 전사인자에 달라붙은 유전자가 본성에 따라 활발한 활동을 시작한다. 간혹 히스톤과 그 경쟁자인 전사인자들이 유전자를 활성화시키는 방법의 하나로 동시에 DNA에 들러붙기도 하지만, 그것은 어쩌다가 일어나는 일일 뿐이다.

진화 과정에서 히스톤이 광범위한 영역에 걸쳐 다양한 임무를 수행하게 된 것은 놀라운 일이 아니다. 그러나 애초에는 없었지만 나중에 생겨난 역할도 있을 것이다. 히스톤의 첫 역할은 아마 약 10억 년 전에 핵 속에 염색체가 질서정연하게 늘어서게 만드는 암호로서의 역할이었을 것이다. 하지만 그 뒤로 히스톤은 유전자 활동의 관리자로서 훨씬 빛나는 역할을 하게 되었다.

지위가 높을수록 추락도 깊듯이, 히스톤이 제 구실을 못하여 세포 속의 뉴클레오솜 구조가 해체되면 파괴적인 결과를 초래할 수도 있다. 그 인상적인 예가 바로 지중해 사람들이 흔히 앓는 빈혈이다. 빈혈은 대부분 혈액세포에게 헤모글로빈을 만들게 하는 유전자가 변형된 탓에 생긴다. 하지만 헤모글로빈 유전자 자체의 결함이 아니라 염색체 구조에 생긴 결함 때문에 발생하는 빈혈도 있다. 원래 글로빈 유전자는 염색체에서 제자리를 잡고 나면 헤모글로빈을 합성한다. 그런데 염색체가 평소처럼 느슨하게 풀려서 바깥으로 향하는 대신 헝클어진 머리카락마냥 너무나 빽빽이 엉켜 있으면, 세포에서 나오는 활성인자가 염색체에 닿지 못해 헤모글로빈을 합성하지 못한다. 이러한 문제는 근본적으로 히스톤의 구조에 이상이 있기 때문에 발생한다. 주위의 유전자를 보호하고 훈련시키는 책임을 맡고 있는 히스톤 단백질이 일그러져 제 구실을 못하기 때문이다.

과학자들은 염색체 구조의 미묘한 차이를 깊이 탐구하면 할수록, 모든 유전자의 문제를 히스톤의 탓으로 환원시키는 바람에 세포의 이야기를 지나치게 단순화시키는 위험에 빠지게 된다고 고백한다. 사실 유연하고 활발한 정력가인 세포 속에서, 단 하나의 단백질 군(群)이 엔트로피를 억제할 수 있는 데 필요한 모든 것을 해낼 수는 없다.

샤프롱 단백질

세포 속의 단백질 공장인 리보솜에서 빠져나온 갓난 단백질은 아직 자신에게 주어진 임무를 수행할 수 없는 힘없는 아미노산 사슬에 불과하다. 그 단백질은 실처럼 자아지고 꼬이고 땋아져서 자기만의 고유한 입체적 구조물로 형성된 후에야 생명력을 얻게 된다. 그것이 헤모글로빈 단백질이라면 산소를 붙들 것이고, 효소라면 당을 분해시키고, 튼튼하게 꼬인 콜라겐이라면 세포들을 한데 동여매줄 것이다.

과학자들은 최근까지도 단순한 아미노산 사슬이 어떻게 나선 구조, 병풍 구조, 사슬 구조 등으로 복잡하게 결합된 단백질이 되는지, 주위의 다른 분자들과 결합하는 능력을 지닌 단백질이 되는지 거의 알지 못했다. 폴리펩티드 사슬이 결합하여 단백질을 이루는 현상을 해명하는 것은 단순히 학문적인 과제가 아니라 생물학의 핵심 과제이다. 단백질은 생물이 살아가는 데 필요한 수만 가지의 임무를 거의 도맡고 있는데, 이때 완전히 결합하여 하나의 집합체를 이룬 단백질만이 주어진 임무를 수행할 수 있다. 단백질의 결합은 자발적으로 일어난다고 생각되었다. 갓 생성된 단백질 또는 폴리펩티드가 아미노산 개개의 반발력이나 전기적 화학적 인력에 의해 스스로 알아서 입체를 이룬다고 여겨진 것이다. 과학자들은 복잡하기 짝이 없는 그 상호 작용에 대해 알아내려고 애썼지만, 복합체를 이룬 단백질에 대한 수수께끼를 푸는 데는 별다른 진전이 없었다.

따라서 자연이 단백질을 스스로 결합하게 내버려두지 않고 구부러지고 꼬이게 하는 일만 전적으로 담당하는 새로운 단백질 군을 창조했다는 사실은 무척 놀라운 발견이었다. 샤프롱(chaperon)이라는 보조 단백질을 발견함으로써 단백질이 저절로 결합한다는 기존 이론은 틀린 것으로 드러났다. 폴리펩티드 결합을 이루는 아미노산 자체의 힘만으로는 단백질이 활동할 수 있는 형태를 만들지 못하는 것이다.

그 대신 몸 속에서 일어나는 다른 현상들과 마찬가지로 단백질의 결합도 일군의 단백질에 의해 이루어지는 것으로 밝혀졌다. 아마노산 사슬은 세포 속의 탄생실에서 굴러나오자마자 바로 결합 과정에 들어가야 하는데, 이때 산파격인 샤프롱 단백질들이 떼지어 몰려들어 수백 군데의 주요 장소에 있는 납작한 폴리펩티드를 살짝 껴안아서 적대적인 환경으로부터 보호해준다. 샤프롱은 활성 단백질의 내부가 될 아미노산은 웅크리게 해주는 반면, 외부가 될 부위는 뒤집어서 바깥쪽으로 향하게 한다. 샤프롱은 아미노산을 비틀어서 타래송곳 모양으로 만들거나, 두드려서 납작하고 얇은 판 모양으로 만든다. 또 끊어지기 쉬운 폴리펩티드 사슬이 세포 속에 떠다니는 유아기의 펩티드를 만나서 한데 엉키는 것도 막아준다.

일단 단백질이 결합하고 난 뒤에도 샤프롱의 임무는 끝나지 않는다. 온도가 극도로 높아진다거나 산소 공급이 차단되는 등 몸 속의 단백질이 결합하기 어려운 상황이 되어 세포가 충격을 받는다면, 샤프롱은 단백질이 해체되는 것을 막기 위해 열심히 일한다. 샤프롱은 결합이 느슨해지는 분자들에 달라붙어 제 모양으로 돌아가게끔 구부려준다. 폴리펩티드 사슬을 구부리는 것은 세포의 성장과 생존에 반드시 필요한 행위이다. 그래서 실험적으로 세포에게서 샤프롱 단백질을 빼앗으면, 세포들은 순식간에 죽어버린다.

연구자들이 샤프롱과 관련하여 수집한 정보들을 살펴보면, 인간에게 치명적인 여러 가지 병들을 이해할 수 있다. 예를 들어 심장발작이 일어나면, 일시적인 산소 결핍 때문에 심장의 근육세포 대부분이 위축되어 죽는다. 그러나 심장마비가 일어나자마자 심장의 세포 조직에 있는 샤프롱을 활동하게 한다면, 샤프롱이 세포 속에서 죽어가는 단백질을 원상 복구시키고 강화시켜 세포의 죽음을 막을 수 있을지도 모른다. 근육 소모성 질병과 같은 유전적 질병은, 돌연변이로 인해 샤프롱의 힘이 약해져서 단백질들이 무질서한 상태로 방치되기 때문에 발생한다. 이론적으로는 샤프롱에 대해서 더 자세히 알게 되면 효과가 탁월한 약을 만드는 것이 가능해진다. 현재 사용되고 있거나 심사 중인 약들은 주로 자연 단백질에 기초하여 만들어진다. 어떤 아미노산은 왜 단백질을 아래쪽이 아니라 위쪽 방향으로 꼬이게 만들고, 단백질은 왜 반드시 그런 식으로 꼬여야만 효율적으로 작용할 수 있는지 제약회사들이 알아낸다면, 화학적 성분을 혼합하여 자연의 단백질을 개량할 수 있을 것이다.

하지만 섣불리 열광하기 전에 우리는 샤프롱이 단백질 결합이라는 수수께끼의 일부일 뿐이라는 사실을 잊어서는 안 된다. 단백질의 구조를 만들어내는 동력은 복잡하기 그지없으며, 지금까지 알아낸 사실보다는 앞으로 밝혀야 할 사실이 더 많기 때문이다. 단백질이 어떻게 작용하는지 그 윤곽을 궁극적으로 결정할 수 있는 정보는 아미노산의 배열에 담겨 있다. 하지만 아직도 아미노산을 전기 화학적으로 밀어내고 잡아당겨서 특정한 배열을 만드는 힘이 속 시원히 해명되지는 않았다. 샤프롱의 역할은 단백질에게 어떻게 뭉치라고 명령하는 것이 아니라, 단백질이 스스로의 목적을 인식하고 나쁜 친구들과 어울리지 않게 조종하는 것뿐이다. 쉽게 말해서 샤프롱은 무대감독이다. 그들은 자기가 맡은 공연이 잘 되었는지 그렇지 않은지는 확인할 수 있지만 최종적으로 어떤 공연을 상연할지 결정할 권리는 없다. 단백질의 아미노산 암호에 씌어 있는 공연 내용은 지금부터 해독되어야 한다.

하지만 사프롱의 발견은 침체되어 있던 단백질 연구에 한줄기 밝은 빛을 던져주었다. 결합된 단백질과 그 부지런한 조수들 사이의 작용을 추적하다 보면 느슨하게 결합된 폴리펩티드와 단단히 결합된 단백질 사이의 중간 단계를 샅샅이 밝혀낼 수 있을지도 모른다.

그토록 오랫동안 샤프롱의 존재가 드러나지 않았던 것은 시험관에서 단백질 결합을 연구한 탓이다. 과학자들은 단백질을 폴리펩티드로 분해하여 몇 가지 다른 성분과 함께 시험관에 넣어두고 어떤 현상이 일어나는지 관찰했다. 시험관에 든 폴리펩티드가 정확한 조건하에서 배양되는 경우에는 거의 다 활성을 띤 단백질 구조로 결합했다. 뿐만 아니라 폴리펩티드 사슬들은 각각 타고난 분자 특성에 따라 한 방향 또는 다른 방향으로 고리 모양을 이루었다. 이 발견을 토대로 과학자들은 시험관뿐 아니라 세포 속에서도 단백질이 저절로 결합할 것이라고 추측했다. 그리고서 단백질 복합체를 만드는 동력을 알아내기 위해 복잡한 수학과 물리학적 원리, 컴퓨터 그래픽, 나아가 어려운 결정학적 기술까지 동원하여 연구했지만 별다른 진전을 보지 못했다.

1980년대 중반, 고립된 단백질 분자가 아닌 살아 있는 세포를 재료로 연구하던 과학자들은 세포들이 평상시보다 현저히 높은 온도에 노출되기만 하면 갑자기 활동을 시작하는 몇 가지 단백질을 발견했다. 열충격 단백질(heat-shock protein)이라고 하는 이 단백질들은 다른 단백질의 구조를 견고하게 만들어줌으로써 세포가 열을 견뎌내는 데 핵심적인 역할을 하는 것으로 드러났다. 열충격 단백질의 활동이 없었다면 세포 속의 단백질 결합들은 모조리 해체되었을 것이다.

생물학자들은 처음에 발견한 열충격 단백질과 유사한 종류의 단백질들을 많이 찾아낸 다음, 그것들을 두 개 이상의 단백질 군으로 분류하였다. 그 단백질들은 박테리아에서 인간에 이르기까지 진화를 거친 모든 생물들 속에서 관찰할 수 있었다. 그리고 실험실의 오븐 속에 갇혀 있지 않았던 정상적인 세포 속에서도 똑같은 열충격 단백질들이 발견되자, 드디어 단백질 연구는 비약적인 발전의 시대를 맞게 되었다. 그것은 이 스트레스 단백질이 긴급 구조 대원의 역할만 하는 것이 아니라 세포의 일상생활에까지도 참여한다는 것을 의미하기 때문이다.

그리고 나서 유전학자들은 효모세포의 열충격 유전자에 돌연변이가 일어나면 효모세포의 모양이 흉해진다는 사실을 발견했다. 핵의 중심부부터 탄력 있는 세포막까지 세포의 구성 요소들이 모조리 뒤섞여 있었던 것이다. 그 세포 속에 있는 단백질은 제대로 결합하지 못했기 때문에 세포 속이 엉망진창이 되었던 것이다. 이것을 발견한 생물학자들은 뜻밖의 행운을 잡았다는 사실을 깨달았다. 이 한 무리의 단백질이 그간에 오리무중이던 단백질 결합에 관한 연구에 한줄기 빛을 던져주었던 것이다. 이 열충격 단백질은 스트레스 단백질, 그로엘(GroEl) 등의 명칭으로 불리기도 하지만, 더욱 광범위한 임무를 담당한다는 사실을 반영하기 위해 샤프롱이라고 불리게 되었다.

　지금까지 샤프롱 단백질의 실험은, 주로 실험 목적에 맞추어 조작하기 쉬운 효모나 박테리아 세포, 미토콘드리아와 같이 분리된 세포 조직을 가지고 이루어졌다. 미토콘드리아는 생명체의 에너지가 생산되는 발전소와 같은 곳이며, 그 발전소에 불을 때기 위해서 많은 단백질이 생성되어 결합하는 곳이기도 하다. 그런데 갓 생성된 폴리펩티드의 입장에서 보면 살아 있는 세포와 시험관의 환경은 현저하게 다르며, 샤프롱은 마치 보모처럼 어린 폴리펩티드를 돌봐주는 필수 역할을 한다는 사실이 밝혀졌다. 단백질이 결합하기 시작하면 여러 가지 유형의 샤프롱이 잇달아 단백질 속으로 들어가서 결합을 도와주며, 이렇게 단백질이 결합하는 과정은 평균 삼 분 내지 사 분이 소요된다. 메리-제인 게딩(Mary-Jane Gething) 박사는 나에게 이렇게 말했다.

　"마치 백설 공주와 일곱 난쟁이의 한 장면을 보는 것 같아요. 샤프롱 단백질은 망치를 들고 있는 난쟁이, 끌을 잡고 있는 난쟁이, 삽을 들고 있는 난쟁이처럼 일하지요."

　과일 배 모양의 단백질 공장인 리보솜에서 폴리펩티드가 떨어져나오기 시작하면, 떠돌아다니던 hsp 70이라는 작은 샤프롱이 폴리펩티드의 부드러운 부위를 붙든다. 샤프롱은 물을 싫어하는 폴리펩티드를 알아본다. 물을 싫어하는 폴리펩티드는 일단 결합을 하고 나면 단백질의 내부로 밀려들어가게 되는데, 도중에 길을 잘못 들어 엉뚱한 폴리펩티드와 합쳐질 가능성이 높기 때문에 샤프롱이 보살펴주어야 한다. 세포 속의 단백질 농도가 꿀처럼 진해지면, 어린 단백질은 주위의 걸쭉한 단백질로부터 격리되어야 한다. 단백질 결합의 초기 단계에서 폴리펩티드는 특이하게도 나선형의 타래송곳이나 활처럼 생긴 사슬 혹은 손가락 모양의 가느다란 주사기 모양이 된다. 준비 단계가 끝나면 샤프롱의 1회전 멤버들은 쥐고 있던 폴리펩티드를 놓고 떨어져나온다.

본격적인 단계에 접어들어 활과 타래송곳 모양의 폴리펩티드들이 실제로 결합하기 시작하면, hsp 60이라는 두번째 샤프롱들이 바통을 이어받는다. 두 개의 도넛을 겹쳐 쌓아놓은 것같이 생긴 이 샤프롱들은, 결합하다 만 단백질을 끌어당겨 숨기기에 적당한 조그만 터널을 갖고 있다. 그 덕분에 단백질은 외부에 떠돌아다니는 펩티드들의 방해를 받지 않고 좀더 튼튼하게 결합할 수 있다. 이렇게 해서 단백질은 마침내 둥글고 밀도 높고 활성을 띤 물질로 탄생할 것이며, 그중에는 호르몬을 붙잡는 핀셋 모양의 뚜껑이나 외부의 미생물과 쉽게 결합할 수 있는 홈을 지닌 단백질도 있을 것이다. 단백질이 완전히 결합하자마자, 샤프롱은 전성기에 이른 단백질이 자신의 운을 시험해 보도록 놓아주고 다시 자신의 도움을 필요로 하는 갓난 단백질에게 옮겨간다. 나선형, 고리 모양, 톱니 모양의 펩티드 사슬에 다가왔다가 임무를 다하고는 훌쩍 떠나는 것이다. 한마디로 샤프롱은 시간당 수백, 수천 번씩 한낱 지푸라기였던 폴리펩티드를 단백질이라는 찬란한 황금으로 만들어내는 연금술사이다.

장수의 실마리

  허리가 잘록한 소시지처럼 생긴 인간의 염색체는 거의 모든 체세포 속에 깊숙이 숨어 있으며, 인간의 유전자를 보유하고 있는 것으로 유명하다. 하지만 염색체의 구조에 관한 몇 가지 사항들은 염색체가 가지고 있는 10만 개의 유전자에 못지않은 명성을 얻을 만하다. 염색체의 끄트머리에는 단조로운 노래처럼 여섯 개의 DNA 문자가 수천 번 반복되어 만들어진 특별한 구조물이 있다. 텔로미어라는 이 구조물은 무척 단순하기 때문에 하찮은 것으로 오해하기 쉽지만, 실제로는 세포의 일생 동안 각 단계에서 중요한 역할을 한다. 텔로미어는 염색체가 손상을 입지 않도록 보호하고 핵 속에서 제자리를 잡을 수 있게 해준다. 이 모든 역할 중에서도 세포의 나이를 알려주는 일종의 시간 계측 메커니즘의 역할이 가장 흥미롭다. 세포가 분열할 때마다 텔로미어는 정해진 양만큼 아주 조금씩 줄어든다. 따라서 염색체 끄트머리의 길이는 그 세포의 분열 횟수를 알려주는 척도가 된다. 그리고 세포의 수명이 다하기까지 몇 번의 분열이 남았는지도 알려준다. 사람이 살아가는 동안 끊임없이 세포들이 죽고 새로운 세포로 대체되는데, 인간이 늙는 것과 텔로미어의 길이 사이에는 밀접한 관련이 있다. 평균적으로 70세 노인의 텔로미어는 어린이의 것보다 훨씬 짧다. 일단 우리 몸 속의 세포들의 텔로미어가 일정한 길이 이하로 줄어들면, 죽음이 가까이 온 것으로 생각해도 무방할 것이다. 그러니 텔로미어에 관한 연구 결과가 노화 연구에 뚜렷한 영향을 주는 것도 놀라운 일이 아니다. 가령 어떤 과학자들은 줄어든 텔로미어에 다른 텔로미어 조각을 덧붙이면 늙은 세포, 특히 심장의 관상동맥 세포와 같이 우리 몸에서 가장 심하게 닳고 손상된 부위의 세포의 수명을 연장시킬 수 있다고 주장한다.

텔로미어는 세포의 모래 시계 구실을 할 뿐만 아니라 암이 발생하여 진행되는 과정에서 두드러지게 변형되기도 한다. 세포가 암세포로 변하여 끝없이 분열하기 시작하면, 암세포의 텔로미어는 세포분열 때마다 조금씩 줄어든다. 따라서 텔로미어의 길이는 암세포의 진행 단계를 판단하는 근거가 된다. 환자의 건강한 세포와 비교해서 암세포의 텔로미어가 짧을수록 암은 더 많이 진행된 것이다. 그런데 암이 많이 진행되어 공세적인 단계에 이르면, 텔로미어에게 끔찍한 변화가 일어난다. 그때부터 텔로미어가 더이상 줄어들지 않고 다시 자라나기 시작하는 것이다. 실험실에서 암세포를 배양해보면, 대부분의 암세포는 결국 죽게 되지만 일부는 죽지 않고 살아남아서 영원히 증식할 수 있다. 이런 불멸의 세포들은 텔로미어를 성장시키는 텔로머라제라는 효소를 갖고 있는 것으로 밝혀졌다. 텔로머리제는 보통 성숙한 세포 속에서는 활동을 하지 않기 때문에 드러나지 않지만, 죽지 않는 암세포 속에서는 활동을 시작하여 텔로미어를 다시 자라게 만든다. 텔로머라제의 그러한 능력은 암 환자한테 치명적일 수도 있다. 텔로미어는 세포에게 조용히 사라질 때를 일러주는 생체 시계라고 할 수 있는데, 세포가 새로이 분열을 할 때마다 텔로미어의 길이가 줄어들지 않으면 암세포가 몸 전체로 퍼져나가려는 야심을 막을 만한 내부적인 통제신호가 없어지는 셈이다.

텔로머라제에 관한 최근의 연구 결과를 밑거름으로 암이 말기 단계로 진행되는 것을 막을 수 있는 방법을 생각해볼 수 있다. 예를 들어 텔로머라제 효소의 활동을 방해하는 약을 개발한다면, 정상세포에 해를 끼치지 않고서도 암세포를 파괴할 수 있을 것이다. 생물학자들은 여러 종류의 정상세포 조직을 연구하던 중 텔로머라제가 정자세포에서만 활동한다는 사실을 알아냈다. 텔로머라제는 정자세포에 든 염색체의 텔로미어를 젊은 세포의 텔로미어처럼 길게 만드는 역할을 한다. 결국 텔로머라제를 겨냥한 공격은 정자 생산을 저하시키는 가혹한 결과를 낳을 뿐이다. 사실 텔로머라제를 차단시키는 물질을 만들어내기는 어렵지 않을 것이다. 텔로머라제는 역전사 효소(RNA로부터 유전정보를 포함하고 있는 DNA를 합성하는 효소―옮긴이)와 비슷한 화학 구조를 지녔다. 역전사 효소는 에이즈 바이러스에서 활동하는 효소이며, 역전사 효소의 활동을 막는 약이 이미 몇 가지 나와 있다. 그중에서 AZT(에이즈 치료약)와 ddI가 있는데, 이들 약이 텔로머라제의 활동까지도 막을 수 있는지는 아직 연구중이다.

텔로미어는 실제 역할이 어떻든 간에 '염색체 설계'라는 보다 근본적인 문제를 유창하고 풍부하게 설명해준다. 다시 말하면 텔로미어는 유전자가 어떻게 세포 속에 들어 있고, 왜 다른 자리가 아닌 바로 그 자리에 자리잡고 있는지에 대해 알려준다. 과학이 유전자의 대규모 조직인 염색체에 대해서 알아낸 것은 거의 없지만, 텔로미어를 통해 몇 가지 흥미로운 힌트를 얻을 수는 있을 것이다. 예를 들어 정자와 난자가 생성되는 동안, 텔로미어는 옆에 있는 유전자들이 섞이고, 결합하고, 자리를 바꾸게 하여 유전자 재조합 비율을 정상 수준보다 높여준다. 면역 체계 유전자처럼 엄청난 다양성이 요구되는 유전자는 재조합 비율이 높은 편이 바람직하다. 하지만 세포 내부에서 단조로운 살림살이를 맡고 있는 유전자들처럼 안정성을 필요로 하는 유전자들은 재조합 비율이 높아지는 것을 달가워하지 않는다. 텔로미어 근처에 있는 유전자들은 변이가 자주 일어나는 탓에 요정이 바꿔치기한 아이처럼 여겨지기도 한다. 그 유전자들은 아마 다른 유전자에 비해서 조금 더 빠른 속도로 진화할 것이다. 어쩌면 텔로미어의 이웃 유전자들은 우리가 앞으로 어떻게 진화해갈지 알려줄 수 있을지도 모른다. 물론 그런 특별한 징표를 읽는 것은 우리의 현재 기술로서는 먼 일이긴 하지만.

텔로미어의 시대는 1970년대 초반에 시작되었다. 콜드 스프링 하버 연구소의 유전학자 바버러 맥클린톡(Barbara McClintock) 박사는 옥수수를 연구하던 중, 염색체가 끊어지면 극도로 불안정해져서 토막토막 끊어지다가 결국 소멸하는 현상을 관찰하게 되었다. 이것을 근거로 맥클린톡 박사는 정상 염색체는 자신의 퇴화를 방지하는 보호 구조를 가진 것이 틀림없다는 의견을 제시했다. 그리고 그런 구조가 바로 텔로미어임이 밝혀졌다. 다른 과학자들은 연못에 사는 짚신벌레와 같은 단세포 유기체를 대상으로 이런 염색체의 보호 구조물을 꼼꼼히 조사했다. 단세포 유기체들은 실험용으로서 훌륭한 이점이 있다. 인간의 세포는 양끝에 텔로미어가 하나씩 달린 염색체가 오직 46개밖에 없는 것에 반해, 단세포 유기체에는 꼭대기와 밑부분에 텔로미어가 달려 있는 염색체가 수만 개나 있기 때문에 이 염색체들을 분리하여 연구할 수 있는 것이다.

과학자들은 정교하고 세밀한 조사 끝에 텔로미어가 여섯 개의 DNA 염기서열로 이루어져 있음을 알아냈다. 이 여섯 개의 DNA 염기서열은 각 염색체의 양끝에서 수천 번씩 반복된다. 인간 텔로미어의 염기서열은 TTAGGG이며 어느 세포에서나 세포의 종류와 나이에 따라 1천 번에서 3천 번까지 반복된다. 염기서열은 그 자체로는 아무런 의미가 없지만, 여러 가지 역할을 한다. 그중에서 가장 중요한 역할은 염색체를 안정시키는 일이다. 텔로미어는 마치 책 버팀대처럼 모든 것이 제자리에 위치하도록 해준다.

무한히 분열하는 단세포생물의 경우에는 텔로미어가 줄어들어서는 안 된다. 짚신벌레는 '꿈틀' 하는 사이에 가운데 부분이 떨어져나가서 세포분열을 일으킨다. 하지만 그때마다 텔로미어가 줄어든다면, 번식이 결국 멸종으로 이어질 것이다. 연못의 녹조세포들은 복구 효소인 텔로머라제를 풍부하게 갖고 있는데, 이 효소는 지금까지 과학자들이 보아온 그 어떤 것과도 달랐다. 텔로머라제는 내부에 텔레미어의 여섯 개짜리 염기서열로 이루어진 RNA 복제 거푸집이 고무 도장처럼 끼여들어가 있는 효소였던 것이다. 텔로머라제는 그 RNA 복제 거푸집을 이용하여 텔로미어의 끝에 여섯 개짜리 염기를 새로 찍음으로써 세포분열 동안 손실되었던 부분을 복구한다.

그 뒤로 과학자들은 텔로머라제가 짚신벌레를 비롯한 단순한 생물 속에서는 항상 활동하는 반면, 인간이나 다른 포유류의 세포 속에서는 거의 활동하지 않는다는 사실을 알아냈다. 그렇기 때문에 인간의 텔로미어는 인간이 나이를 먹을수록 줄어든다. 정상적인 인간의 세포는 70회에서 100회까지 분열한다. 그리고 분열할 때마다 염색체 양끝의 텔로미어에서 50여 개의 염기서열이 떨어져나간다. 텔로미어가 완전히 사라지기 전에, 텔로미어 사이에 샌드위치처럼 끼여 있던 염색체는 휘어지고 끈끈한 상태가 되어 다른 염색체에 달라붙는데, 그 형태가 너무나 일그러져 있어서 세포는 결국 죽을 수밖에 없게 된다. 물론 텔로미어가 소멸되어 세포가 노화하거나 죽는 것이 아니라, 머리카락이 세거나 눈이 침침해지는 노화 현상이 진행되면서 텔로미어가 소멸되는 것일 수도 있다. 그러나 텔로미어가 시간의 흐름을 기억해두었다가 마지막 순간에 세포에게 경고한다는 사실을 시사하는 뚜렷한 증거가 있다. 실험실에서 세포를 번식시켜보면, 텔로미어는 스스로 줄어듦으로써 오히려 세포에게 할당된 시간이 끝나기 직전까지 염색체를 놀랄 만큼 안정적인 상태로 유지시킨다. 만약 텔로미어가 세포의 쇠퇴와 함께 자연히 소멸하는 것이라면, 세포 전체가 점차 해체되든 말든 개의치 않을 것이다. 하지만 텔로미어는 극도로 짧아짐으로써 세포 속의 다른 분자에게 일하고 시도하고 분열하기를 멈추고 죽을 준비를 하라고 신호해주는 것 같다.

　그러나 텔로미어와 노화의 관련성은 아직도 미약하며, 연구의 성과에 힘입어 텔로미어와 관련된 기적적인 노화 방지 약이 곧 개발될 가능성도 없다. 그리고 우리는 이런 종류의 약에 집착해서도 안 된다. 아무튼 우리는 노인의 세포가 갑자기 젊은이의 세포와 같은 텔로미어를 갖게 되면 어떤 일이 일어나는지 똑똑히 보았다. 그렇게 되면 세포는 계속 성장하여 마침내 파국에 이르는 것이다.

DNA가 구부러지면 무슨 일이 일어날까?

전통적으로 DNA는 세포를 통치하는 자비로운 독재자로 여겨졌다. 즉 DNA는 효소를 만들고, 음식물을 대사하고, 세포에게 죽으라는 명령을 내리는 전지전능한 분자라는 것이다. 하지만 최근에 과학이 발전함에 따라 DNA는 독재자라기보다 우리 주위에서 흔히 볼 수 있는 정치가에 가깝다는 사실이 드러났다. DNA 주위에는 조정자와 충고자 역할을 하는 단백질 무리가 있으며, 그 단백질들은 DNA가 제대로 작용할 수 있도록 열심히 활성화시키고, 구부리기도 하고, 우리 몸의 청사진인 DNA가 알아채기도 전에 DNA를 새로 만들어내기도 하는 것이다. 과학자들은 그중에서도 힘쓰는 일만 담당하는 특이한 단백질 종류를 발견했다. 그 단백질은 세포의 유전물질인 DNA 사슬을 붙잡아 순식간에 U자 모양으로 구부린다. 그리고는 DNA를 구부렸을 때 만큼이나 잽싸게 DNA에서 떨어져나와 DNA가 다시 원래대로 펴지게 한다.

DNA가 구부러지는 현상, 즉 DNA 벤딩은 유전자를 통제하는 데 중요한 역할을 한다. DNA가 구부러지면 뿔뿔이 흩어져 있는 유전정보들이 모여 세포를 작동시키는 명령으로 변하기도 하고, 구부러진 DNA 부위에 한 무리의 단백질이 모여 생화학적 작용을 활성화시키기도 한다. DNA를 구부리는 단백질, 즉 벤딩 단백질은 일시적으로 염색체의 일부를 변형시킴으로써 면역 체계를 강화시키거나, 태아의 성별에 영향을 미치거나, 바이러스와 그 숙주를 결합시키는 것으로 보인다. 그렇지 않아도 과학자들은 DNA의 복잡한 구조가 유전자를 구성하는 화학적 문자 배열만큼이나 유전자의 활동에 중요한 역할을 한다는 사실에 확신을 얻어가고 있었는데, 벤딩 단백질이 밝혀짐에 따라 새로운 증거가 추가된 셈이다.

DNA 벤딩 현상의 중요성을 가장 설득력 있게 증명해주는 것은, 태아가 남성화하는 데 핵심적인 역할을 하는 것으로 알려진 '정소 결정 인자 단백질'이다. 정소 결정 인자는 학계의 오랜 연구 목표였던 남성성의 징후임이 1990년에 처음으로 밝혀졌으며, DNA를 구부리는 강력한 인자로 활동함으로써 자신의 마법을 펼쳐 보인다. 정소 결정 인자 단백질은 무수한 생화학적 사건을 촉발시켜 성별이 확실히 정해지지 않은 태아를 남자로 결정해준다. 그 뒤로 과학자들은 정소 결정 인자 단백질이 염색체의 여러 부위에서 DNA를 구부리는 임무를 수행한다는 사실을 알아냈다. 벤딩 단백질이 DNA에 힘을 가하면, 아무리 곧은 DNA 부위라도 거의 직각으로 휘어진다. 긴 이중나선형 구조 속에 쓸모 없이 뿔뿔이 흩어져 있던 DNA 분자들은 일련의 벤딩 과정을 통해 서로 접촉할 수 있게 된다. DNA 분자들이 벤딩 단백질의 도움으로 한데 모이면 활동적인 전사인자와 촉진자가 되어 한 무리의 유전자들을 활성화시킴으로써 새로운 단백질과 효소를 만들게 한다.

벤딩 단백질이 태아의 생식기 아체(芽體)를 조그마한 고환으로 형성 시키는데, 이는 태아의 성이 남성으로 결정되는 단계에서 핵심적인 부분이다. 따라서 손에 잡히는 것을 죄다 엉망으로 만들어버린다고 사내아이들을 혼낸다면, 이 아이들은 자신의 유전자를 탓할 수 있을 것이다. 그들이 사내아이가 된 것은 자신도 모르는 사이에 유전자가 휘어진 탓이기 때문이다.

또다른 DNA 벤딩 단백질인 림프구 촉진 단백질은 면역계의 T세포 를 생산하는 데 영향을 미친다. 그 단백질은 남성화를 결정하는 벤딩 단백질보다 훨씬 강력하다. 이 림프구 촉진자는 DNA를 130도로 휘게 하여 멀리 떨어져 있는 전사인자들이 서로 만나 유전자의 활동에 불 을 당기도록 한다. 그러면 촉진자에게 자극을 받은 유전자가 T세포 수 용체를 만들어내는 것이다. T세포 수용체란 면역세포 표면의 돌기인 데, 우리 몸에 들어온 외부의 침입자들을 인식해내는 단백질이다.

또한 DNA 벤딩은 바이러스가 숙주의 염색체에 침입하는 것 등의 각종 유해한 일들과도 관련이 있다. 과학자들은 박테리아 세포와 박 테리아에 기생하는 바이러스 사이의 복잡한 상호 작용을 연구했다. 그 결과 바이러스가 박테리아의 벤딩 단백질을 이용하여 박테리아의 DNA를 구부리고는 자신의 DNA를 그 속에 슬쩍 잘라넣음으로써 박 테리아의 염색체 속으로 들어간다는 사실이 밝혀졌다.

인간이 갖고 있는 많은 바이러스들, 특히 에이즈 바이러스도 비슷 한 전략을 구사한다. 에이즈 바이러스도 인간의 DNA를 구부려서 염 색체 속으로 끼여드는 것이다. DNA가 구부러지면 세포가 죽을 수도 있다. 항암제로 널리 쓰이는 시스플라틴은 DNA를 구부려 비정상적인 형태로 만듦으로써 급속도로 분열하는 종양세포들을 죽인다. DNA가 구부러지면 다른 단백질들이 그 구부러진 부위로 모여들고, 그 단백질들의 회의 결과 DNA 복제가 중단되어 세포가 죽게 된다. 따라서 정상적인 상태와 병리학적인 상태에서의 DNA 벤딩의 운동역학을 이해하게 되면, 바이러스가 염색체에 끼여드는 것을 막거나 종양세포가 분열하는 것을 효과적으로 방해하는 전략을 세우기가 좀더 쉬워질 것이다.

DNA 벤딩에 관해 밝혀진 사실들은 DNA가 활동하는 데 동적인 구조가 중요하다는 점을 강조하고 있다. 최근 들어 이중나선을 비틀고 감싸고 흔들고 자극하는 벤딩 단백질을 비롯한 여러 단백질을 연구해본 결과, DNA가 끊임없이 움직이며 주위의 단백질 무리들과 의사소통을 한다는 사실이 입증되었다. DNA가 끊임없이 활동하고 있으며 휘어지기 쉽다는 사실은, 개개의 유전자 속에 암호화되어 있는 화학적 지시 사항이 아주 다양하게 해석될 수 있다는 것을 의미한다. 한 과학자는 이렇게 말한다.

"DNA의 상부 구조는 동적이며, 그 구조는 시시각각 변한다."

유전자 조절 분야에서 많은 발견들이 이루어지고 있는데, 최근에 밝혀진 DNA 벤딩에 관한 지식들은 대부분 박테리아 연구에서 얻어졌다. 박테리아의 DNA는 포유류의 DNA보다 짧고 단순하며, 박테리아의 모든 기관은 가능한 한 신속하게 복제될 수 있게 되어 있다. DNA를 연구하는 과학자들은 DNA가 셀 수 없을 만큼 구부러지고 휘어져 있기 때문에 전체적으로 보면 나선형이지만, 전체를 부분으로 짧게 끊어서 보면 직선에 가깝다는 사실을 알아냈다. 이것은 활을 연상해보면 쉽게 이해할 수 있다. 활에 화살을 얹어 활시위를 당기면 아주 유연하게 휘어지지만, 활의 각 부분을 구부려보면 뻣뻣한 막대기처럼 구부러지지 않을 것이다. 이와 비슷하게 전체로서의 DNA는 유연하지만, 각 부분은 팽팽한 상태를 유지하고 있다.

그러나 과학자들은 DNA의 마디마디가 팽팽한 긴장을 유지하고 있지만, 간혹 느슨해지기도 한다는 사실을 일찍부터 알고 있었다. 예를 들어 화학 염기인 아데닌이 반복되는 등 특정한 DNA 염기서열들이 염색체 상에 반복되어 나타날 때, 그 부분은 살짝 구부러지게 된다. 염색체의 구부러진 부분은, 면밀한 연구 결과 흥미로운 활동이 일어나는 장소임이 밝혀졌다. 아데닌이 반복되어 나타나는 곳이 유전자의 전사가 시작되는 부분이었다. 전사란 단백질을 생성하기 위한 첫번째 단계로서 DNA의 정보가 다른 화학물질인 RNA로 복사되는 것을 가리키는 말이다. 어쨌든 아데닌 사슬이 갖고 있는 염색체 고유의 유연성 덕분에 유전자의 활동이 추동되는 것이다.

또다른 연구에 따르면, 바이러스는 박테리아의 유전자에 끼여들 때 숙주가 될 박테리아의 염색체를 구부린 다음 자신의 유전자를 그 부분에 집어넣는다고 한다. 이 발견으로 통합 숙주 인자인 IHF(Integration host factor)라는 박테리아 단백질을 분리해내게 되었다. IHF는 DNA를 140도에서 180도까지 구부려 완전히 뒤로 젖혀지게 할 수 있는 벤딩 단백질이다. 박테리아는 평상시 세포분열을 할 때 자신의 유전물질을 합치거나 재조합하기 위해서 벤딩 인자인 IHF를 사용한다. 박테리오파지는 이러한 IHF를 교묘하게 자신의 목적에 사용한다. 박테리아는 박테리오파지의 속임수에 넘어가서 자신의 DNA가 재조합을 하기 위해서 휘어지는 것으로 착각하지만, 바로 그 순간 바이러스는 구부러진 부위에 자신의 유전자를 몰래 밀어넣는다.

그 뒤로 과학자들은 IHF와 연관된 수많은 단백질 군을 밝혀냈으며, 어떤 단백질이 어떤 목적 때문에 DNA를 구부리는지 알아보기 위해 각각의 단백질을 연구하고 있다. 어떤 단백질은 특정한 DNA 사슬에게 다가가 그 사슬을 현격하게 변형시키기도 하고, 더욱 강력한 벤딩 단백질은 자신이 달라붙은 염색체 전체를 구부리기도 한다.

벤딩이 DNA에 중대한 영향을 미치는 이유를 설명하기 위해서 두 가지 주요한 논지가 등장했다. 첫번째는 유전자를 활성화시켜 발현된 유전정보로 새로운 단백질을 만들어내는 과정이 복잡하다는 사실이다. 단순히 유전자를 자극했다가 그만두는 것만으로는 아무 일도 일어나지 않는다. 두번째는 유전자가 발현되기에 앞서, 일련의 유전자 염기서열이 세포 속의 단백질 생성 기구를 유전자와 결합시켜 일정한 속도와 힘으로 작용하게 해준다는 사실이다. 이러한 과정을 지시하는 정보는 대개 수십 개에서 수백 개에 이르는 DNA 염기들에 씌어 있으며, DNA가 구부러지고 주름진 덕분에 그렇지 않았으면 아무런 의미도 없었을 단어들이 적절한 순서로 배열되는 것이다.

유전자들을 서로 접근시키기 위해서가 아니라, 고래 등에 달라붙는 따개비처럼 이중나선에 달라붙어 있는 단백질끼리 접촉시키기 위해서 DNA가 구부러져야 하는 경우도 있다. 이 단백질들은 DNA 분자를 돌보고, 염기서열상에서 일어나기 마련인 실수들을 바로잡고, 세포분열 전에 DNA를 복제하는 일 외에도 DNA를 돌보는 것과 상관없는 일을 수행하는 등 다양한 임무를 맡고 있다. 그런데 이 단백질들이 자신의 임무를 수행하려면 반드시 동업자를 만나야 한다. 이런 경우에 벤딩 단백질은 단백질들이 서로 만날 수 있도록 완력으로 DNA를 구부릴 것이며, 이때에는 그 유명한 이중나선 구조도 두 단백질을 만나게 하기 위한 복잡한 수송 장치일 뿐이다. 이와 관련하여 한 생물학자는 DNA가 플로피 디스크와 비슷하다고 말했다. 일반적으로 플로피 디스크는 컴퓨터에 지시 사항을 입력하는 역할을 한다. 말하자면 DNA는 세포의 소프트웨어인 셈이다. 그러나 플로피 디스크를 책상다리를 받치는 데 쓴다면, 그 순간에는 플로피 디스크도 일종의 하드웨어의 기능을 한다고 볼 수 있다.

단백질들이 자신들의 임무를 위해 DNA를 구부릴 때, DNA를 손아귀에 넣고 비트는 것은 아니다. 그보다는 볼링 공이 탄력 좋은 매트리스 위에 던져지듯 DNA 사슬 구조에 변형을 일으킨다고 하는 것이 더 정확한 표현일 것이다.

박테리아 세포 속의 벤딩 단백질들이 그 세포에게 중요한 역할을 하는 것이 명백하다면, 벤딩 단백질 무리가 인간과 같은 고등 생물을 구성하는 '진핵세포'에서는 훨씬 중대한 역할을 할 가능성이 높다. 그것은 고등 생물의 DNA가 히스톤을 비롯한 보호 기능을 담당하는 단백질들에 감싸여 있기 때문이다. 유전자들이 활동하기 위해서는 히스톤 단백질이 DNA에서 확실히 밀려 나와야 하므로, 벤딩 단백질은 DNA에 달라붙을 권리를 두고 히스톤과 겨루는 것 같다. DNA를 단단히 결합하게 하는 히스톤과 달리 벤딩 단백질은 DNA를 자극하여 활동하게 하기 때문이다.

게다가 동물세포의 유전자를 통제하기란 박테리아의 경우보다 훨씬 복잡하다. 동물세포에는 유전자를 통제하는 인자가 있을 뿐 아니라 다시 그 인자를 통제하는 장치들이 있다. 예를 들면 전사인자, 촉진자, 프로모터 등은 없어서는 안 될 중요한 스위치와 조절 장치들이다. DNA를 끊임없이 구부리는 것은 동물의 세포가 자신의 불안정한 활동을 정연하게 만드는 가장 쉬운 방법일 것이다.

배(胚)의 청사진

SF 영화를 즐겨 보는 사람들은, 영화에 등장하는 외계 생명체들이 이론적으로는 우리와 전혀 다른 종족이지만 어딘지 모르게 비슷해 보인다고 말한다. 그들은 머리와 몸통이라는 두 개의 기본적인 부위로 나뉘어 있고, 얼굴에는 모양과 크기는 다양하지만 우리처럼 눈, 코, 입, 귀가 달려 있다. 게다가 팔다리는 몸의 양쪽에 균형 있게 대칭을 이루며 쌍으로 존재한다.

SF 영화의 제작자들은 플라톤이 말하는 이상적 체형이 있다고 믿는 것 같다. 다시 말해 온 우주에 통용되는 생명체 형성 방식이 있어서 시간과 행성에 상관없이 모든 생명체들이 비슷한 꼴로 진화한다는 생각을 갖고 있는 것 같다.

그렇다고 영화 제작자들을 지적으로 소심하다거나 게으르다고 비난해서는 안 된다. 자연도 생명체를 만들기 위해 다양한 목적에 반복하여 사용할 수 있는 청사진을 갖고 있기 때문이다. 과학자들은 한

개의 수정란이 호흡하고 감각을 느낄 줄 아는 다세포 생명체로 변화
하는 과정의 초기 단계를 연구하던 중에 한 유전자 무리를 발견하고,
그것이 동물계의 핵심적 특징인 동물성을 나타내줄 가능성이 높은 것
으로 추정했다.

이 유전자, 다시 말해서 Hox 유전자는 동물의 발생 과정에서 주도
적인 역할을 하는 유전자 가운데 하나이다. Hox 유전자는 배(胚)의
발생 과정에서 처음 며칠 동안 몸의 기본 구조와 어느 부위에 머리가
생기고, 어느 부위에 사지, 손가락, 발가락과 흉부가 생길지, 어디에
기관들이 들어갈지 등을 계획한다. 여기서 가장 중요한 점은 Hox 유
전자가 무수히 많은 언어로 이야기한다는 것이다. Hox 유전자는 초
파리에서 처음 발견되었지만, 그 뒤로 생쥐, 벌레, 물고기, 병아리, 메
뚜기, 개구리, 암소를 비롯한 인간의 초기 배(胚)에서도 활동한다는
사실이 밝혀졌다. 실제로 Hox 유전자는 지금까지 연구 대상이 되었
던 모든 생물들 속에서 활동하고 있다.

동물세포 속에 있는 Hox 유전자의 개수는 인간을 비롯한 척추동물
과 초파리 같은 무척추동물 간에 상당히 차이가 있다. 인간은 38개의
Hox 유전자가 있지만, 초파리는 8개만으로도 충분하다. 하지만 6백
만 년간의 진화 과정 속에서 제각각 분리되어 나온 종들이 발생을 조
직화할 때 하나같이 똑같은 종류의 유전자에 의존한다는 사실은, 그
유전자들이 더없이 훌륭하게 임무를 수행하기 때문에 굳이 개선을 하
거나 새로운 유전자를 만들어낼 필요가 없었음을 시사한다.

Hox 유전자는 동물의 체형을 설계하는 데 무척 중요한 역할을 하
기 때문에 어떤 생명체가 동물인지 아닌지 여부를 판단하는 결정적인
판단 기준이라고 할 수 있다. 전통적으로 생물의 동물성을 파악하는
데에는 그 생물이 독립적으로 운동하는지, 자극에 대해 어떻게 반응

하는지 등이 판단 기준으로 쓰였지만, 그보다는 Hox 유전자가 있는지 없는지가 더욱 정확한 기준이다. Hox 유전자는 식물, 곰팡이, 점균과 같은 세포에서는 발견되지 않는다. 따라서 과학자들은 해면동물이나 원생동물처럼 동물인지 식물인지 구분하기가 애매한 종은 Hox 유전자가 있는지 없는지 검사해보면 안다고 주장한다.

Hox 유전자만이 발생이라는 화려한 뮤지컬에 등장하는 것은 아니다. 스테로이드 호르몬, 레티노산이라 불리는 비타민 A 파생물과 성장인자들도 배의 발생에 참여한다. 그중에서 Hox 유전자의 역할은 이미 상당 부분 밝혀졌다. 생물학자들은 Hox 유전자에 돌연변이 인자를 조합시켜 생쥐를 형질전환시킨 다음, 생쥐의 Hox 유전자가 병아리의 배에서 날개를 형성하는 부분에 영향을 미칠 수 있도록 정교하게 배치했다. 이러한 실험을 통해 Hox 유전자가 배의 발생을 시작하게 하는 스위치 역할을 한다는 사실이 밝혀졌다. 즉 Hox 유전자가 전사인자를 만들어내면, 그 전사인자는 염색체에 달라붙어서 하위 유전자들이 봇물 터지듯 활동을 시작하게 만든다. Hox 유전자의 조용한 출발 신호 하나가 거대한 생화학적 활동의 파도로 확장되는 것이다.

발생 초기에는 반드시 Hox 유전자가 세포들에게 있어야 할 곳을 지정해주어야 한다. 다시 말하면 Hox 유전자는 어떤 세포에게는 몸의 뒷면이 아니라 앞면으로 가야 한다고 말해주고, 어떤 세포에게는 팔의 일부로서 손가락이 되어야 한다고 일러준다. Hox 유전자는 이렇듯 후뇌와 그 아랫부분을 맡아 몸의 형태를 만든다. 반면에 다른 성장 유전자는 전뇌와 그와 관련된 중앙 신경 체계를 구성하는 데 치중한다.

Hox 유전자는 임신 후 첫 주에 활동을 시작하여 사흘 만에 빠르고 효율적으로 몸의 형태를 만든다. 그렇게 빨리 몸 전체의 형태를 만들 수 있는 이유는, 배가 연속적으로 반복된 단편들로 구성되어 있기 때문이다. 배의 새로운 부위는 그보다 앞서 형성된 부위를 모방하여 자라고, 그 뒤로 각 부위에 변형이 가해짐으로써 생물들의 몸이 결국에는 복잡한 형태로 완성되는 것이다. 다시 말해서 태아는 블라인드가 한 조각씩 차례로 내려와 창문에 드리워지는 식으로 자란다. 그러한 분절적인 형태는 인간의 척추와 갈비뼈와 같이 똑같은 유형이 반복되어 있는 구조 속에 분명히 드러나 있으며, 몸의 다른 부분들도 그와 같이 규격화된 구조를 가지고 있다. 진화론적 관점에서 보면 이러한 형태는 합리적이다. 그런 구조 덕분에 자연은 미리 각 기관을 구상해 놓고 시작할 필요 없이 하나의 단위, 즉 원래의 배세포에서 시작하여 머리끝부터 발끝까지 반복해서 복제하고 수정하여 생명체의 형태를 만드는 것이다. 이때 Hox 유전자는 배의 발생 과정에 따라 각 단계의 과정이 끊이지 않고 나타나게끔 해준다.

또하나의 흥미로운 특징은 Hox 유전자가 염색체 상에 놀라우리만치 정확하게 조직되어 있다는 사실이다. 현재는 다양한 Hox 유전자들이 발생 과정에서 어떤 작용을 하는가에 대한 의문점들이 막 해명되기 시작하고 있는 단계이다. 하지만 유전자들은 발생이 진행되는 동안에 차례로 활동을 시작하기도 하고, 몸의 특정 부위에 적합한 형태를 만들 경우에는 무리지어 일하는 등 서로 협동하는 것으로 보였다. 유전자들이 그렇게 협동하는 것은 드문 일이 아니다. 사실 다양한 유전자들이 동시에, 혹은 연속적으로 도움을 주어야 생명 활동이 유지될 수 있다. 예를 들어 체내에서 산소를 나르는 헤모글로빈 단백질 하나를 만들기 위해서는 네 개의 각기 다른 유전자가 필요하다. 이 헤모글로빈의 구성 요소들은 염색체 속에 여기저기 흩어져 있다가 필요할 때마다 활동을 시작하기 때문에 조직화된 구조가 필요 없다. 반면 포유류의 세포 속에 있는 38개의 Hox 유전자는 네 개의 단단한 무리를 이루어 염색체 네 개 속에 하나씩 들어가 있다. 그리고 각 무리마다 유전자들은 마치 건축설계사가 T자를 가지고 제도한 듯이 똑같은 방향을 향해 똑같은 간격을 두고 차례로 늘어서 있다.

인간의 DNA를 구성하는 십만 개의 유전자 가운데, Hox 유전자처럼 짜 맞춘 듯이 정확히 배열되어 있는 유전자는 아직 찾아볼 수 없다. 그래서 Hox 유전자의 독특한 배열이 우연히 만들어진 것이 아니라고 생각하는 생물학자들까지 생겨났다. 프랑스의 과학자들은 미학적으로는 호소력이 있지만 과학적으로는 근거가 빈약한 주장을 서슴없이 했다. 그들의 주장에 따르면, 염색체 상에 입체적으로 늘어선 Hox 유전자가 자동 시계의 역할을 한다. Hox 유전자는 길게 늘어져 있는 이중나선과 그 구성 요소들을 시간 측정기로 사용하여 발생이 진행됨에 따라 시간을 정확히 알려준다는 것이다.

그 이론에 따르면, Hox 유전자 하나가 활동을 시작하여 전사인자 하나를 만들어내고, 그 전사인자가 많은 다른 유전자들을 추동하여 몸의 맨 윗부분을 만들어낸다. 그러면 두번째 Hox 유전자가 활동을 시작하여 그 아랫부분의 몸을 만든다. 이런 식으로 모든 과정이 정해진 시간에 맞추어 빈틈없이 진행된다. 이런 생각을 논리적으로 발전시키면, 결국 Hox 유전자가 인간의 온전한 형태를 품고 있다는 결론에 이르게 될 것이다. 말하자면 염색체 속에는 몸의 제2척추골이나 어린아이 그 자체의 잠정적인 육체가 들어 있다는 것이다. 이것은 예술적이고 철학적인 기조를 깔고 있는 매혹적인 관념이다. 그리고 인간의 정자 속에 아주 조그만 인간이 들어 있다는 중세 시대의 생각을 떠올리게 한나. 그 중세적 사고에 따르면, 정자 속의 인간('호문쿨루스 homunculus' 라고 한다—옮긴이)은 크기는 작아도 온전한 인간이기 때문에 어머니의 자궁에 있는 동안 필요한 것은 몸을 키울 영양분뿐이다. 대천사 가브리엘이 성모 마리아에게 신의 아들을 갖게 될 것이라고 알려준 수태고지를 주제로 한 그림에는 주로 아주 조그만 예수가 빛줄기를 타고 마리아에게 나아가는 모습이 그려져 있다. 앞서 언급한 바 있는 현대판 작은 인간 가설은, 초기 배세포의 캄캄한 핵 속에 Hox 유전자가 들어 있는 네 개의 염색체 무리가 있고, 그 틈에 조그만 남자 혹은 여자 아기가 끼여 있다고 주장하는 셈이다.

다른 발생생물학자들은 Hox 유전자가 DNA 속에서 어떻게 배열되어 있느냐보다는, 그것이 어떻게 마법과도 같이 배의 형태를 만들어 내느냐에 더 관심을 기울였다. Hox 유전자는 몇 년 전에 유전학자들이 초파리의 유전자에 나타난 돌연변이를 관찰하던 중에 발견되어 유명해졌다. 초파리에게 X-레이를 강하게 쪼이자 몹시 비정상적인 초파리들이 태어났다. 날개가 두 겹이거나 흉부가 두 개거나 짧은 더듬이가 있어야 할 머리끝에 다리가 달린 돌연변이 초파리였다. 연구자들은 초파리가 방사능에 노출되면 발생 유전자들의 프로그램이 다시 수정되고, 그 바람에 몸의 각 부위들이 당연히 있어야 할 곳이 아닌 엉뚱한 곳에서 자라게 된다는 사실을 발견했다. 초파리의 경우, 머리에서 자라난 다리는 흠잡을 데 없이 건강한 다리이긴 하지만 다리가 이마에서 난다는 것은 비정상적인 현상인 것이다. 이런 돌연변이는 똑같은 부위가 한 군데 이상에서 자라나기 때문에 똑같다는 뜻의 호메오틱(homeotic)이라는 이름이 붙었다.

이런 발생 유전자들을 자세히 조사해본 결과 이 유전자들이 동일한 염기서열을 갖고 있다는 사실이 밝혀졌으며, 이 유전자 집단은 호메오 박스(Homeo box)라고 불리게 되었다. 호메오 박스 유전자들의 염기서열은 간단하다. 개개의 유전자는 수천 개의 DNA 염기로 겨우

183개의 염기쌍을 이루고 있다. 하지만 똑같은 염기서열이 그렇게 자주 눈에 띤다는 사실은, 그것이 배가 발생하는 데 중요한 역할을 하는 유전자가 틀림없음을 의미한다. 따라서 호메오 박스를 비롯한 발생 유전자는 핵심 요소인 호메오 박스의 이름을 따서 Hox라고 불리게 되었다.

그 뒤로 과학자들은 호메오 박스가 소위 DNA 결합 영역에서 활동하는 유전자라는 사실을 알아냈다. Hox 유전자 하나가 활동을 시작하여 세포 속에서 Hox 단백질을 만들면, 호메오 박스는 Hox 단백질을 조그만 타래송곳 모양으로 비튼다. Hox 단백질은 그러한 생김새 덕분에 이중나선을 은근하게 감싸고 돌아 다른 유전자를 활성화시킨다.

초파리의 연구가 Hox 유전자를 해명하는 데 필수적인 몫을 담당하긴 했지만, 그것만으로 포유류의 배가 형성되는 과정을 설명하기는 무리다. 오히려 척추동물을 연구하는 생물학자들은 훨씬 과감하게 연구를 진척시켰다. 어떤 학자는 생쥐의 Hox 유전자를 하나도 빠짐없이 순서대로 분리시키는 실험을 하고 있다. 생쥐의 발생 과정에서 38개의 Hox 유전자 중 이것이 없을 때와 저것이 없을 때 나타나는 결과를 비교하기 위해서이다. 그들은 어렵고 힘든 기술을 사용하여 생쥐의 배세포에서 Hox 유전자를 떼어낸 다음, 그 배세포를 발생시켜서 특정한 Hox 유전자가 없는 생쥐들을 키워낸다. 그 쥐들은 어떤 Hox 유전자가 결핍되었느냐에 따라 특징적인 결함을 하나씩 갖고 태어난다. 예를 들어 생쥐의 배세포에서 Hox A-3를 제거시키면, 새끼 쥐는 심장에 결함이 있고 얼굴과 두개골이 기형이며 흉선, 즉 면역세포가 자라는 기관이 없는 등 광범위한 부위에 결함을 안고 태어난다. 그런 기형들이 일관성이 없고 뚜렷한 상관관계가 없는 것처럼 보일 수도 있지만, 연구 결과 기형이 된 기관들은 모두 초기 배의 동일 부위에서 발생되었다는 사실이 밝혀졌다. 배의 발생 초기에 몸의 형태를 결정해주는 Hox 유전자가 없으면, 그 부위는 몹시 왜곡된 형태로 성장하고, 그로 인해 거기서 파생되는 기관들도 모두 기형이 되는 것이다.

하지만 아직도 확실히 밝혀진 사실보다는 의문점이 훨씬 많이 남아 있다. 그중에서도 가장 큰 문제는 어떤 Hox 유전자가 어떤 유전자를 활성화시키며, 그 유전자가 반응할 때 어떤 일이 생기는지 정확히 알아내는 것이다. 그 유전자들도 다른 유전자를 활성화시킬까? 활성화된 유전자는 모두 배세포의 화학적 조건을 변화시킬까? 아니면 발생 중인 배세포가 이웃 유전자가 보내는 신호에 반응하는 능력을 키워주는 역할을 할까? 발생 과정에서 수없이 일어나는 사건 전체의 상세한 지도를 그려내야만 Hox 유전자가 어떻게 작용하고 Hox A-3과 같은 한 실행 분자가 초승달 모양의 배를 어떻게 팔딱거리는 갓난아기의 심장으로 바꿀 수 있는지 확실히 알 수 있게 될 것이다.

띄어쓰기가 없는 DNA 텍스트

미국인들은 대부분 외국어에 서툴지만, 중국어나 러시아어를 익히는 것은 더욱 어렵다. 중국인들도 영어를 배우기가 어렵다고 불평한다. 유럽의 여러 나라 말을 유창하게 구사하는 사람이라도 복잡하기 짝이 없는 나바호 족(인디언 중에서 인구가 가장 많은 종족으로 북아메리카 남서부에 산다—옮긴이)의 말은 배우기가 쉽지 않을 것이다. 그러나 이 세상에 DNA의 언어만큼 복잡하고 해석하기 힘든 언어는 아마 없을 것이다. DNA의 언어는 모든 세포 속에 기록되어 있는 유전적 지시 사항으로서, 어린 개체가 성장하고, 생명을 유지하고, 성숙하여 생식하는 방법을 일러준다. 생명이라는 책을 이루고 있는 생화학적 문자인 거대한 이중나선 사슬을 어떻게 해독할 수 있을까? 최근 상상력이 풍부한 몇몇 생물학자들이 언어학적 연구 방법을 응용하여 DNA를 연구하려 하고 있다.

생물학자들은 도무지 이해할 수 없을 것 같은 DNA 언어 속에서 단편적인 규칙성을 찾기 위해 언어학적 연구 방법을 도입했다. 그렇게 유전자의 염기서열을 해독하는 일은 고대 언어로 씌어진 긴 문장을 읽어내는 작업과 비슷하다.

생물학자들은 컴퓨터 프로그램의 발전에 힘입어 '글자'에 해당하는 DNA의 기본 단위로서 뉴클레오티드 사슬을 열심히 연구했다. '단어'가 있는 곳을 알려줄 일정한 글자 유형을 알아내기 위해서였다. 이때의 '단어'란 세포에게 어떻게 단백질을 만들고 어떻게 가운데 부분을 쪼개어 분열하는지 가르쳐주거나 행동 방법을 지시해주는 DNA의 핵심적인 부분을 가리킨다.

분석 대상이 되는 단어는 세 개에서 다섯 개의 뉴클레오티드가 연결되어 있는 아주 짧은 DNA 조각이다. 하지만 그 단어는 독특한 유형을 갖고 있기 때문에 단백질을 구성하는 아미노산에게 내리는 명령과 같은 가장 기본적인 유전정보가 숨어 있는 곳을 찾는 데 도움이 된다.

이스라엘의 레호보트에 있는 바이스만 연구소의 에드워드 트리포노프(Edward Trifonov) 박사는 유전학계에서 누구보다 선진적인 연구를 하고 있다. 그는 유전자 염기서열을 히브리어나 에트루리아어, 라틴어와 같은 고대 언어에 비유한다. 고대 언어로 씌어진 문장의 단어들은 띄어쓰기가 전혀 되어 있지 않고 빽빽이 이어져 있다. 마찬가지로 세포 속에 있는 DNA 사슬도 수십억 개의 뉴클레오티드가 끊임없이 연결되어 이루어진 것이다. 따라서 한 개의 단백질을 만들라고 지시하는 단어의 끝 부분과 또다른 아미노산을 만드는 단어의 첫 부분이 바로 이어져 있다. 고대 사회에서 글을 쓰는 것이 상류 계급의 특권이었으며, 그들은 띄어쓰기를 할 필요를 전혀 느끼지 못했다. 그들과 마찬가지로 DNA 분자도 엘리트 의식을 갖고 있는 것이 틀림없다.

특권을 얻지 못한 자들은 떠나도 무방하다. 이처럼 유전정보가 그 본성상 띄어쓰기가 되어 있지 않은 탓에 염기서열을 해독하는 일이 복잡하긴 하지만, 트리포노프 박사를 비롯한 과학자들은 DNA가 자주 애용하는 문자 장치를 많이 발견해냈다. 그리고 뉴클레오티드 사슬 가운데서 진짜 단어라고 규정된 부분과 그렇지 않은 부분을 구별하는 방법도 개발하는 중이다. 뉴클레오티드 사슬에는 유용한 정보를 암호화하고 있는 단어 부분보다는 별다른 정보를 갖고 있지 않은 것으로 판단되는 부분이 훨씬 많다. 이러한 부분들은 쓰레기 DNA(junk DNA)라고 홀대당한다. 유전정보를 많이 담고 있는 부분은 매우 다양한 구절로 표현되는 반면, 그 사이에 끼여든 모호한 염기서열들에는 열쇠가 될 만한 문자들이 마치 어린아이가 타자를 쳐놓은 것처럼 일관성 없이 반복되어 있다.

이러한 연구 방법을 통하여 유전자 염기서열은 아미노산에게 내리는 명령, 유전자의 활동을 추동하거나 중단시키라는 명령, DNA가 세포 속에 정확히 자리잡게 하라는 명령 등의 지시 사항들을 갖고 있는 것으로 분류할 수 있다. 그것은 마치 언어학자들이 단어를 명사, 동사, 형용사 등으로 분류하는 것과 비슷하다. 적당한 양의 DNA 견본을 하나씩 뜯어보면, 어떤 생물의 DNA이든 그 생물의 기원을 금방 판별해낼 수도 있고, 심지어는 '저주'에 해당하는 뉴클레오티드 사슬을 발견할 수도 있다. 그 뉴클레오티드 무리는 DNA의 구조적 통합성을 위협하기 때문인지 좀처럼 나타나지 않는다.

트리포노프 박사와 그의 동료들의 연구는 유전자의 언어에 이름을 붙이고 유전자 염기서열과 그 의미를 사전으로 편집하는 수준까지 진전되었다. 그들은 진지하면서도 장난스러운 발상에서 유전자의 언어를 '놈(gnome) 언어'라고 부르기로 했다. 그 이유는 먼저 세포의 핵 속에 들어 있는 유전물질 전체를 지칭하는 게놈(genome)에서 첫번째 e를 빼면 놈(gnome)이 되기 때문이다. 다음으로 놈이라는 단어는 옛 이야기 속에 나오는 땅의 요정을 연상시킨다. 땅의 요정은 지하에 있는 보물을 지키는 난쟁이 노인으로, 달빛을 등불 삼아 은빛 펜으로 신비로운 글을 쓴다고 전해진다. 마지막으로 놈은 보편적인 진리를 간결하게 표현해놓은 말인 격언이라는 뜻도 갖고 있다. 유전자 암호란 것도 사실 푸른 지구에서 싹을 틔우고 기어다니고 어슬렁거리고 날아다녔던 모든 생명체를 겨우 네 문자로 표현하는 지극히 간결한 진리라고 할 수 있기 때문이다.

생물언어학은 컴퓨터 분자생물학이라는 생물학계의 최신 과학 분야에 포함된다. 유전자와 유전자 염기서열에 관한 정보가 산더미처럼 쌓여가고 있기 때문에 언어학과 같은 틀거리를 사용해야만 이 끝없이 쏟아져나오는 자료들을 해석할 수 있다. 컴퓨터 분자생물학자들은 약간이라도 비슷한 뉴클레오티드 사슬이 있는지 알아보기 위해서 컴퓨터 데이터 베이스를 통해 그 동안 밝혀진 유전자 염기서열을 모두 찾아본다. 그리고 나서 뉴클레오티드들이 서로 비슷하다고 판단되면, 실험을 통해 그 두 개의 유전자가 진화적 공통성을 갖고 있기 때문에 비슷한 염기서열을 가진 것인지, 아니면 그저 우연의 일치일 뿐인지 알아본다.

컴퓨터 생물학의 연구에 박차를 가한 배후 요소는 바로 인간게놈 프로젝트이다. 그것은 수십억 달러의 비용이 드는 야심만만한 국제적인 사업이며, 인간의 DNA를 구성하고 있는 30억 개의 뉴클레오티드 하나하나를 판독하기 위해서 추진되고 있다. 이 사업을 수행하기 위해서는 염색체에 있는 거대한 사슬 모양의 유전물질을 기계적으로 배열한 다음, 훗날에 있을 심도 깊은 해석 작업을 위해 수백만 개의 뉴클레오티드에 관한 정보를 컴퓨터에 입력시켜두는 과정이 반드시 필요하다. 그리고 언어학적 분석은 이러한 유전학의 유산을 신중하게 해석하기 위해 선택할 수 있는 하나의 방법이다.

유전자를 언어에 빗대어 생각하는 것은 사실 새로운 것이 아니다. 분자생물학이 처음 등장하던 1940년대에 사회과학자들은 언어와 의사소통의 본질을 탐구하고 있었다. 언어학의 활발한 연구 성과에 줄곧 귀를 기울이고 있던 생물학자들도 대부분 자연스럽게 게놈을 의사소통 체계로 여기게 되었다. 하지만 이론만 있을 뿐 축적된 연구 경험이 없는 터라 뾰족한 성과물을 내기 위해서는 유전공학 기술의 출현을 기다릴 수밖에 없었다. 유전공학 기술이 발전하지 않은 상태에서는 유전자 염기서열을 이루는 뉴클레오티드를 분리시켜 그 암호를 판독할 수 없기 때문이다. 게다가 유전자의 유형을 파악하려면 비교하는 과정이 반드시 필요하기 때문에 일단 다양한 생명체의 유전자 배열에 관한 정보가 충분히 축적되어 있어야 했다.

의사소통 체계가 그렇듯이, DNA는 겉치레가 아예 없기도 하고 전체가 겉치레이기도 하다. DNA는 시토신, 아데닌, 구아닌, 티민이라는 네 개의 뉴클레오티드로 간결하게 구성되어 있다. 다양한 순서로 수천 개씩 결합되어 있는 뉴클레오티드는 단백질을 만드는 데 필요한 지시 사항을 담고 있다. 그러나 인간의 DNA 중 극히 일부만이 세포에게 생존과 번식의 방법을 알려주는 것 같다. 인간의 게놈을 구성하는 30억 개의 뉴클레오티드 중에서 십만 개의 유전자를 구성하는 뉴클레오티드는 9억 개뿐이다. Cs, As, Gs, Ts로 이루어진 나머지 97%의 유전물질은 이중나선의 곳곳에서 발견되는데, 이들은 유전자를 안전하게 꾸려 넣기 위한 분자 스티로폼에 지나지 않는 무해한 사슬일 수도 있고, 아직 밝혀지지 않은 뭔가를 위해 일하는 것일 수도 있다.

생물언어학의 도입으로 얻은 가장 큰 성과는, 무슨 말인지 알 수 없는 DNA 사슬 속에서 핵심적인 역할을 하는 3%의 DNA를 골라낼 수 있는 방법을 알아냈다는 것이다. 연구자들은 DNA 단어가 무슨 뜻을 가지고 있는지에는 상관하지 않고, 다만 그 단어가 어디에 있는지 알아내기 위해 노력하고 있다. 트리포노프 박사는 대조 단어(contrast word)라는, 거의 항상 같은 순서로 나타나는 일련의 뉴클레오티드를 찾아냄으로써 유전자 염기서열에서 의미 있는 DNA 배열을 골라낼 수 있는 컴퓨터 계산법을 고안해냈다. 만약 특정한 배열이 동일한 순서로 반복된다면, 그것은 인접한 단어의 일부이거나 제멋대로 늘어선 글자 집합이 아니라 의미를 가진 단어의 구성 요소일 확률이 높다. 예를 들어 영어를 철저히 분석하면 대조 단어인 ookie가 cookies의 속글자라는 것을 알아낼 수 있을 것이다. 트리포노프 박사의 말에 따르면, 앞으로 거슬러 가면 철자 c를, 뒤쪽을 살펴보면 철자 s를 발견하게 될 것이라고 한다.

DNA 언어에서 대조 단어는 약 다섯 개의 뉴클레오티드로 이루어진 배열이다. 이들은 일정한 순서로 발견되는 경우가 허다하기 때문에 하나의 단어를 이루고 있음을 알 수 있다. 다시 말하면 그것들은 아무런 역할도 하지 않는 것으로 추측되는 쓰레기 DNA처럼 횡설수설하지 않고 뚜렷한 정보를 가지고 있다. 그 정보란 아미노산을 만들라는 신호이거나, DNA 염기서열을 번역하여 활동적인 단백질을 만드는 작은 분자인 전사 RNA를 만들라는 신호일 수도 있다. 아니면 무엇을 지시하는지 전혀 파악이 되지 않기 때문에 앞으로 더 깊이 연구해야 할 정보일 수도 있다. 게놈 중에서 가장 복잡하고, 대조 단어가 풍부한 염기서열은 일반적으로 세포에게 생존에 필요한 다양한 활동을 지시해주는 부분이다. 뿐만 아니라 그런 복잡한 부위에는 다양하게 파생된 정보들이 들어 있다. 어떤 유전자는 단백질을 만들라는 명확한 정보를 가진 배열로 구성되어 있다. 성장호르몬이나 음식을 대사하는 효소를 합성하라는 정보 같은 것이다. 구조적인 역할을 정보로 갖고 있는 염기서열도 있을 수 있다. 마치 종이 인형의 그림에서 이 부분을 접거나 저 부분에 끼워 넣으라고 지시하는 점선처럼 말이다. 그런 염기서열은 DNA가 세포의 핵 속에서 올바른 모양을 갖추려면 어떻게 구부러지고 꼬여야 하는지를 지시해준다.

마치 생명체가 불경한 말이라고 몹시 싫어하기라도 하듯이, 게놈 속에 매우 드물게 존재하는 단어도 있다. 예를 들어 박테리아에 침입한 바이러스는 박테리아의 효소가 달라붙을 만한 염기서열을 거의 가지고 있지 않다. 따라서 박테리아가 바이러스의 DNA를 파괴할 수 있는 능력에는 한계가 있을 수밖에 없다. 하지만 바이러스의 DNA가 항상 박테리아 효소의 공격을 피할 수 있는 것은 아니다. 이따금 박테리아의 효소가 바이러스의 DNA 가운데서 공격의 발판이 되어줄 염기서열을 찾아내기도 한다. 하지만 엄격한 검열관인 자연선택은 이렇게 금기시된 단어를 최소한으로 억제한다.

그러나 DNA의 언어를 이해하기 위해 온갖 노력을 기울이던 생물학자들은, 결국에는 유전자의 언어가 인간이 만들어낸 어떤 언어보다도 복잡하기 그지없다는 사실을 깨닫게 되었다. 하나의 유전자 염기서열이 여러 의미를 담고 있는 경우도 있다. 그것은 3중, 4중의 생화학적 협약처럼 하나의 정보 속에 또다른 정보가 들어 있는 것이다. 예를 들어 세포에게 단백질을 만드는 방법을 일러주는 염기서열은 실제로 세 가지 지시 사항을 함께 지니고 다닌다. 첫번째 지시 사항은 세포에게 어느 아미노산이 단백질을 만들 것인지를 알려준다. 두번째 지시 사항은 단백질을 만드는 데 중개자 역할을 하는 RNA의 화학적 정보를 만드는 방법이다. 세번째는 세포가 새로 태어난 단백질을 어떻게 결합해서 최종적인 활동 형태로 만들 것인지 말해준다. 그리고 이 세 가지 정보는 동시에 전달된다.

게놈 전체는 해석의 여지가 무수히 많은 걸작 문학작품에 비유할 수 있다. 어차피 세포들이 담고 있는 지시 사항은 모든 사람이 똑같다. 모두들 DNA라는 시(詩), 그러니까 10만 개의 유전자와 그 사이의 군더더기 말들을 똑같이 갖고 있는 것이다. 하지만 인간의 간세포는 뼈세포나 뇌세포와는 생김새도 딴판이고 역할도 전혀 다르다. 각각의 세포들이 읽고 있는 텍스트는 너무도 미묘하고 풍부한 뉘앙스를 지니고 있어서, 그 속에서 세포들 각각은 오직 자기만의 삶을 읽을 수 있을 뿐이다.

유유자적

• 전갈을 찬미하는 사람들 • 기생충과 성 • 쇠똥구리 : 최고의 재활용가
• 바퀴벌레에 버금갈 만한 것은 없다 • 피트바이퍼 : 기묘하고 화려한 독사

전갈을 찬미하는 사람들

고대 중국인들은 뱀을 선과 악 모두의 화신으로 여긴 데 반해, 전 갈은 온전히 사악함만을 상징한다고 생각했다. 페르시아인들은 전갈 이 악마의 부하이며, 우주를 비옥하게 해주는 피를 가진 신성한 황소 의 고환을 공격하여 모든 생명을 파괴하기 위해 태어난 동물이라고 생각했다. 구약 성서에 나오는 히브리의 르호보암 왕(솔로몬 왕의 아 들—옮긴이)은 백성들을 벌할 때 보통 채찍이 아니라 '갈편(蝎鞭)'으 로 때리겠다고 위협했다. 전갈 채찍이라는 뜻의 갈편은 전갈의 침처 럼 극심한 고통을 준다는 뜻에서 붙여진 이름이다. 그리스인들은 전 갈이 힘센 거인이자 유명한 사냥꾼인 오리온을 죽였다는 전설을 만들 어내기도 했다.

역사적으로 거의 모든 문화권을 통틀어 전갈은 고약한 평판을 얻었 다. 실제로도 전갈은 그런 악명을 얻을 만한 동물이다. 성질이 사나울 뿐만 아니라 겁도 전혀 없고, 사람을 기절시키거나 죽일 수도 있다.

독이 별로 없는 전갈한테 물려도 이루 말할 수 없을 만큼 고통스럽다. 전갈에 물린 뒤 "마치 불덩이 같은 총알이 몸을 도려내는 것 같다"고 말한 사람도 있었다.

그러나 아무리 사악한 것이라도 자신만의 장엄한 아름다움을 가지고 있는 법이다. 바로 그런 이유로 전갈의 특이한 삶, 폭력적인 밤나들이, 야수 같은 사랑 행위를 연구하는 데 평생을 바치는 우수한 과학자들이 늘고 있다. 그들은 자연의 기관총에 용감히 맞서는 사람들이다. 전갈은 야행성 동물이며, 다리가 여덟 개이고 거미 같은 기어다니는 동물을 총칭하는 '거미류'에 속한다. 전갈은 오랫동안 거미나, 거미의 먼 친척뻘인 다리 여섯 개 달린 곤충들에 가려 빛을 보지 못하다가 요즘에야 과학적 관심과 존경의 대상이 되고 있다.

전갈은 충분히 주목받을 만한 동물이다. 누군가가 무척추동물의 기네스북을 엮어낸다면, 전갈은 여러 분야에 등장할 것이다. 전갈은 거미류와 곤충류를 통틀어 가장 크고, 가장 오래 살고, 가장 비열한 동물이다. 또한 가장 예민하고, 모성애는 지극하지만 부성애는 거의 없으며, 가장 느리면서도 재빠르고, 가장 총명한 동물이다. 전갈은 아마도 지구상에서 가장 오래된 육상동물일 것이다. 그러나 전갈은 현대의 포유류와 비슷한 특징을 지녔다. 프랑크푸르트의 생물학자들에 따르면, 아프리카의 코트디부아르에 사는 몸집이 큰 전갈은 혼자 사는 다른 거미류와 달리 특이하게도 뛰어난 사회성을 갖고 있다고 한다. 이 전갈들은 몸무게가 약 85그램이고 길이가 20센티미터에 이르는데, 암컷과 수컷이 이 년 이상 함께 살면서 새끼를 키운다. 부모 전갈들은 새끼를 돌보기 위해 설치류나 개구리, 다른 척추동물을 죽인 다음 찢고 으깨어 죽처럼 만들어 새끼들에게 먹인다.

하지만 전갈들이 항상 모범적인 배우자이자 부모인 것은 아니다.

공격적이고 서로 잡아먹는 전갈도 있다. 그 전갈은 이웃이나 짝이나 제 새끼를 잡아먹음으로써 자신에게 필요한 에너지의 25%를 얻는다. 두 종 이상의 전갈이 한 지역에 함께 살면서 먹이를 다투다 서로 잡아먹는 모습을 보고 나면, 이탈리아의 잔악한 군인 체사레 보르자마저도 미국의 박애주의자 브래드 번치(미국의 인기 있는 가족 시트콤의 주인공—옮긴이)처럼 보일 것이다. 그 지역에서는 작은 종의 어른 전갈이 큰 종의 새끼 전갈을 잡아먹고, 큰 종은 작은 종의 어른 전갈을 잡아먹으며, 비슷한 크기의 어른 전갈끼리는 일시적으로나마 먹이사슬의 꼭대기에 남기 위해 치열하게 싸운다.

전갈의 짝짓기 방식에 대해 새로이 밝혀진 연구 결과를 보면, 세상에 전갈만큼 삭막한 정사를 나누는 동물은 없을 것이다. 짝짓기를 할 때 암컷과 수컷은 서로의 앞다리를 붙들고 입을 꽉 맞문 채 꼬리를 앞으로 내밀고, 앞뒤로 왔다갔다하면서 길고도 격렬한 왈츠를 춘다. 그러는 동안 수컷은 계속 암컷을 찌르고, 암컷은 끌려다니는 것이 화가 난다는 듯 거칠게 몸부림친다. 교미가 끝나고 나면 대체로 수컷보다 몸무게가 많이 나가는 암컷이 수컷을 먹어치움으로써 그 동안 시달린 것에 대해 앙갚음을 하기도 한다. 그렇다고 해서 암컷이 그렇게 화를 낼 권리가 있는 것은 아니다. 춤을 그렇게 오래 추게 된 것은, 부분적으로는 암컷이 정자를 받아들이기 전에 수컷의 힘과 몸무게와 유전학적 가치를 평가할 수 있도록 진화되었기 때문이다.

아리스토텔레스를 비롯한 많은 자연과학자들이 전갈에 매료되었다. 하지만 1970년대에 휴대용 자외선 전등이 나타난 뒤에야, 이 조그만 어둠의 왕자한테서 중요한 사실들을 알아낼 수 있었다. 전갈이 가진 또하나의 독특한 특성은 자외선을 받으면 마치 현란한 광고판처럼 눈부신 빛을 발한다는 것이다.

전갈의 외골격은 손톱처럼 딱딱하지만, 손톱과는 다른 종류의 표피 단백질인 키틴질로 이루어져 있다. 키틴질은 달빛 등의 여러 광원에서 나오는 자외선 광선을 찬란하게 반사하는 성질이 있기 때문에 새까만 전갈도 자외선 광선을 비추면 초록이나 분홍빛의 형광 빛 색조를 띠는 것이다. 3백만 년 전의 전갈 화석도 자외선 빛을 받으면 눈부시게 반짝인다. 그 현란한 빛은 자외선 빛에 이끌리는 곤충을 꾀기 위해 진화된 것이거나, 키틴질의 화학적 성질 때문에 우연히 생겨난 부산물일 수도 있다.

이유가 무엇이든 간에 전갈이 발산하는 독특한 빛은 7미터 정도 떨어진 곳에서도 보인다. 덕분에 밤이면 전갈이 먹이를 잡아먹고, 짝짓기하고, 싸우고, 독침을 휘두르거나, 그저 탁 트인 공기 속에서 유유자적 돌아다니는 모습을 쉽게 볼 수 있다. 또 신진대사율과 산소 소비량 따위를 측정하기 위해 전갈을 찾아내 전갈을 붙잡은 뒤 표시를 하고 풀어주었다가 다시 잡을 수도 있다.

이런 연구 조사를 통해서 거미학자들은 전갈이 4억 년 전 실루리아기(紀)에 처음 등장한 이후로 거의 변화하지 않았다는 사실을 알아냈다. 실루리아기 당시 전갈은 바다에서 육지로 올라간 비약적인 변화의 선구자였다. 일단 육지에 발을 디딘 전갈은 넓은 지역으로 흩어졌다. 일반적으로는 사막에 사는 것으로 알려져 있지만, 학계에 보고된 1천5백 종의 전갈은 열대우림에서 사바나, 초원, 로스앤젤레스에 이르기까지 생물이 살 수 있는 곳이면 어디든지 파고들어 자신들의 서식지로 삼는다. 5킬로미터 지하의 동굴에서 사는 전갈도 있고, 파인애플의 갈라진 껍질 속에 숨어사는 아주 조그만 전갈도 있다. 해발 4천2백 미터에 달하는 히말라야 산맥의 산등성이에 사는 튼튼한 전갈들도 있는데, 그곳에는 천여 종의 전갈이 독침 달린 꼬리를 쳐들고서 운 나쁘게 자신들을 발견할 이들을 기다리고 있는 것으로 추정된다.

이제까지 알려진 전갈은 모두 육식이며 독침을 갖고 있지만, 그 가운데 25종만이 인간을 죽일 수 있을 정도의 독을 갖고 있다. 전갈은 꼬리 뒤쪽의 독샘에 독을 갖고 다니며 번개처럼 꼬리를 앞으로 뻗어 독을 쏘는데, 한 번에 그치지 않고 반복해서 쏘는 경우도 있다. 전갈의 독은 30가지에 이르는 신경독으로 이루어졌으며, 각각의 독은 서로 다른 종의 먹이를 죽일 수 있게 되어 있다. 어떤 독은 곤충들에게 치명적이고, 또 어떤 독은 개구리나 작은 척추동물을 마비시키는 데 적합하다.

일단 먹이가 쓰러지면, 전갈은 먹이를 녹이는 기나긴 작업을 시작한다. 거미처럼 전갈도 먹기 전에 먼저 먹이를 소화시킨다. 효소를 뱉어내어 먹이를 녹여서 걸쭉한 고깃국을 만든 다음 입으로 빨아들이는 것이다. 전갈과 거미의 공통점은 또 있다. 거미류의 이 두 생물이 같은 구역에서 사는 경우, 그들은 곤충이라는 같은 먹이를 놓고 싸운다. 하지만 거미보다 전갈이 한결 유리하다. 전갈은 거미도 잡아먹는 것이다. 전갈은 대체로 거미보다 몸집이 커서 보복을 두려워하지 않고 거미를 잡아먹을 수 있다. 그래서 전갈이 번성하는 지역에서는 보통 거미가 많지 않다.

그러나 전갈을 잡아먹는 동물이 없는 것은 아니다. 전갈은 자신에게 공격할 가능성이 있는 동물들에게 독침을 쏘아 물리칠 수 있지만, 올빼미, 박쥐, 뱀을 비롯한 여러 동물들은 통통하게 살찐 전갈이라는 푸짐한 식사를 위해 독쯤은 기꺼이 견뎌낸다. 잡아먹히지 않을 경우 전갈은 15년에서 25년, 아니 그 이상까지 살 수 있다. 지금까지 알려진 어떤 거미류나 곤충보다도 수명이 긴 셈이다. 전갈이 그렇게 오래 살 수 있는 것은 인색한 신진대사율 덕분이다. 전갈의 신진대사율은 무척추동물 중에서 가장 낮아, 무의 뿌리가 자라는 정도와 같다. 물질대사가 느린 동물은, 대부분의 작은 동물이 그렇듯이 에너지를 빨리 연소시키는 동물에 비해 훨씬 오래 산다.

전갈은 물질대사가 느린 덕분에 물과 먹이가 없고 추위와 더위를 견뎌야 하는 가혹하기 그지없는 생존 조건 속에서도 살아남을 수 있다. 전갈은 일 년 이상 아무것도 먹지 않고도 살 수 있으며, 전갈의 매끄러운 외피는 물이 증발되는 것을 막아준다. 전갈은 배설할 때에도 물은 보존하고 오물 가루만 배출한다.

전갈은 모든 생명 활동이 느리다. 성숙하기까지 칠 년 가까이 걸리고, 새끼를 임신하는 기간은 일 년 반에 달한다. 임신 기간이 그렇게 긴 동물은 코끼리뿐이다. 어미 전갈은 심지어 포유류의 태반과 비슷한 기관도 가지고 있다. 무척추동물 가운데 몸 속의 새끼에게 영양을 공급해주는 기관을 가진 동물은 전갈뿐이다. 새끼들은 태어나자마자 활동할 수 있지만, 발생이 완성된 것은 아니어서 곧장 어미의 등에 올라탄 채 이 주에서 육 주 정도 더 성장한다.

전갈 연구가들은 전갈이 극도로 민감하다는 사실에 깊은 인상을 받았다고 말한다. 다른 거미류나 곤충들은 신경세포가 몸 전체에 흩어져 있는 데 반해, 전갈은 머리에 뉴런이 집중되어 있어서 뇌에 상응하는 정보처리 능력을 갖고 있다. 전갈은 별빛을 등대 삼아 길을 가며, '걸어다니는 지진계'라고 할 수 있을 정도로 예민하다. 전갈의 여덟 개의 다리에는 좁다란 홈 모양의 기관이 달려 있는데, 그것은 1미터 정도 떨어진 모래밭에서 곤충이 걸을 때 생기는 표면 진동도 감지할 수 있다고 한다. 전갈은 날아다니는 곤충도 잡아먹을 수 있다. 사냥감이 다가오면 전갈은 집게 앞발을 허공에 쳐든다. 그러면 조그만 발톱에 달린 예민한 털이 떨리기 시작하면서 그 진동의 속도와 방향을 근거로 언제 곤충을 나꿔채야 할지 판단하는 것이다.

전갈은 먹이를 구하기 위해서뿐만 아니라, 짝짓기를 하거나 도망치기 위해서도 예민한 감각에 의존한다. 최근에 전갈 수컷을 연구한 결과, 전갈의 감각기관은 가슴 한복판에서 아래쪽으로 이어지는 가느다란 두 줄기의 펙텐(pecten)이라는 기관인데, 암컷이 남긴 소량의 유혹성 페로몬도 감지할 수 있다는 사실이 밝혀졌다. 또 펙텐은 수컷이 정자 무더기를 낳아놓을 만한 막대기를 찾을 때 도움이 된다. 그 막대기는 짝짓기 춤을 추는 데 반드시 필요한 버팀목 구실을 한다. 짝짓기 춤을 추는 동안 수컷은 암컷을 그 막대기 쪽으로 끌고 가서 정자를 방출하고는, 암컷을 막대기 꼭대기에 올려놓아야 한다. 그러면 암컷은 자신의 펙텐 사이에 있는 외음부를 열어서 정자 덩어리를 빨아들인다. 교미를 마친 암컷이 절정 후의 후식으로 수컷을 잡아먹으려 하면, 수컷의 펙텐이 그 순간을 감지하여 화학 신호를 보낸다. 그 즉시 수컷은 암컷한테서 떨어져나와 도망치지만, 10%에서 20%에 이르는 수컷은 미처 피하지 못하고 암컷에게 잡아먹힌다.

실제로 대부분의 전갈은 서로에게 적대적인 것으로 악명이 높다. 그래서 전갈 전문가들 중에는 동족을 잡아먹고 싶은 유혹을 물리치고 집단을 이루어 사이좋게 살아가는 몇몇 덩치 큰 전갈에 대해 특별한 관심을 가진 사람들이 있다. 협력적인 성격이 강한 그런 전갈한테는 동족을 공격하지 말고 사이좋게 지내라고 일러주는 일종의 군체 페로몬이 있는지도 모른다. 또 그렇게 적대감을 진정시키는 화학물질이 있다면 그것을 연구해보는 것도 유용한 일일 것이다.

협동성을 북돋아주는 페르몬이 있으리라는 것은 아주 근사한 착상이지만, 설령 과학자들이 그런 물질을 찾아내더라도 밤의 잔혹한 싸움꾼이자 동족을 죽이는 무자비한 사냥꾼, 색광이자 악마의 시녀라는 전 갈의 명성은 사라지지 않을 것이다. 그러나 그 모든 것을 차치하고라 도, 전갈은 무척추동물계의 므두셀라(969세까지 살았다는 구약성서의 인물—옮긴이)로서 자신의 매력적인 악명을 끝까지 지켜나갈 것이다.

기생충과 성

고대 그리스에서 기생충이라는 말은 남의 식탁에서 음식을 얻어먹는 사람을 뜻했다. 하지만 기생충은 식사를 하기 위해 예의바르게 식탁에 앉기는커녕 피를 빨고, 위액을 홀짝홀짝 마시고, 살기 좋은 따뜻한 근육 조직 속으로 파고들어가거나, 달가워하지도 않는 숙주의 피와 노동을 뻔뻔스럽게 빨아먹는다. 그러나 그 모든 혐오스러운 특징들에도 불구하고 벌레, 진드기, 균류, 바이러스, 변이 개체 등 큰 종으로부터 영양분을 빼앗아 먹는 기생생물들은 주목해볼 가치가 있는 존재이다. 그들은 먹이를 공짜로 얻어먹거나, 당신에게 빌붙어 피를 빨 수도 있고, 아주 작아서 세포 속에 잠복하여 살 수도 있지만, 진화라는 웅장한 무대에서는 그들이야말로 거인이다.

지구상의 온갖 동식물이 가지고 있는 여러 가지 특징들은 대부분 1평방 피코미터(1조분의 1미터—옮긴이)를 차지하고서 영양분을 빼앗아가는 기생생물들의 무자비한 괴롭힘에 대항하기 위해 진화한 것이다. 인간을 비롯한 대부분의 종이 단순한 무성생식이 아니라 유성생식을 하게 된 데에는 부분적으로 기생생물의 탓도 있다. 유성생식에서는 유전자들이 뒤섞여 계속 다양한 유전자 조합이 만들어지고, 그 결과 기생생물에 대한 저항력이 개발될 수 있다. 새, 물고기, 포유류가 철 따라 이주하는 습관을 갖는다거나, 해마다 해충에 감염되었을 가능성이 있는 동료로부터 잠시 떨어져 지내는 것도 다 기생생물을 피하기 위한 방법일 것이다.

물론 괴롭힘을 당하는 숙주를 동정하는 것이 당연하겠지만, 한번 기생생물의 관점에서 삶을 생각해보라. 과학자들은 많은 종류의 기생생물들이 왜 한 숙주에서 다른 숙주로 옮겨다니며 다단계로 이루어진 생을 살아가는지 알아내려고 연구하다가, 숙주와 기생생물 사이에 섬뜩한 관계가 있음을 발견했다. 예를 들어 아주 가까운 친척관계에 있는 두 종류의 기생충이 있는데, 이들은 각각 자신들의 필요에 따라 생쥐의 행동을 좌지우지한다. 한 기생충은 생쥐를 지나치게 활동적으로 만들어서, 생쥐가 들판을 미친 듯이 싸돌아다니다가 육식 조류의 눈에 띄어 잡아먹히게 한다. 생쥐를 잡아먹은 새는 기생충도 함께 잡아먹게 되고, 자연스레 기생충의 유충에게 새로운 보금자리가 되어줄 수밖에 없다. 또다른 친척 기생충은 반대로 생쥐의 동작을 굼뜨게 만들어 자기의 다음 은신처가 될 육식 포유류에게 쉽게 생쥐가 잡아먹히도록 한다.

기생충의 유충 가운데는 숙주인 달팽이를 미치게 만드는 것도 있다. 미친 달팽이는 나뭇잎 뒤에 숨는 대신, 풀잎 끝에 올라가는 자살 행위와 다름없는 짓을 한다. 그러면 달팽이 속에 침입한 몇몇 유충들이 달팽이의 더듬이로 옮겨가 더듬이를 눈에 띄는 색깔로 변화시키고 파르르 떨게 만든다. 그 불운한 달팽이는 풀쐐기를 꼭 닮은 더듬이 때문에 새의 주의를 끌어 잡아먹힌다. 그리고 달팽이 속의 유충은 새의 뱃속에 들어가서 자라고 또다시 번식한다.

기생생물학이 새롭게 조명을 받은 것은 인간의 면역 체계를 연구하는 분야에서 비약적인 발전이 이루어진 덕분이기도 하다. 복잡한 면역 체계를 조금씩 이해하게 됨에 따라 연구자들은 면역 체계가 여러 기생생물과 병원균을 공격하기 위해 발전해왔으며, 때로는 성공을 거두기도 하고 그렇지 못하기도 했음을 알게 되었다. 기생생물이 인간사와 인간의 진화에 끼친 영향은 어마어마하다. 이제 선진국에서는 기생생물로 인한 질병이 드물지만, 아직도 세계 인구의 대다수가 한 가지 이상의 기생생물에게 시달리고 있다. 인간들이 하루 동안 십이지장충한테 빨린 피의 양을 모두 합하면, 약 1백5십만 명의 혈액을 합한 것과 같다는 계산이 나올 정도이다. 이 세상에 살았던 사람들 중 절반은, 원생동물문의 기생충인 말라리아 병원충 때문에 앓다가 죽었다. 로마 제국은 말라리아 때문에 서서히 무너져갔으며, 미국의 초기 이주민들은 말라리아의 극성 때문에 제임스타운(영국인들이 아메리카 대륙에 건설한 최초의 개척지—옮긴이)이란 도시를 세 번이나 떠났다가 돌아와야 했다.

기생생물이 몇 종류나 되는지, 심지어는 기생생물이 무엇으로 구성되어 있는지 확실히 말할 수 있는 사람은 아무도 없다. 일반적인 정의에 따르면, 기생생물이란 다른 동물이나 식물로부터 영양분이나 에너지의 대부분 혹은 전부를 빼앗아서 생활하며, 숙주보다 작은 동물이라고 할 수 있다. 하지만 바이러스나 박테리아 같은 많은 기생생물들이 현미경으로나 볼 수 있을 정도로 작은 데 반해, 어떤 것들은 1미터 이상 자라기도 한다. 기생생물은 대체로 숙주에게 해롭지만, 독성의 정도는 천차만별이다. 대부분의 바이러스가 그렇듯이, 동물을 질병에 감염시켜 죽이는 기생생물도 있고, 병을 앓을 것 같은 으스스한 느낌만 주다가 마는 기생생물도 있고, 거의 해를 끼치지 않는 기생충도 있다. 때때로 숙주가 기생충에게 일을 시키는 경우도 있는데, 이때는 기생생물이 공생자가 된다. 이렇듯 서로에게 좋은 결과를 낳는 기생의 예 가운데 익히 알려진 것으로 우리의 창자에 살면서 음식물의 소화를 도와주는 세균이 있다.

남에게 기생하여 먹고사는 것은 꽤 매력적인 방법인 탓에 지구상의 유기체 중 대다수가 기생생활을 선택했다. 그 가운데는 만능선수처럼 온혈동물들 사이를 옮겨다니며 생활하는 진드기 같은 기생생물들도 많다. 하지만 그보다는 놀랄만치 제한된 곳에서만 생활하는 기생생물들이 더 많다. 가령 커다란 거북이의 직장(直腸)에서만 살 수 있는 진드기나, 단 한 종류의 새의 깃털에서만 살 수 있는 벌레나, 인간의 속눈썹 속에서만 살 수 있는 무해한 진드기 따위가 그런 것들이다. 그런데 놀랍게도 기생생물 자신도 대부분 다른 기생생물에 감염되어 있다. 이러한 사실을 두고 소설가이자 풍자작가인 조나단 스위프트(Jonathan Swift)는 1773년에 발표한 작품 『시론 *On Poetry*』에서 이렇게 썼다.

"그래서 생물학자들은 벼룩한테는 그들에게 얹혀 사는 더 작은 벼룩이 있다는 사실을 알아냈다. 그리고 그 벼룩은 더 작은 벼룩한테 물어뜯기며, 이런 과정은 꼬리를 물고 끝없이 반복된다."

최근까지 기생생물학자들은 주로 기생생물을 박멸할 목적으로 연구를 진행했다. 하지만 이제 학자들은 보다 심오한 진화의 수수께끼들을 풀기 위해 기생생물을 연구하게 되었다. 그중 가장 난해한 수수께끼는 바로 성이 진화한 이유이다. 무성생식은 어미 유기체와 꼭 닮은 후손을 복제함으로써 간단하게 번식하는 데 반해, 유성생식은 번

거룹고 불합리하며 훨씬 비효율적이기 때문이다.

구조가 단순한 동식물은 무성생식으로 번식하지만, 대부분의 고등 동물들은 암수가 짝을 지어 노아의 방주에 오른 동물들과 같은 생존 방법을 선택한다. 성을 숭고한 것으로 여길 수도 있겠지만, 누구나 한 번쯤은 지구상의 수많은 생물들이 모두 성을 갖고 있는 이유를 궁금하게 생각했을 것이다. 어떤 학자는 생명체가 다양한 후손들을 창조해야만 그중에 몇몇이라도 기후가 급변하거나 먹을 것이 귀해지는 등의 유동적인 환경 속에서 살아남을 수 있기 때문에 성이 진화했다고 말한다. 또다른 이론은 다양한 새끼들이 태어나면 그 새끼들이 먹이를 두고 직접 부딪힐 가능성이 줄어드는 이점이 있기 때문에 성이 진화했다고 주장한다.

그런데 지금까지 성의 진화를 가장 그럴듯하게 설명하는 증거들은 대부분 기생생물 연구에서 나왔다. 그에 따르면 기생생물은 이전에 기생했던 숙주와 똑같은 생물을 선호하기 때문에, 생물들이 유성생식을 통해 다양한 자손을 생산하는 것이 기생생물을 이길 수 있는 이상적인 방법이라는 것이다. 포타모피르구스 안티포다룸(*Potamopyrgus antipodarum*)이라는 학명의 뉴질랜드의 수생 달팽이의 특이한 일생을 보면 유성생식이 기생충을 떨쳐버리는 데 어떤 이점이 있는지 알 수 있다. 암컷 달팽이들 가운데는 유성생식을 하는 것도 있고 무성생식을 하는 것도 있는데, 어느 쪽을 선택하건 성적 충동과는 아무 상관이 없다. 과학자들은 65개의 달팽이 집단을 연구한 결과, 달팽이에게 가장 큰 해를 끼치는 선충류의 번성 정도에 따라서 유성생식이냐 무성생식이냐가 결정된다는 사실을 알아냈다. 기생충이 많지 않은 호수에서는 수컷 달팽이가 거의 없고 암컷들이 대개 무성생식을 했다. 하지만 기생충이 무척 많은 호수에서는 암컷만큼이나 수컷 달팽이도 많았다. 이 사실은 번식을 위해 수컷이 필요하며, 암컷은 수컷의 다양한 정자를 수정시킴으로써 기생충에 저항력이 강한 새끼를 얻는다는 것을 시사한다.

기생생물 가운데는 숙주가 유성생식을 하는 것을 몹시 싫어하여 그것을 강력히 억제하는 기생생물도 있다는 사실이 발견되었다. 야생 풀 가운데 꽃을 피워서 유성생식을 하기도 하고 자신과 꼭 닮은 싹을 내어 무성생식을 하기도 하는 식물이 있다. 그런데 이들에게 기생하는 균류는 이 식물이 유전적으로 다양한 형질을 갖게 되는 것을 조금도 달가워하지 않는다. 그래서 균류는 일단 식물에 달라붙자마자 식물의 생식세포부터 파괴시키고 그 이상은 해를 끼치지 않는다. 생식세포가 파괴된 풀은 무성생식만 하기 때문에 자손들은 조상과 동일한 형질을 갖게 되고, 결국 균류의 침입을 막아내기 힘들게 된다.

영화 〈외계의 침입자Invasion of the Body Snatchers〉(외계식물이 인간을 숙주로 삼기 위해 지구에 침입한다는 내용―옮긴이)에서처럼, 카네이션과의 꽃에 기생하는 균류는 그 꽃이 유성생식을 못하게 만들 뿐 아니라 꽃을 아예 균류를 생산하는 공장으로 삼아버린다. 꽃의 수술에는 보통 꽃가루가 묻어 있지만, 균류가 기생하는 꽃의 수술에는 균류의 포자들이 가득 붙어 있다. 심지어 균류는 자신의 숙주 식물이 정상적인 식물보다 크고 화려한 꽃을 피우게 하여 가루받이할 곤충들을 유혹한 다음 자신의 포자를 퍼뜨리기까지 한다.

기생생물들은 땅에 뿌리내리고 있는 식물뿐 아니라 움직이는 동물들도 공략하며, 동물들은 기생생물에 대항하기 위해 더욱 활발하게 돌아다닌다. 예를 들어 버지니아 주 서부의 높은 산정 연못에 사는 얼룩무늬 영원*의 기생충은 인간에게 치명적인 아프리카 수면병을 일으키는 병원체를 갖고 있지만 영원한테는 거의 해를 끼치지 않는다.

그것은 영원의 이동 습관 때문에 얻어진 혜택으로, 독성이 강한 기생충을 품고 있는 영원은 병원체를 동료에게 옮길 가능성이 높아질 시기가 되면 연못에 모여들지 않고 몇 달씩 혼자 숲 속을 돌아다닌다. 악성 기생충을 가진 영원은 떠돌아다니는 동안 죽어버리고, 독성이 적은 기생충을 가진 영원류만 살아남아 짝짓기를 하기 위해 연못으로 돌아가는 것이다.

이와 비슷하게 해마다 북아메리카에서 남아메리카로 이동하는 철새들이 단지 추운 날씨를 피해서만 이주하는 것은 아닌 것 같다. 그 새들은 남아메리카에서 지내는 아홉 달 동안 번식을 하지 않으며, 특히 해충이 옮는 것을 막기 위해 서로 멀찍이 떨어져 지낸다.

숙주를 성공적으로 감염시킨 기생생물도 살기가 아주 편한 것만은 아니다. 기생생물은 숙주가 없으면 살아갈 수 없으므로, 숙주의 죽음은 곧 기생생물의 죽음을 의미한다. 따라서 기생생물은 다른 숙주로 안전하게 옮겨갈 수 있는 방법을 개발하는 데 많은 에너지를 쏟아 붓는다. 숙주가 재채기를 하게 만들거나 제2의 숙주한테 잡아먹힐 수 있도록 숙주의 행동을 변화시키는 것 등이 그 방법이다.

하지만 그 가운데에는 동료를 살아남게 하기 위해 희생정신을 발휘하는 기생생물도 있다. 내가 가장 좋아하는 기생충에 관한 우화가 하나 있다. 간에 기생하는 랜싯(lancet)이라는 간흡충(liver fluke)에 대한 이야기인데, 그들은 양의 내장 속에 알을 낳는다. 그 알들은 양의 배설물에 섞여서 밖으로 나와 그 배설물을 먹고사는 달팽이 속으로 들어간다. 그리고는 달팽이의 몸 속에서 부화하여 유충으로 자라다가 끈끈한 막에 싸여 배출된다. 그 끈끈한 덩어리는 개미에게 재까닥 먹

---

* 양서류 도롱뇽목 영원과에 속하는 동물의 총칭. 몸은 가늘고 길며 세로로 납작한 긴 꼬리를 가지고 있다. 주로 수중생활을 하나 네 다리로 땅을 천천히 걸어다니기도 한다.

힌다. 일단 개미한테 먹히면 랜싯 유충들은 제각각 흩어져 개미의 몸을 공략하는데, 그중 몇몇은 개미의 내장으로 들어간다. 그곳에서 유충은 새로운 감염 단계로 접어들고, 몇몇이 개미의 뇌에 침입한다. 뇌에 들어간 유충들이 얼마나 개미를 괴롭히는지, 개미는 이른 아침과 늦은 저녁이면 정상적인 개미라면 하지 않을 행동을 한다. 즉 양이 풀을 뜯어먹으려는 순간에 풀잎 끄트머리에 올라가는 것이다. 개미가 양의 뱃속에 들어가면 개미의 뱃속에 들어 있던 유충들이 성숙해서 짝짓기를 하고 알을 낳는다. 그렇게 해서 다시 한번 그 복잡한 순환 과정이 시작된다.

뇌에 들어간 유충은 결국 다른 유충을 위해서 희생하는 셈이다. 그것들은 숙주를 감염시키거나 번식하는 것이 아니라 다른 유충들이 번성할 수 있는 기회를 마련해주고 죽을 뿐이다. 기생생물들 사이에서도 이타주의 같은 것이 있다면, 바로 그들이 훌륭한 예이다. 하지만 개미 입장에서는 이런 흡충을 테레사 수녀라고 여기지는 않을 것이다.

쇠똥구리 : 최고의 재활용가

많고 많은 딱정벌레의 무리 가운데에서 쇠똥구리들은 귀족적 특성을 갖고 있다. 쇠똥구리의 머리에는 뿔로 된 왕관이 달려 있고, 몸에는 청동빛이나 초록빛 또는 남빛으로 번쩍이는 갑옷을 걸치고 있다. 쇠똥구리는 부활과 행운, 그리고 어둠을 이기고 승리하는 태양을 상징하는 동물이다. 고대 이집트인들이 어찌나 쇠똥구리를 숭배했던지, 파라오가 죽으면 그의 심장을 파내고 신성한 쇠똥구리를 새긴 돌멩이를 넣어두기도 했다.

쇠똥구리의 특성 가운데서 가장 특기할 만한 것은 이들의 직업이다. 자발적으로, 심지어는 기꺼이 생계를 위해서 일하는 쇠똥구리들은 많은 짐승들이 발 딛기조차 싫어하는 곳에 용감하게 뛰어든다. 그들은 동물들이 버린 오물 위로 달려가 잽싸게 그것을 땅에 묻는다. 그러면 땅속의 오물은 쇠똥구리 자신이나 새끼들에게 풍부하고 넉넉한 식량이 된다. 텍사스의 목장, 아프리카의 평원, 인도의 사막, 히말라야의 초원이나 아마존의 밀림 등 흙과 똥이 함께 있는 곳이라면 어디든지 쇠똥구리가 살고 있다. 쇠똥구리는 날마다 소, 말, 코끼리, 원숭이, 그리고 인간과 같은 덩치 큰 포유류에게서 나오는 수백만 톤의 똥을 열심히 치운다.

우리 모두는 자연의 독창적인 재활용가 쇠똥구리에게 신세를 지고 있다. 쇠똥구리가 없다면, 엄청난 기금으로 운용되는 대규모 청소 사업을 추진한다 해도 지구의 오물을 몽땅 처리할 수 없을 것이다. 쇠똥구리들이 그 별 볼일 없어 보이는 일을 하는 데 그렇게 재빠른 것은 그 배설물을 필요로 하는 이들이 많기 때문이다. 다시 말하면 포유류가 똥을 눌 때마다 쇠똥구리들끼리 치열한 경쟁이 일어난다. 똥 덩어리는 늪지대나 썩어가는 삼나무 고목처럼 온갖 생물이 바글바글대는 작은 세계이지만, 다행히도 오래 가지 못한다. 쇠똥구리들은 '오물이 생기면 서두르기 시작한다'. 커다란 똥 덩어리가 땅에 떨어지기가 무섭게 161종에 달하는 온갖 쇠똥구리가 수만 마리씩 떼지어 모여들어 몇 시간 혹은 몇 분도 안 되어 싹 쓸어가버린다.

하나의 똥 덩어리에 몰려드는 쇠똥구리의 종류는 사람들의 예상을 훨씬 뛰어넘는다. 최근에 과학자들은 한정된 재화를 두고 쇠똥구리들이 어떻게 경쟁하며, 오물로 먹고사는 불안정한 직업에서 성공과 실패를 가르는 요인이 무엇인가에 대한 기존 견해들을 재검토하게 되었다. 그 결과 쇠똥구리들이 되도록 빨리 많은 똥을 얻기 위해 다양한 전략을 개발했다는 사실이 밝혀졌다. 쇠똥구리들은 이런 전략을 구사함으로써 자신과 새끼를 먹여 살리고, 힘들게 얻은 똥을 남들이 가로채지 못하게 막는다.

누가 가장 먼저 귀중한 먹이에 도달하며, 누가 그것을 가장 잘 이용할 수 있는가가 결정되는 데에는 운과 상황도 많이 작용한다. 쇠똥구리 공동체를 조사한 결과를 보면, 식물이나 육식동물을 비롯한 생물들이 먹이를 얻기 위해 어떻게 경쟁하는지 폭넓게 이해할 수 있다. 일카 한스키(Ilkka Hanski)와 이브 캉브포르(Yves Cambefort)가 엮은 『쇠똥구리의 생태 *Dung Beetle Ecology*』에는 독자들의 궁금증을 속 시원히 풀어줄 만한 연구 결과들이 많이 실려 있다. 전문적인 내용도 꽤 있고 도표도 많지만, 이 책을 읽으면 전에는 그다지 생각할 필요를 못 느꼈던 쇠똥구리가 대단히 가치 있고 매력적이며 존경할 만한 곤충으로 느껴진다. 그리고 만약 대량 주문용 쇠똥구리 카탈로그가 있다면 수십만 마리의 쇠똥구리를 구입해서 개를 산책시키는 공원이나 시청 근처와 같이 쇠똥구리가 필요한 곳에 보급하면 좋겠다는 생각을 하게 될 것이다.

쇠똥구리가 인간에게 주는 혜택은 한두 가지가 아니다. 우선 쇠똥구리가 똥을 치워주는 덕분에 사람의 눈과 코와 신발 바닥이 똥 때문에 피해를 겪지 않게 된다. 뿐만 아니라 쇠똥구리는 당장 먹지 않을 똥을 땅에 묻어둠으로써 대기중으로 날아가버릴 질소를 흙 속에 보존하여 땅을 기름지게 한다. 또 지렁이처럼 땅을 파헤쳐서 공기를 잘 통하게 하여 식물이 자라기에 좋은 토양으로 만들어준다. 그리고 쇠똥구리의 유충은 기생충과 구더기를 잡아먹어서 질병을 퍼뜨리는 미생물들의 수를 줄여준다.

딱정벌레들이 다 그렇듯이 쇠똥구리도 대단한 재주꾼이다. 아프리카와 남아메리카에 사는 몇몇 종은 몸집이 살구만한데, 새처럼 짝을 지어 가족을 이루고 산다. 그들은 공들여 땅속에 보금자리를 파고 경단처럼 만든 똥을 저장하여 먹이로도 쓰고 새끼들의 은신처로도 이용한다. '알 경단'이라고 불리는 이 똥 덩어리는 아무렇게나 만든 것이 아니다. 쇠똥구리는 다리와 주둥이 부분을 이용하여 갓 배설된 똥을 자기 몸통의 수백 배는 됨직한 거대한 공 모양으로 만드는데, 그 솜씨는 프랑스의 조각가 장 아르프(Jean Arp)에 비길 만큼 정밀하고 예술적이다. 어떤 쇠똥구리는 그 경단에 진흙을 덧입혀 기계에서 찍어낸 것처럼 크고 둥글고 단단하게 만든다. 실제로 사람들은 땅속에서 파낸 이 쇠똥 경단을 포탄으로 착각하기도 했다.

쇠똥구리들은 암수 한 쌍이 짝을 지어 똥으로 만든 경단을 굴려서 땅속에 있는 집으로 가져간다. 보금자리에 도착하면 암컷이 경단 속에 알을 하나씩 낳는다. 쇠똥구리 중에서 몸집이 가장 큰 종은 새끼를 하나만 기르기 때문에 경단도 하나만 만든다. 이것은 전통적으로 많은 새끼를 낳는 데 큰 비중을 두는 것으로 알려진 곤충류로서는 놀랄 만한 자제력을 보여주는 현상이다.

쇠똥구리의 유충들은 배설물을 먹으며 둥근 경단의 보호 속에서 안전하게 성장한다. 유충이 자라는 몇 달 동안, 어미 쇠똥구리는 경단 근처에 머무르며 독성이 있는 물질이나 균류를 없애줌으로써 새끼가 죽지 않고 잘 자라서 인큐베이터에서 나올 수 있도록 정성껏 돌본다.

쇠똥구리 중에는 고도로 전문화된 종도 있다. 그런 쇠똥구리들은 식습관이 아주 단순해서 오직 한 종류의 포유류가 배설하는 똥만을 모아들인다. 어떤 쇠똥구리는 캥거루나 왈라비나 나무늘보의 엉덩이 털에 매달려 그 동물이 소화를 끝내고 배설하기를 기다렸다가 배설물이 땅에 닿기도 전에 그 위로 뛰어내린다. 이밖에도 기린의 똥만 먹고사는 쇠똥구리도 있고, 멧돼지의 똥만 먹고사는 쇠똥구리도 있다. 파나마에 사는 쇠똥구리는 매일 아침 고함원숭이*가 자고 있는 나무 꼭대기로 날아간다. 그리고는 고함원숭이가 잠에서 깨어나 아침 볼일

---

* 무리가 합창을 하듯이 크게 울부짖는 데서 이름이 붙었다. 이들이 동시에 내는 고함 소리는 5킬로미터 밖에서도 들릴 만큼 크다.

을 보기를 기다렸다가, 공중에서 떨어지는 배설물에 재빨리 달라붙어 30미터 아래로 함께 떨어진 다음 경단을 빚어 땅에 묻는다.

하지만 대다수의 쇠똥구리들은 잡식가여서 배설물의 종류를 가리지 않고 경단을 빚어 보금자리에 갖다둔다. 쇠똥구리들이 가장 예민하게 관심을 갖는 것은 덩치 큰 초식동물이 배설하는 푸짐한 똥 덩어리이다. 초식동물들은 소화 체계의 특성상 배설이 잦을 수밖에 없다. 암소의 경우에는 하루 평균 10개에서 15개의 커다란 똥을 눈다. 코끼리는 약 한 시간마다 2킬로그램 정도의 배설물을 내보내는데, 코끼리의 배설물은 각양각색의 쇠똥구리들이 저마다 다양한 기술을 현란하게 과시하는 쇠똥구리 나라의 맨해튼이 된다. 몸집이 큰 쇠똥구리는 몇 미터 떨어진 곳에 있는 자신의 보금자리로 큼직한 코끼리 똥 경단을 굴리고 가는데, 이따금 통나무나 둥근 돌멩이 같은 장애물이 나타나도 용케 지나간다. 작은 쇠똥구리는 좀더 작은 몫을 운반한다. 굴 쇠똥구리로 불리는 쇠똥구리는 커다란 똥 덩이를 똥 무더기 바로 밑에 묻어둔다. 핀 크기의 쇠똥구리는 아예 똥 덩이 속에서 산다. 똥이 바싹 말라 자기보다 크고 적극적인 쇠똥구리조차 외면하게 된 뒤까지 그 속에 살면서 마른 똥을 먹는 것이다. 강도 쇠똥구리는 다른 쇠똥구리가 힘들게 만들어놓은 경단을 몰래 가로챈다. 이 와중에 똥파리들까지 끼여든다. 그 광경은 점심 시간에 패스트푸드점의 손님들이 저마다 자기 음식을 들고서 북적이는 모습과 흡사하다. 그런가 하면 똥 무더기는 독신 남녀가 만나는 술집이기도 하다. 그곳에서 쇠똥구리들은 짝을 지어 함께 둥지에 가져갈 먹이를 모은다. 몸집이 큰 쇠똥구리들은 암컷에게 구애하는 춤을 출 때도 똥을 이용한다. 암컷 앞에서 미끈하게 뭉쳐진 경단을 들고 매력적으로 흔드는 것이다.

이러한 사실들은 그냥 버려지는 똥이 거의 없다는 것을 말해준다.

아프리카의 한 연구팀은 코끼리의 똥 덩어리 하나에 6만 마리의 쇠똥구리가 달려들었는데, 두 시간 후에 가보니 똥 덩어리가 온데간데없었다고 보고했다. 쇠똥구리들의 몸놀림이 잽싼 데에는 그럴 만한 이유가 있다. 우선 쇠똥구리들은 서마다 가장 큰 몫을 차지하고 싶어한다. 게다가 그들이 똥 더미 속에서 폐품 활용을 하는 동안, 그들을 잡아먹는 동물들이 접근할 가능성이 높다. 새, 몽구스, 원숭이 같은 작은 동물들이 초식동물의 배설물 주위를 맴돌며 무언가를 먹는 광경을 흔히 볼 수 있는데, 그렇다고 해서 그들이 똥을 먹는 것은 아니다. 어떤 쇠똥구리는 그럴듯한 위장술을 개발하여 스스로를 보호한다. 코끼리 똥에 많이 모여드는 쇠똥구리 중에는 먹어도 소화를 시킬 수 없는 막대기처럼 생긴 쇠똥구리를 볼 수 있을 것이다.

쇠똥구리의 종류가 다양한 것은 그들이 배설물을 먹고살기 때문이다. 언뜻 생각하면 이해가 잘 안 되지만, 쇠똥구리가 똥을 좋아할 만한 이유는 많다. 포유동물들은 대부분 자신이 섭취하는 음식의 일부만 소화시키기 때문에 배설물에는 단백질, 영양소, 박테리아, 이스트를 비롯하여 자양분이 될 만한 물질이 풍부하다. 하지만 먹이로서 똥의 가장 큰 장점은 만만하다는 것이다. 초식동물은 자신을 잡아먹는 육식동물에 맞서 싸우고, 식물은 초식동물을 물리치기 위해 독을 만들어내지만, 똥은 애써 자신을 방어하지 않는다. 똥은 가장 편하게 얻을 수 있는 먹이인 셈이다.

쇠똥구리가 덩치 큰 포유류의 배설물을 선호하기는 하지만, 그들이 지구상에 처음 등장한 것은 아직 그런 포유류가 나타나지 않았던 3억5천만 년 전이다. 과학자들은 쇠똥구리들이 공룡의 똥을 먹고살았으리라고 추측하지만, 실제로 공룡의 배설물 화석에서는 쇠똥구리의 화석이

한 번도 발견되지 않았다. 지구상에 덩치 큰 포유류가 나타나서 널리 번성하자, 쇠똥구리의 종류도 다양해지고 수도 늘어났다. 실제로 이 두 가지 사건은 동시에 일어났으며, 어떤 학자들은 쇠똥구리가 없었다면 덩치 큰 포유동물들이 아프리카의 초원 지대 같은 곳에서 대규모로 밀집해서 살지 못했을 것이라고 주장하기도 한다. 쇠똥구리가 초식동물의 배설물을 먹어치움으로써 초식동물의 먹이인 식물들이 자랄 수 있게 해주기 때문이다. 이렇듯 쇠똥구리는 환경에서 핵심적인 역할을 담당하는 생명체이다.

인간도 농업과 목축을 시작하면서부터 가축들의 많은 배설물을 처리하는 쇠똥구리의 가치를 깨달았으며, 그중에서도 고대 이집트인들은 쇠똥구리의 가치를 높이 평가하여 숭배해 마지않았다. 한 연구자는 왕을 미라로 만들어 피라미드에 묻는 이집트의 전통이, 쇠똥구리의 유충이 쇠똥 경단 속에서 자라는 것을 모방한 것이라는 의견을 내놓기도 했다. 이집트인들은 쇠똥구리가 흙에서 새로운 생명을 얻어 태어나듯이 자신들의 왕도 피라미드 속에서 부활하리라 믿었다는 것이다. 그렇다면 기자(Giza)에 있는 거대한 피라미드는 똥 더미를 거룩하게 미화시킨 것으로 볼 수 있을 것이다.

오늘날에도 쇠똥구리가 주는 혜택은 적지 않다. 『쇠똥구리의 생태』라는 책에는 오스트레일리아 정부가 소와 양이 배출하는 어마어마한 배설물을 처리하기 위해 외국에서 쇠똥구리 수천 마리를 수입하는 야심찬 계획을 실행하여 큰 성과를 거두었다는 이야기가 자세히 소개되어 있다. 소와 양은 약 2백 년 전에 오스트레일리아 대륙에 처음 들어왔는데, 그곳의 토종 쇠똥구리들은 캥거루나 코알라가 내놓는 한 입 크기밖에 안 되는 배설물에 익숙해진 탓에 외국에서 들어온 동물의 엄청난 배설물을 감당할 수 없었다. 1960년대에 이르러 동물의 배설물 문제는 심각한 지경에 이르렀고, 배설물 속에서 자라는 똥파리가 얼마나 극성을 부렸던지 얼굴에 붙은 파리를 쫓는 손짓이 '오스트레일리아 식 인사'란 이름을 얻을 정도였다. 그러나 아시아, 유럽, 아프리카에서 24종의 쇠똥구리를 수입하면서 배설물 문제는 해결되기 시작했다. 최근 남부와 서부 오스트레일리아 지역은 똥에 꼬이는 파리가 거의 사라졌고, 한때 배설물로 뒤덮여 있던 목장도 원래의 푸르름을 되찾았다.

또한 생태학자들도 이론적인 영역에서 쇠똥구리로부터 많은 것을 배웠다. 과학자들은 동일한 생태학적 활동 범위 내에 사는 생물들의 경우, 저마다 자원을 이용하는 방법이 조금씩 달라야 서로 공존할 수 있다고 여겼다. 수학적인 방정식으로 표현된 법칙에 따르면 경쟁자들 중 하나는 결국 다른 경쟁자들을 제치고 번성한다는 주장이었다.

하지만 여러 종류의 쇠똥구리가 하나의 똥 덩어리를 먹고사는 현상을 보면, 자연이 그런 규칙을 철저하게 고집하지 않는다는 사실이 분명해진다. 쇠똥구리를 조사했던 곤충학자들은 똥이 먹이로서 몇 가지 특징을 가지고 있음을 밝혀냈다. 우선 똥은 하루 안에 사라지기 때문에 꽃밭이나 설치류의 굴만큼 안정적이지 못하다. 게다가 똥은 일정하게 분포하지 않기 때문에 언제 어디에 똥이 나타날지 규칙성을 발견하기란 쉽지 않다. 동물들은 대부분 아무 데서나 볼일을 보기 때문이다.

따라서 쇠똥구리 사회의 원동력을 계산하려면, 먹이를 구하는 데 우연적 요소가 강하게 개입된다는 점을 함께 고려해야 한다. 실제로 여러 종이 같은 먹이를 두고 경쟁하며 살아갈 수 있었던 것은 먹이가 때와 장소를 가리지 않고 나타난 덕분이다. 몸집이 큰 쇠똥구리는 일단 똥 덩어리에 접근하면 타고난 신체적 조건과 능력을 발휘하여 막대한 양을 독점할 수 있을 것이다. 하지만 작고 약한 쇠똥구리도 몸집이 크고 힘이 센 쇠똥구리 못지않게 기적적인 축복의 장소에 가까이 다가갈 수 있다. 따라서 힘이 약한 쇠똥구리가 먹이를 구하려고 늘 노력한다면, 힘이 센 쇠똥구리에게 매번 먹이를 뺏기지는 않을 것이다. 똥이 제멋대로 흩어져 분포한다는 것은 생존할 가능성을 결정적으로 높여주었고, 그러한 생존 가능성 때문에 많은 종이 공존할 수 있었다. 자연의 카지노에서는 환경에 대한 적합성뿐만 아니라 운도 승부를 좌우한다.

바퀴벌레에 버금갈 만한 것은 없다

바퀴벌레들이 눈앞에 나타나지 않는 덕분에 사람들의 마음이 다소 진정되었으니, 이제는 슬슬 바퀴벌레에게 찬사를 보내도 좋을 때가 되지 않았나 싶다.

최근 들어 도시에 사는 사람들은 밤에도 안심하고 부엌에 들어가서 불을 켜고 찬장에 있는 컵을 꺼내거나, 조리대에 놓아둔 상자에서 과자를 꺼내 먹을 수도 있게 되었다. 예전 같으면 불을 켜자마자 번들번들한 갈색 바퀴벌레 수십 마리가 숨을 곳을 찾아 허둥대는 끔찍한 광경이 눈앞에 벌어졌을 것이다. 하지만 곳곳에 득실거리던 독일 바퀴벌레*들은 바퀴벌레만 전문으로 죽이는 고농축 살충제나 안에 미끼를 담고 있는 '컴배트'라는 조그만 원판 모양의 살충제에 힘없이 무

---

* 바퀴벌레 중에서도 세계적으로 가장 널리 분포하는 종이다. 기원지는 아프리카 에티오피아로, 노예선과 함께 세계 전역으로 퍼져나갔다. 국내에서도 가장 흔하고 가장 문제시되는 종이다.

륫을 끓고 말았다.

바퀴벌레는 멸종하기는커녕 아직도 식당, 병원, 그리고 수많은 도심의 주택 단지에 심각한 골칫거리로 남아 있다. 그래도 1980년대 중반에 소개된 아미딘질화수소산염(amidinohydrazones)이라는 새로운 살충제는 이 지독한 해충이 들끓던 상황을 억제하는 데 탁월한 효과를 발휘했다. 한때는 파티에 모인 사람들이 바퀴벌레를 퇴치하는 방법을 서로 일러주던 시절도 있었다. 하지만 이제 사람들은 컴배트처럼 귀엽고 세련되게 생긴 것이 어떻게 그런 지저분한 일을 말끔히 해치울 수 있는지 감탄해 마지않는다.

곤충학자들의 계산에 따르면, 이 새로운 살충제는 바퀴벌레가 들끓는 정도에 따라 그 수를 50%에서 100% 가까이 줄일 수 있을 것이라고 한다. 그리고 전국 각지의 바퀴벌레를 연구한 결과, 과거에 나온 살충제와 달리 아미딘질화수소산염은 바퀴벌레에게 내성을 만들지 않는다는 반가운 소식이 나왔다. 그리고 바퀴벌레가 변이를 거듭해서 현재의 살충제에 내성을 갖게 되더라도, 효과가 뛰어난 새로운 살충제가 또 기다리고 있다. 그런 살충제들은 대부분 바퀴벌레의 생태와 습관을 세세히 파악하여 만들어진 것이다.

이제는 음식과 선반을 달갑지 않은 무단 거주자와 공유하지 않아도 되기 때문에 바퀴벌레를 반드시 전멸시켜야 할 대상으로만 보지 않을 수도 있게 된 것이다. 딱히 바퀴벌레에게 애정을 느끼지 않더라도 그들의 오랜 역사와 불굴의 인내, 풍부한 기지에 대해 사심 없이 감탄을 보낼 수는 있지 않을까. 적도 지방에 사는 바퀴벌레는 인간의 거주지를 넘보지 않고 자신들의 터전을 지키고 산다. 이들 중에는 바퀴벌레답지 않게 암컷이 헌신적인 어미 노릇을 하는 종도 있다. 대부분의 곤충들은 알을 아무 데나 낳아 내버려두며, 알에서 깨어난 애벌레는 혼자 힘으로 변태기를 지나 성충이 된다. 하지만 이 바퀴벌레의 암컷은 캥거루처럼 작은 주머니에 새끼들을 담고 다닌다. 어떤 바퀴벌레는 포유류처럼 젖과 비슷한 물질을 새끼에게 먹여서 키우기도 한다.

바퀴벌레의 암컷만 새끼를 정성껏 돌보는 것은 아니다. 대부분의 수컷들이 DNA를 후하게 기증하는 것말고는 새끼를 위해 하는 일이 거의 없는 반면, 수컷 바퀴벌레 중에 어떤 것은 아버지 노릇을 톡톡히 한다. 예를 들면 성장기에 있는 새끼들에게 영양가 있는 질소를 주려는 단 하나의 목적 때문에 새똥을 먹는 수컷도 있다. 나무껍질 속에서 사는 중앙 아메리카의 바퀴벌레는 흰개미나 벌 못지않게 사회적이다. 수컷과 암컷은 5, 6년이 지나야 성충이 되는 새끼들을 키우기 위해 짝짓기를 한다. 한 둥지에 모여 사는 바퀴벌레들은 서로 돌보아주고, 더듬이를 부비거나, 친밀감을 나눌 수 있는 페로몬을 통해 집단의식을 공유하며 협동한다. 페로몬이란 곤충의 흉부에 있는 샘에서 분비되어 다른 곤충의 더듬이에 탐지되는 화학물질이다.

바퀴벌레는 가벼운 산들바람이나 아주 희미한 냄새에도 무척 민감하다. 그것은 어쩌면 더듬이가 유달리 길기 때문일지도 모른다. 바퀴벌레는 무수한 세포로 이루어진 신경 체계와 화학물질이나 접촉에 민감한 성질을 가진 덕분에 신경세포의 작용을 연구하기 위한 이상적인 실험 대상이다. 바퀴벌레는 공기의 흐름이나 화학물질을 탐지하는 수용체가 몸의 외부에 있기 때문에 분석하기가 쉽다. 게다가 바퀴벌레의 머리는 몸통에서 떨어진 뒤에도 12시간 이상 살아서 반응한다. 신경생물학자들 사이에서 바퀴벌레는, 조작하고 해부하는 방법과 연구가치가 교과서에 자세히 설명되어 있는 흰쥐와도 같은 존재이다. 다른 점이 있다면, 바퀴벌레를 연구하는 사람들은 한밤중에 동물 보호주의자들이 실험실로 쳐들어와서 실험용 바퀴벌레를 놓아줄까 봐 걱정하지 않아도 된다는 것이다.

일리노이 대학에는 바퀴벌레의 평판을 높이는 것을 자신의 사명으로 삼은 과학자가 있다. 메이 베렌바움(May Berenbaum)이라는 이 과학자는 해마다 일반인들이 곤충에 관심을 갖도록 유도하고 그릇된 편견을 없애기 위해 '곤충 공포영화제'를 개최한다. 그 영화제에 가장 많이 등장하는 배우는 바퀴벌레이다. 단편 영화나 장편 애니메이션 영화에서 바퀴벌레는 대개 불쌍하게 그려진다. 1970년대 초반의 반전 영화인 〈번쩍이는 도시에서 모든 것이 침묵하다All's Quiet in Sparkle〉를 보면 우리가 바퀴벌레를 박멸하려는 것과 인간을 대량 학살하는 것이 별 차이가 없다는 생각이 든다. 1989년의 코미디 영화인 〈데드 버그 박사Dr. Ded Bug〉의 주인공은 곤충의 입장에서 보면 바퀴벌레를 잡아죽이는 데 혈안이 되어 있는 미치광이 요리사로 여겨진다. 반면 바퀴벌레 주인공은 미키 마우스처럼 높고 짹짹거리는 소리로 말하며 항상 웃음을 잃지 않는다. 이런 애니메이션 영화에 등장하는 악당은 바로 여러분의 친구들이다.

바퀴벌레가 사람들의 절친한 친구가 되든 그렇지 않든 그들의 오랜 역사와 다양성만큼은 존경받을 만하다. 바퀴벌레와 유사한 종이 2억 8천만 년 전의 화석에서 발견되었으며, 바퀴벌레가 4억 년 전 실루리아기에 발생했으리라고 추정하는 과학자들도 있다. 이와 대조적으로 딱정벌레가 나타난 것은 겨우 1억5천만 년 전이며, 나비도 바퀴벌레에 비하면 한참 뒤인 6천만 년 전에야 지구상에 등장했다.

바퀴벌레는 전세계적으로 거의 모든 지역에서 살고 있지만, 학계에 보고된 4만 종 중 대다수가 적도 지방에 살고 있다(그리고 적도에 사는 바퀴벌레 중에서도 아직 알려지지 않은 종이 약 수천 종에 달할 것으로 추정된다. 열대 지방은 실제로 모든 것이 밝혀지지 않은 채로 남아 있다). 바퀴벌레는 길이가 6밀리미터밖에 안 되는 종에서부터 몸집이 작은 쥐만한 중앙 아메리카의 메가블라타(Megablatta)라는 무시무시한 종에 이르기까지 종류가 다양하다. 바퀴벌레는 대개 길고 분절된 더듬이를 갖고 있다. 더듬이는 피질로 이루어진 한 쌍의 앞날개로, 더운 기후에 사는 종은 그것으로 날아다닐 수 있지만 그렇지 않은 경우에는 퇴화되었다. 그리고 그 유명한 바퀴벌레의 머리가 있다. 바퀴벌레의 머리는 아래로 살짝 수그러져 있다(바퀴벌레를 잘 알고 몹시 싫어하는 사람들은 그 뚜렷한 얼굴 모습을 익히 보았을 것이다. 그리고 사마귀의 머리가 바퀴벌레의 머리를 연상시키는 것은 두 종이 가까운 친척 관계이기 때문이다).

몸집이 자그마한 바퀴벌레들은 무척이나 화려하다. 심홍색, 연두색, 우윳빛, 옅은 갈색 등의 색깔을 띠고 있다. 그중에서도 가장 아름다운 바퀴벌레는 사파이어색 바탕에 가느다란 빨간 줄무늬와 청동빛 반점이 있는 종이다. 그 바퀴벌레가 얼마나 예쁜지, 한 과학자는 그것이 새라면 사람들이 사서 우리 안에 넣고 키웠을 것이라고 말하기까지 했다. 사람들이 애완동물로 키우는 바퀴벌레는 딱 한 종류뿐이다. 그것은 윗가슴에 난 구멍을 통해 시끄러운 바람 소리를 내어 육식동물을 쫓는 10센티미터 길이의 마다가스카르 휘파람바퀴벌레이다. 휘파람바퀴벌레가 애완동물로 귀여움을 받는 한 가지 이유는 그것이 갑옷 같은 외피로 덮여 있어서 만지거나 쓰다듬고 싶은 기분이 들기 때문이다. 하지만 다른 바퀴벌레들은 대부분 종잇장처럼 좁은 틈새도 쉽게 드나들 수 있도록 번들번들한 기름층으로 뒤덮여 있다.

바퀴벌레들 중 생리학적으로 가장 정교한 것은 디플로프테라 푼크타타(*Diploptera punctata*)라는 학명을 가진 종이다. 그 바퀴벌레의 암컷은 유충을 알집 속에 넣어두지 않고 직접 품고 다니며, 곤충 중에서 유일하게 새끼를 자궁에서 키우는 동물로 알려져 있다. 한 번에 열두 마리 정도의 새끼가 자랄 수 있는 주머니 속에서는 바퀴벌레의 젖이라고 불리는 물질이 분비되는데, 그 물질은 포유류의 젖처럼 단백질, 탄수화물, 지방이 풍부하다. 유충의 소화관이 완전히 자라면 어미는 젖을 분비하고, 새끼들은 주머니 속에 앉아서 입으로 젖을 받아먹고 소화시킨다.

그러나 어미가 새끼를 보살피는 방식을 다양하게 진화시킨 바퀴벌레들이 있는가 하면, 풍부한 생식력과 행동의 융통성을 극대화시키는 쪽으로 진화한 종들도 있다. 인간의 해충이 된 바퀴벌레들이 바로 이런 부류이다. 해충으로 분류된 바퀴벌레들은 20종류뿐인데, 이 중에서 흔히 볼 수 있는 종은 독일 바퀴벌레와 미국 바퀴벌레이다. 7센티미터 크기의 미국 바퀴벌레는 플로리다에서는 야자수벌레로 불리고 뉴욕에서는 물벌레로 통한다. 이 두 종류의 해충은 인간과 함께 살기 위한 전략이 큰 성공을 거둔 나머지, 이제 더이상 야생에서 독립적인 존재로 살아갈 수 없게 되었다. 과학자들은 야외에서 미국 바퀴벌레나 독일 바퀴벌레가 우연히 발견되면 그것들이 자유롭게 돌아다니는 종이라고 생각했지만, 그때마다 어김없이 근처 어딘가에 인간의 집이 있었다. 몸집이 작은 쪽인 독일 바퀴벌레는 특히 번식력이 뛰어나다. 그들은 삼 주마다 꼬박꼬박 30마리에서 40마리의 새끼 바퀴벌레를 번식한다. 번식을 억제하지 않으면, 한 마리의 독일 바퀴벌레 암컷이 이년의 수명 동안 약 4천만 마리의 새끼를 낳을 수 있다.

바퀴벌레는 빨리 성인기에 도달하며 허물을 자주 벗는다. 그 허물은 알레르기를 가진 사람들의 건강을 위협하고 있다. 약 1천5백만 명의 미국인들이 바퀴벌레 알레르기로 고생하고 있는데, 알레르기 증상은 사람의 면역 체계가 공중에 날아다니는 바퀴벌레 허물에 대해 과도한 방어를 취할 때 일어난다. 오랜 시간 동안 지속적으로 바퀴벌레의 허물에 노출되면 알레르기 증상은 악화되기 쉬워, 바퀴벌레를 연구하는 곤충학자들이 몇 년 동안 연구에 전념하다 보면 호흡이 가빠지거나 피부에 뽀루지가 생기거나 부비강염이 생길 수 있다고 한다.

바퀴벌레는 알레르기뿐 아니라 불쾌한 미생물들을 등에 짊어지고 전파할 수 있다는 가능성 때문에 야생 상태의 바퀴벌레를 좋아하는 곤충학자들까지도 그 해충들을 쫓아버릴 묘안을 궁리한다. 바퀴벌레가 어디에 왜 모여드는지 알아내기 위해 과학자 한 팀이 완벽한 모형 집을 만들고, 2백 개의 센서를 장치하여 65밀리초(1밀리초는 천분의 1초—옮긴이)마다 벽 뒤, 싱크대 밑, 서까래 속 등 가능한 모든 지역을 탐색했다. 실험 결과, 환기를 잘 시키는 것이 바퀴벌레를 쫓아버리는 최고의 방법이라는 사실이 밝혀졌다. 바퀴벌레는 공기의 흐름을 통해 짝의 화학적 신호를 감지하는데, 만약 공기의 흐름이 바람에 가까울 정도로 빨라지면 바퀴벌레의 몸뚱이를 감싼 코팅이 순식간에 말라서 죽게 된다. 따라서 가장 좋은 바퀴벌레 퇴치 방법은 부엌 창문을 열어두거나 찬장이나 싱크대 밑에 작은 팬을 설치해두는 것이다.

다른 방법으로 바퀴벌레를 없애려면 레이드나 블랙플래그와 같이 깡통에 든 기존의 분사식 살충제와는 전혀 다른 새로운 살충제가 필요하다. 기존의 살충제는 바퀴벌레의 신경세포를 마비시키는 강력한 신경독성물질인 유기인산염과 카르바민산염을 주원료로 만들어진 제품이다. 그러나 그 독들은 신경 체계의 한 요소에만 작용하는데, 그런 공격에 대해 태어날 때부터 저항력을 갖고 있는 바퀴벌레들도 있었다. 그리고 저항력 있는 벌레들은 당연히 살아남아서 저항력 있는 자손을 번식시켰다. 하지만 새로 개발된 살충제는 보다 광범위하게 작용하는 것 같다. 그것들은 바퀴벌레의 생리적 기능에 다양한 해를 끼치기 때문에 그 재앙에 맞서는 데 필요한 유전적 특징들을 모두 가지고 있는 바퀴벌레는 한 마리도 없을 것 같다. 예를 들어 컴배트 속에 들어 있는 활성성분은, 세포가 저장된 에너지를 사용하는 생화학적 과정의 여러 단계를 방해한다.

어쩌면 그보다 더욱 중요한 사실은, 독성은 낮은 농도에서 더 효과적이라는 것이다. 바퀴벌레가 그 화학물질에 내성을 키우기 어렵다면, 그것은 독약이 든 미끼를 먹고도 살아남은 극소수의 바퀴벌레들마저 불임이 되기 때문일 것이다. 즉 이 바퀴벌레들은 이전의 살충제를 극복해낸 바퀴벌레들처럼 자손에게 해독 능력을 물려주지 못하는 것이다.

그러나 지금 컴배트가 막강한 위력을 떨치고 있다 해도 궁극적으로 누구에게 승산이 있는지는 명심해야 한다. 바퀴벌레는 천문학적인 번식력을 갖고 있으며 수명이 짧다. 그리고 바퀴벌레들은 이미 수천 년 동안 우리와 함께 살아왔다. 그들은 참을성이 많다. 그래서 도시인들이 새로운 살충제가 앞으로 수십 년 동안 효과가 있기를 기도하는 동안, 우리는 우리가 믿는 신이 길고 흰 수염을 가진 지혜로운 노인의 얼굴을 갖고 있는지, 아니면 머리를 살짝 수그리고 있는지 한 번쯤 생각해보아야 한다.

피트바이퍼 : 기묘하고 화려한 독사

여러분도 화가 난 방울뱀을 똑바로 응시해서는 안 된다는 것쯤은 다 알고 있을 것이다. 하지만 막상 방울뱀을 만났을 때 이성적인 두뇌는 "바보야, 얼른 비키지 않고 뭐해?" 하고 말하지만 원시적인 두뇌는 단순히 "아아아!" 하고 비명을 지를 뿐이다. 게다가 방울뱀의 방울 소리를 들으면 한층 더 기가 꺾인다. 방울뱀은 손톱 같은 것으로 만든 작은 캐스터네츠가 소리내는 것 같은 소름끼치는 진동음을 일 초에 50회나 낸다. 방울뱀 연구의 세계적인 권위자인 버클리 대학의 해리 그린(Harry Greene) 박사는 방울뱀이 들어 있는 실험실용 우리를 갖고 있는데, 방울뱀이 사람을 공격하거나 도망칠 수 없도록 고안된 것이다. 그래서 나는 잠시 머뭇거리는 손길로 방울뱀의 꼬리와 엉덩이 부분을 토닥였다. 그리고 나자 본능적인 두려움이 잦아들었고, 방울뱀의 사나운 아름다움이 눈부시게 부각되었다. 맥박이 뛰노는 깨끗한 근육질의 몸뚱이, 왕자처럼 당당한 표정. 나는 뱀의 얼굴에서 눈을 뗄 수가 없었다. 날름거리는 갈라진 혀, 눈꺼풀이 없는 노란 눈. 저런 얼굴을 과연 어디서 보았겠는가? 나는 이 귀여운 방울뱀에게 한 발짝 더 다가갔다.

그린 박사는 내 옆에서 즐겁게 이야기를 늘어놓았다. 그는 뱀의 훌륭함을 칭찬하고, 뱀을 무서워하는 사람들이 뱀을 좋아하게 만들 계획을 이야기했다. 그리고 언젠가는 미국의 보통 사람들이 여름 휴가 때 가족과 함께 숲 속의 방울뱀 굴을 탐사하러 가게 되는 것이 자신의 희망이라고 털어놓기도 한다. 나는 그에게 여행사에 이야기해보겠다고 했다.

그린 박사는 피트바이퍼를 전문적으로 연구하는 파충류 학자들의 모임에 참여하고 있는데, 규모는 작지만 열정적인 모임이다. 피트바이퍼류에는 다이아몬드방울뱀, 늪살모사, 아메리카살모사, 방울뱀 등 사람들에게 혐오감을 주는 뱀들이 포함되어 있으며, 그 뱀들은 공통적으로 얼굴에 두 개의 곰보자국(pit)이 있어서 피트바이퍼(pit viper)라는 과(科) 명칭으로 묶여 분류되었다. 그 동안 생물학계의 주류는 포유류, 새, 심지어 곤충까지도 중요하게 여겼지만 땅에 배를 붙이고 기어다녀야 하는 파충류는 무시해왔기 때문에 피트바이퍼 생물학은 최근에 와서야 자신의 입지를 인정받게 되었다. 피트바이퍼의 연구를 통해 드러난 뱀의 초상은 화려하고도 사나운 연인이자 자연에서 가장 복잡한 화합물인 독액을 내뿜는 살인자이며, 미끈한 유선형의 몸체와 세련된 적응 형태를 가진 진화의 본보기이다. 뱀말고 어느 동물이 "엄마, 보세요. 나는 손이 없어요. 발도 없고요. 이도 없어요"라고 말할 수 있겠는가.

과학계에 새로운 바람이 불 때는 항상 새로운 기술이 뒷받침된다. 뱀의 연구가 급증한 것도 예외는 아니다. 최근 방사능 원격측정법이 발전했기 때문에 생물학자들은 피트바이퍼에게 소형 방사능 꼬리표를 붙여서 소리없이 기어다니는 그 생물이 어디에 숨어도 추적할 수 있게 되었다. 과거에는 똑같은 뱀이 다시 발견되는 일이 거의 없었지만, 원격측정법을 사용함으로써 파충류 학자들은 제인 구달(Jane Goodall)이 자신의 침팬지를 알아보듯 뱀 한 마리 한 마리를 상세히 파악할 수 있게 되었다.

와이오밍 주의 대초원에 사는 방울뱀을 추적한 과학자들에 따르면, 수컷은 짝짓기 기간이 되면 매일 아침 자신의 굴에서 나와서 교미할 암컷을 찾아 왕복 5킬로미터의 힘든 여행을 한다고 한다. 이때 수컷은 일직선으로 기어가는데, 그 자취가 얼마나 곧은지 설계사가 자를 대고 반듯하게 그려놓은 것 같았다. 뱀들은 연못이나 바위를 우회하기 위해 진로를 벗어나야 할 때에도 장애물을 지나자마자 원래대로 곧게 나아간다.

컴퓨터 모의 실험 결과에 따르면, 뱀이 그렇게 강박적인 행동을 보이는 데는 근본적인 이유가 있다. 암컷들은 일정치 않게 무리를 지어 돌아다니면서 떼지어 다니는 설치류를 잡아먹는다. 암컷과 만나기를 열망하는 수컷은 이쪽저쪽 지그재그로 기어가지 않고 일직선의 길을 따라감으로써 짝을 만날 기회를 효과적으로 활용한다. 진로가 직선에 가까울수록 짝과 마주칠 가능성이 높아지는 것이다.

그리고 암컷과 맞닥뜨리면 수컷은 자신이 멋지게 보이도록 수완을 발휘하기 시작한다. 수컷이 애인을 발견할 때면 꼭 다른 경쟁자가 있기 마련이라서, 바로 그 장소에서 경쟁자와 의례화된 전투를 한다. 그 대결은 결코 육체에서 분리된 팔이 벌이는 팔씨름과 같은 모습이 아니다. 카두케우스* 지팡이에 조각된 두 마리의 뱀처럼 수컷들은 몸을 곧추세워 서로의 목을 감으면서 상대방을 땅에 눕히려고 애쓴다. 그

들은 말을 타고 싸우는 기사들처럼 신사적이다. 독이 든 이빨을 드러
내지 않은 채 몇 시간이고 싸우는데, 이 맞대결은 종종 무승부로 끝
나기도 한다. 그러나 패배한 뱀에게 화가 있으리. 싸움에서 진 아메리
카살무사 수컷은 얼마나 풀이 죽는지, 그 뒤로 며칠 동안은 평소 같
으면 싸움을 걸어올 엄두도 내지 못할 힘없고 작은 수컷과 싸워도 이
기지 못한다. 싸움에서 진 수컷들이 이렇게 가엾은 꼴을 보이는 이유
는 호르몬 수준에 변화가 생기기 때문이다. 수컷에게 거칠고 사나운
공격성을 부여해주는 테스토스테론의 양이 줄어들고 코르티솔 스트
레스 호르몬이 현저하게 상승하는 것이다. 아메리카살무사 암컷이 수
컷의 패배자 증후군을 이용하는 경우도 있다. 교미할 만한 수컷에게
다가갈 때 수컷 흉내를 내며 금방이라도 덤벼들어 싸울 듯이 몸을 곧
추세운다. 그 위협 동작에 겁을 먹으면, 암컷은 그 수컷이 패배자이며
제 새끼들의 아버지가 될 자격이 없다고 판단하여 구애를 거절한다.
암컷은 대부분 승리자하고만 짝짓기를 한다.

그러나 짝짓기는 좀처럼 드문 일이다. 암컷은 대부분 기껏해야 삼
년에서 오 년에 한 번씩 새끼를 낳는다. 그 때문에 임신 가능한 암컷
이 무척 귀하고, 수컷들은 암컷을 차지하기 위해 온 힘을 다해 싸운
다. 봄에 배란기의 암컷이 굴 밖으로 나오면, 수백 마리의 수컷이 기
다리고 있다. 이것이 '치열한 짝짓기 대회'라고 불리는 집회이다. 암
컷이 모습을 드러내면 수컷들의 격렬한 승부가 시작된다. 몇 시간, 혹
은 며칠간 계속된 싸움 끝에 승자가 가려지면, 승자는 암컷에게 다가
가 부드럽게 턱을 비비고 혀를 날름거리며 구애를 한다. 결국 그 수

---

* Caduceus, 그리스 로마 신화에 등장하는 신의 사자(使者) 헤르메스가 들고 다녔던 지
팡이. 반대 방향으로 휘감겨 올라가 꼭대기에서 서로 머리를 맞댄 두 마리 뱀이 장식되
어 있다.

컷은 보상으로 교미를 할 수 있게 된다. 교미 행위는 그 자체만으로 몇 시간에서 며칠간 계속된다. 수컷은 헤미페니스(hemipenes)라는 두 갈래로 갈라지고 가시가 돋친 생식기의 한쪽을 암컷에게 삽입한 채 암컷과 엉겨서 교미를 한다.

뱀의 엄청난 힘은 성교에만 한정되지 않는다. 사냥꾼 뱀이 화학물질을 감지하는 능력은 동물의 왕국에서 가장 탁월한 것으로 알려져 있다. 뱀은 순식간에 먹이를 공격하는데, 그 짧은 순간에 갈라진 혀로 생물의 냄새를 맡아 특징적인 화학적 신호를 감지한다. 냄새 분자는 혀에서 서골코기관(VNO, vomeronasal organ)이라는 한 쌍의 감각샘으로 전달된다. 뱀의 입천장에 있는 그 서골코기관에서 화학적 기억이 생성된다. 그래서 뱀에게 물린 동물이 떠돌아다니다가 죽어도, 뱀은 그 동물이 어디에 쓰러져 있든지 간에 추적할 수 있다. 연구자들은 피트바이퍼에게 설치류를 맛보게 한 다음 그 냄새를 씻어내보았다. 그러나 수천 번 씻어도 뱀의 추적을 따돌릴 수 없었다.

또한 피트바이퍼의 독은 보다 나은 해독 치료약을 만들기 위해 독의 성질을 밝혀내려고 하는 독물학자들이 연구해볼 만한 대상이다. 미국에서는 해마다 약 8천 명이 피트바이퍼에 물리는데, 대부분은 길가에서 나타난 뱀을 놀리거나 거칠게 대하는 술 취한 젊은이들이다. 서부 지방의 주에서는 공연을 위해 전문적으로 뱀을 조련하는 사람들이 간혹 방울뱀한테 물려도 참고 지내다가 나중에 심각한 결과를 맞게 되는 경우가 있다. 그래도 그들은 귀찮아서 의사한테 가지 않는 것을 남자다운 행동이라고 생각한다. 하지만 손가락만 살짝 물려도 손이 영원히 마비되는 수가 있다. 심하게 물리면 세포 조직이 광범위하게 파괴되거나 내출혈을 일으키거나 생명이 위독할 정도로 혈압이 낮아져서 죽기도 한다. 해리 그린 박사는 십대 시절에 아메리칸살무사에게 살짝 물린 것 외에는 한 번도 뱀에게 물린 적이 없었다고 한다. 그린 박사가 자신의 실험실에 있는 사진들을 보여주었는데, 그 사진 속의 사람들은 심하게 물린 탓에 다리, 팔과 성기가 검게 변하고 물집이 생기고 살이 썩어가고 있었다. 그의 말로는 뱀은 남이 자기를 만지거나 몹시 화가 난 경우가 아니면 사람을 물지 않는다고 한다. 그래서 뱀은 조심스럽게 존중하는 마음으로 다루어야 한다는 것이다.

독이 치명적인 이유는 한 번의 주입으로 여러 가지 임무를 수행하기 때문이다. 수십 가지의 신경독, 혈액독, 분해 효소로 이루어진 독은 먹이를 제압하고 죽일 뿐 아니라 먹이를 완전히 소화시키기도 한다. 뱀은 팔다리가 없기 때문에 나중에 먹기 위해 굴로 먹이를 가져올 수 없다. 그래서 다른 육식동물이 노리고 달려들기 전에 잡은 것을 그 자리에서 먹어치워야 한다. 피트바이퍼는 씹는 이빨이 없기 때문에 먹이를 통째로 삼키는데, 이때 자기 몸의 한 배 반이나 되는 동물도 들어갈 수 있도록 몸 속의 공간을 넓힌다. 그리고 나서 뱀은 며칠 혹은 몇 주에 걸쳐 뱃속에서 먹이를 소화시킨다. 따라서 뱀의 독에 생물을 분해시키는 효과가 없다면, 먹이는 뱀의 뱃속에서 썩고 말 것이다.

피트바이퍼가 가장 화려한 뱀은 아니다. 산호뱀은 훨씬 더 화려하다. 하지만 금빛, 갈색, 연두, 검은색과 황갈색의 황홀한 색채 때문에 피트바이퍼는 매끄럽고 관능적으로 보인다. 144종에 달하는 피트바이퍼는 대부분 아메리카 대륙에서 사는데 아시아에서 사는 종도 있다. 피트바이퍼는 살기 좋은 풀밭과 들판은 물론이고 황량하기 짝이 없는 사막과 축축한 아마존의 열대우림 지역에서도 번성한다. 그들은 지상이나 지하에서도 살고 나무 위에서도 산다. 짧고 통통한 피트바이퍼도 있고, 길고 가느다란 피트바이퍼도 있다. 겨울 동안 피트바이퍼는 혼자서, 또는 큰 굴에서 수백 혹은 수천 마리가 얽혀서 겨울잠을 잔다. 그런 경우에는 서로의 체온을 1도에서 2도 정도 더 따뜻하게 유지시킬 수 있다. 과거에 목장 주인이나 농부들이 뱀이 겨울잠을 자는 동굴을 찾아내어 잠자던 뱀들을 태워 죽이거나 폭약을 터뜨려 죽이곤 했다. 지금은 대부분의 주에서 그런 행위가 불법화되었지만, 아직도 몇몇 종류의 피트바이퍼는 멸종 위기에 처해 있다.

피트바이퍼들은 두 가지 두드러진 특징을 공유하고 있다. 그것은 흔들리는 방울과 얼굴에 움푹 파인 곰보자국이다. 그 자국은 뼈 속의 함몰된 부분에 지각신경세포들의 얇은 막이 덮인 것이다. 그 지각신경세포는 주위에서 방출되는 열을 탐지하는 일종의 렌즈 역할을 한다. 신경섬유막에서 탐지된 적외선 신호는 눈으로부터 시각적인 정보를 받아들이는 뇌의 부위로 전달되어 시각적인 이미지를 강화시키는 열 이미지를 형성한다.

그러나 이러한 전통적인 가설이 틀릴 수도 있다. 연구자들은 오랫동안 피트바이퍼의 곰보자국이 온혈동물을 사냥하는 데 도움이 된다고 생각했다. 하지만 최근에 친척간이면서 곰보자국이 없는 바이퍼와 피트바이퍼의 생태를 비교해본 결과, 적외선 탐지 능력은 공격이 아니라 방어를 위해서 필요한 것으로 밝혀졌다. 피트바이퍼는 접근하는 동물이 발산하는 열 정보를 통해 위협해서 쫓아버릴 수 있는 작은 동물인지, 있는 힘껏 도망쳐야 하는 상대인지 판단한다. 이 새로운 이론의 주창자인 해리 그린은 피트바이퍼와 곰보자국이 없어서 적외선을 감지하지 못하는 바이퍼가 사냥 습관이나 먹이 습관에서 다른 점이 하나도 없다는 사실을 지적했다. 두 유형의 바이퍼는 똑같이 설치류와 작은 포유류를 좋아하며 사냥할 때에는 잠복하고 있다가 먹이를 잡는다.

뱀은 다양한 방어 전략을 갖고 있다. 곰보자국이 없는 바이퍼는 재빨리 물러날 수 있는 능력이 있다. 그들은 일반적으로 현란한 줄무늬를 자랑하는데, 그 무늬는 시각적으로 환각을 불러일으켜서 보는 것도 잡는 것도 힘들게 만든다. 또한 바이퍼는 방울을 갖고 있어서 침입자에게 자신이 몸을 꼿꼿이 세우고 공격할 것이라고 경고한다. 하지만 피트바이퍼는 위험을 느꼈을 때 방울 소리를 낸다. 그들의 몸은 대개 얼룩 반점으로 덮여 있는데, 그런 무늬는 도망치는 데 시각적으로 도움이 되지 않는다.

이들이 위험에 대해 다른 방법으로 대처하는 것은 이유가 있다. 곰보자국이 없는 바이퍼의 어미는 알을 보호하기는커녕 은밀한 장소를 찾아 알을 낳고는 알이 부화되든 잡아먹히든 상관하지 않는다. 이에 반해 피트바이퍼는 새끼들이 태어날 때까지 대개 며칠에서 몇 주까지 주위에 머무르며 알 무더기를 지킨다. 뱀의 알은 자연에서 그 진가가 인정된 맛있는 음식인 탓에 어미 뱀은 불침번을 서는 동안 많은 위협을 받을 게 뻔하다. 만일 어미 뱀이 자신과 새끼들을 보호하는 행운을 얻으려 한다면, 위험을 탐지하고 침입자가 모습을 드러내기 전에 그 덩치를 평가할 수 있는 방법이 있어야 한다. 피트바이퍼는 다가오는 적의 체온을 감지함으로써 저항해보아도 소용없을 테니 도망치는 편이 현명한지, 몸을 흔들고 방울 소리를 울리며 공격하는 것이 나은지 결정할 수 있는 것이다.

적응

• 놀이는 중요하다　• 호르몬과 하이에나　• 멸종 위기에 처한 영장류
• 바다 속의 수많은 물고기들　• 추적자 치타　• 벌처럼 부지런하다?　• 오직 인간만이……

놀이는 중요하다

사랑도 그렇고 유쾌한 농담도 그렇지만, 놀이 또한 굳이 설명할 필요가 없는 활동인 듯하다. 직접 참가하는 당사자에게는 물론이고 지켜보는 이에게도 순연한 즐거움을 가져다준다. 그 점만으로도 놀이는 충분히 존재할 가치가 있는 기쁨의 행위이다. 온 세상은 넓디넓은 놀이터이다. 동물학자들은 동물들이 노는 모습을 관찰하고 기록했다. 새끼 고래가 어미의 꼬리 주위를 맴돌면서 코끼리처럼 둔한 몸짓으로 물 속에서 데굴데굴 구르고 물위로 펄쩍펄쩍 뛰어오르는 모습, 어린 불곰이 이빨 사이에 꽃을 꺾어 물고 스페인의 무희처럼 거침없이 들판을 가르며 뛰어다니는 모습, 이런 것들을 기록한 연구자들의 글에도 그들이 느낀 기쁨이 드러나 있다.

그러나 생물학적 영역에서 놀이가 어떻게 발전했는가 하는 문제와 어째서 수많은 포유류와 조류, 심지어 몇몇 어류와 파충류까지도 놀이를 좋아하는가 하는 문제는 쉽사리 밝혀지지 않고 있다. 필요해서

한 일이 즐거움을 남겨준다면 그 일을 자꾸 하려고 하기는 하겠지만, 자연계에서는 재미있다는 이유만으로 어떤 일이 일어나지는 않는다. 놀이는 삶에 활력을 불어넣어주는 활동이라 여겨지지만 그 대가도 만만치는 않다. 가지뿔영양과 노르웨이레밍의 새끼, 인간의 어린이 등 자연계에서 가장 놀기 좋아하는 어린 동물들은 생명을 유지하는 기초 대사에 쓰고 남은 열량의 20%를 놀이에 소비한다. 놀이를 공식적이고 딱딱한 말로 정의한다면 '목적 없는 임의의 활동'이라 할 수 있다. 이 '목적 없는 임의의 활동'에 그만한 에너지가 소비된다는 것은 엄청난 일이다. 놀이에 투여된 에너지는 성장을 촉진시키는 데도 쓰이지 않고, 모든 생물체의 궁극적인 목적인 자손의 번식에도 쓰이지 않는다.

그뿐이 아니다. 뛰어오르고 던지고 달리고 물면서 젊음의 활기를 발산하는 놀이에 몰두해 있는 동물들은 다치거나 위험에 노출될 우려가 많다. 놀이를 즐기는 동안 포식자의 눈에 띌 수도 있고, 나무 꼭대기나 물가나 창틀 같은 곳에서 놀다가 위험에 빠지기도 하고, 놀이 상대의 이빨이나 발톱에 상처를 입기도 한다. 이 모든 것을 고려해볼 때, 놀이가 동물의 성장과 활동에 중요한 역할을 하지 않는다면 놀이를 즐기는 성향은 진화 과정에서 도태되었을 것이다.

최근에 과학자들은 놀이가 가진 이러한 위험을 고려하면서 좀더 정밀한 연구를 하기 시작했다. 이전의 인상주의적 관찰 방식을 탈피하여 놀이의 생리학과 심리학, 다시 말해 '놀이가 동물의 신체와 뇌와 행동에 어떤 영향을 미치는가' 하는 문제를 엄밀하게 연구한 것이다. 그 결과 과학자들은 동물이 놀이에 가장 열중해 있을 때 뇌세포가 시냅스들을 활발히 연결시켜 뇌세포간에 전기 화학적 메시지를 전달해주는 신경망이 빽빽해진다는 사실을 입증했다. 동물이 즐겁게 놀이에 빠져드는 어린 시절에 소뇌에 있는 시냅스가 왕성하게 활동을 한다. 잘 알다시피 소뇌란 조절과 균형과 근육 통제를 담당하는 꽃양배추 모양의 기관이다. 놀이에 동반하는 격렬한 감각적 물리적 자극은 이 소뇌에 있는 시냅스들의 연결을 촉진함으로써 놀이를 하는 동물의 운동 능력을 발달시킨다. 소뇌뿐만 아니라 뇌의 다른 부분들도 놀이에서 얻어지는 자극으로 성장이 촉진된다. 영장류와 돌고래처럼 뇌가 큰 동물들이 놀이를 유난히 좋아하는 것도 그 때문이다. 이 동물들의 뇌는 어미의 몸 속에 있을 때뿐 아니라 태어난 뒤에도 한동안 성장을 멈추지 않기 때문에 외부로부터 자극을 많이 받아야 한다.

게다가 놀이를 할 때는 온몸을 쉬지 않고 움직여야 하므로 근육 조직 또한 성숙된다. 놀이는 다양한 형태의 신경신호들을 근육에 전달함으로써 근육 수축을 가속화시키는 속근섬유와 산소 소비량 증가를 활성화시키는 지근섬유를 골고루 성장시킨다. 연구에 따르면 새앙쥐, 시궁쥐, 고양이뿐 아니라 기린 같은 동물도 놀이를 즐기는 성장 단계에 있을 때 근섬유가 가장 활발하게 성장하고 분화한다.

이렇듯 놀이는 뇌와 근육을 성장시키기 위해 발전했지만, 그것말고도 좀더 심오한 다른 목적들도 갖고 있다. 어린 동물들은 놀이를 통해 어른이 되었을 때 필요한 다양한 행동 양식들을 미리 연습한다. 많은 종의 동물들이 제각기 자기 목적에 맞게 고도로 의식화된 놀이들을 개발했다. 영양이나 양과 같은 초식동물의 새끼들은 가상의 맹수로부터 달아나는 거짓 도주 놀이를 즐긴다. 그것은 자신의 힘으로 안전하게 살아가기 위해 반드시 익혀야 할 능력이다.

사자, 호랑이, 표범, 늑대, 하이에나와 같은 육식동물의 새끼들은 슬그머니 다가가기, 달려들기, 물어뜯기, 앞발 휘두르기, 땅바닥에 내던지기, 으르렁거리기 등 사냥 놀이를 한다. 어린 박쥐들은 커다란

호(弧)를 그리며 열을 지어 급강하하는 놀이를 한다. 이것은 성장한 박쥐들이 곤충을 몰래 습격하여 잡을 때 쓰는 방법과 비슷하다. 개미핥기는 뇌와 척수에 회백질이 없어서 지능이 무척 낮은 편이지만, 개미핥기의 새끼들은 '으름장놓기'라고 부를 만한 발전된 형태의 놀이를 즐긴다. '으름장놓기'란 고양이처럼 온몸의 털을 곤두세우고 한쪽 앞발을 치켜든 채 나머지 세 발로 경중경중 뛰어다니며 겁을 주는 놀이이다. 이때 물론 무서운 기세로 으르렁댄다. 어린 개미핥기는 생후 이 개월 무렵에 반복적으로 이 놀이를 한다. 이 놀이를 익혀야 포식자들이 함부로 덤벼들지 못하게 하고, 다른 개미핥기가 자기가 찾은 개미집 근처에 얼씬거리지 못하게 할 수 있기 때문이다. 바다거북은 냉혈동물이기 때문에 활동력이 떨어지지만 그렇다고 놀지 않는 것은 아니다. 새끼 바다거북은 서로 돌아가며 앞발을 들어 상대의 얼굴을 재빨리 탁탁탁 때린다. 이것은 수컷들이 구애 기간에 하는 동작이다.

동물들은 짝짓기와 부모 역할을 연습하는 놀이도 많이 한다. 연구자들은 어린 시궁쥐에게 새끼를 보살피게 하는 실험을 통해 놀이와 부모 행동이 어떤 관계가 있는지 조사해보았다. 과학자들은 사람 나이로 일곱 살에 해당하는 생후 삼 주 된 어린 시궁쥐를 갓 태어난 새끼 쥐들과 섞어놓았다. 어린 시궁쥐는 처음에는 그 핏덩어리들을 친구로 여기고 팡팡 때리며 놀이에 동참시키려고 했다. 짚더미 위에 올라가 혼자서 깍깍 소리를 질러대기도 했다. 그러나 며칠이 지나자 어린 시궁쥐는 마음을 돌려 부모 노릇을 하기 시작했다. 새끼 쥐들이 기어나가려고 하면 조심스레 도로 데려오고 심지어 새끼 쥐들을 안고 어르기까지 했다. 쥐의 놀이 행위는 대단히 유동적이어서 조건에 따라 다양하게 바뀐다. 이 경우에 어린 시궁쥐는 치고 받는 수선스러운 놀이에서 부모 역할 놀이로 옮겨갔다.

집단생활을 하는 동물들에게는 놀이가 집단생활에 대한 적응력을 키워주는 역할도 한다. 어린 동물들은 놀이를 하면서 지나치게 이기적이거나 사나운 성향들이 사라지거나 줄어들게 된다. 히말라야원숭이나 다람쥐원숭이는 생후 삼 개월부터 깨어 있는 시간의 절반 가량을 놀이에 할애한다. 놀이 시간이 많은 원숭이일수록 성장한 후 무리에 잘 적응한다. 승부 경기를 통해 물러설 때와 나아갈 때를 배우고 깨끗이 패배를 인정하는 법을 배운다. 영장류의 놀이는 성에 따라서도 달라진다. 수컷은 맞붙어 싸우는 놀이를 좋아하고, 암컷은 술래잡기 놀이를 좋아한다.

어려서 많이 놀지 못했다고 해서 반드시 집단의 하위 계급이 되는 것은 아니지만, 그런 원숭이는 다른 원숭이들과 잘 협력하지 못하고 이성에게 구애를 하는 데도 서툴게 마련이다. 원숭이에게 놀이란 기계적인 삶과 유쾌한 삶을 가르는 결정적인 요인인 듯하다.

집단생활을 하는 동물들 가운데 거친 성격을 가진 동물들은 성장한 뒤에도 어린 동물들처럼 뛰어 놀면서 유대를 다진다. 페커리과의 대단히 공격적인 동물 목도리페커리는 한 주에 서너 차례씩 떼를 지어 광포한 놀이에 뛰어든다. 한 마리 또는 여러 마리의 목도리페커리가 냄새를 풍기면, 목도리페커리들은 포식자의 눈에 띄지 않을 장소를 고르고, 풀과 나무를 짓뭉개 놀이터로 만든다. 장소가 정해지고 신호 소리가 울리면, 목도리페커리들은 아이 어른 할 것 없이 서로 달려들어 물고 넘어뜨리고 상처를 입히고 괴성을 지르고 펄쩍펄쩍 뛰며 논다. 그리고는 『이상한 나라의 앨리스』에 나오는 코커스 경주처럼 느닷없이 이 요란스러운 집단 놀이를 끝내고 한적한 곳을 찾아가 낮잠을 잔다. 목도리페커리는 놀이를 통해 집단의 응집력을 키운다. 그 때문에 자기 집단에 대한 애착은 강하고 다른 집단에게는 무조건 적대적이다. 이렇게 의식화된 놀이가 배타적인 집단 정신을 고취시키는 것이다.

성장한 동물들은 인간의 성인들만큼이나 격식을 중요시하기 때문에 잘 놀지 않는다. 그런데 과학자들은 한때 인간만이 한다고 생각했던 부모와 자식 간의 놀이를 다른 동물들도 한다는 사실을 밝혀냈다. 알래스카의 새끼 불곰들은 제 또래의 곰들과 노는 것 못지않게 어미하고도 자주 논다. 불곰들은 서로 꼭 껴안고 데굴데굴 구르는 놀이를 가장 좋아한다. 또 어미 고릴라들은 새끼들 몰래 숨어 있다가 '까꿍!' 하고 튀어나오는 놀이를 자주 하고, 어미 침팬지들은 새끼들에게 우스꽝스러운 표정을 지어 보인다.

놀이를 발전시키는 핵심적인 요소는 놀이 언어를 개발하는 것이다. 놀이 언어를 통해 동물들은 "놀자"라든가 "좀 천천히 해"라든가 "장난으로 그런 거야" 등의 의사를 표현하게 된다. 놀이 동작 중 상당 부분이 공격 동작과 비슷하기 때문에 놀이를 즐기려는 동물은 자신에게 공격할 의사가 없음을 분명히 밝혀야 한다. 그러한 의도를 밝히는 메시지는 때로 정형화된 형태를 띤다. 강아지는 우리가 익히 알다시피 앞다리를 구부리고 엉덩이를 뒤로 뺀다.

시궁쥐들은 자기들만의 고유한 놀이 신호를 갖고 있다. 무리의 한 시궁쥐가 후닥닥 내달리다가 멈춰 서서 벌렁 드러누우면 놀이가 시작된다. 이것은 자신의 취약점을 그대로 드러내는 신호이다. 그 시궁쥐에게 주사를 놓아 드러누우라고 명령하는 신경의 통로를 차단하면, 그 시궁쥐는 '놀자'라는 신호를 제대로 보내지 못하게 된다. 다른 시궁쥐들은 주사를 맞은 시궁쥐가 우리 이쪽저쪽을 마구 내달리는 모습을 보고 곧 드러누울 것이라고 기대한다. 그 시궁쥐가 끝내 드러눕지 못하면, 시궁쥐들은 경멸하듯 고개를 홱 젖힌다. 반에서 가장 모자라는 아이가 자기도 학급 대표 소프트볼 팀에 끼워달라고 사정할 때 소프트볼 선수들이 코웃음을 치는 것과도 흡사하다.

인간 어린이들의 놀이는 잔혹하고 위험스런 요소도 많지만, 목적이 복잡하다는 점에서 다른 어떤 동물들의 놀이보다도 뛰어나다. 어린이들은 수많은 놀이와 장난과 공상을 하며 성인이 되었을 때 필요한 여러 기술을 익힌다. 다른 동물들과 마찬가지로 어린이의 놀이도 강력한 생리학적 자극을 통해 신경세포간의 메시지 전달을 촉진시키고 각종 근육 조직을 성숙시킨다. 또 집단생활을 하는 동물들처럼 어린이도 놀이를 통해 서로 의사소통하는 법과 누군가에게 화가 치밀어도 무작정 덤벼들지 않고 즐거운 농담을 하며 냉정하게 겨루는 법 등 공동생활을 영위하는 데 필요한 기술을 습득한다.

어린이도 다른 영장류들처럼 성에 따른 분화가 뚜렷하여 놀 때에도 성별에 따라 각기 다른 놀이를 한다. 부모가 아무리 차분한 성격이라도 사내아이들은 몸을 부딪치는 전쟁 놀이나 씨름, 소리지르기 놀이 등을 좋아한다. 조금이라도 길쭉하게 생긴 물건이 사내아이들의 손에 들어가면 총으로 둔갑하기 일쑤다. 여자아이들은 전쟁 놀이를 하는 경우가 극히 드물고, 영장류의 어린 암컷들이 술래잡기 놀이를 즐기듯이 사방치기, 줄넘기, 술래잡기처럼 규칙이 정밀한 놀이를 즐긴다. 여자아이들은 어느 문화권에 속해 있든 인형을 가지고 놀거나 역할 놀이를 하면서 모성애를 기른다. 그러나 성에 따른 놀이 형태의 분화가 얼마만큼 선천적 기질에 기인하고, 얼마만큼 사회화 과정에 기인하는가는 결론을 내리기 어려운 문제인 듯하다.

인간 또한 놀이를 통해 언어를 익힌다. 갓난아기들은 옹알이를 하고, 걸음마 단계의 아이들은 단어를 조합하는 연습을 한다. 좀더 크면

이야기를 지어내고, 발음하기 어려운 단어들이나 수수께끼를 통해서 언어 자체를 즐긴다. 여자아이가 남자아이보다 말을 잘하는 경우가 많은데, 이것이 남녀의 두뇌 차이에서 비롯되는 것인지 어머니가 아들보다 딸과 말을 더 많이 하기 때문인지는 아직 알 수 없다. 인간이 다른 동물들과 구별되는 또하나의 특성은 부모와 자식이 놀이를 하면 부모가 주도권을 행사한다는 점이다. 다른 동물들은 새끼가 먼저 어미에게 장난을 건다. 그러나 인간의 아기는 한동안 혼자서는 아무것도 할 수 없기 때문에 부모가 놀이를 시작해야 한다. 부모는 아기의 발을 흔들고 배를 간질이거나, 열쇠 꾸러미를 짤랑거리고, 노래를 불러준다. 그리고 이도 없는 아기가 잇몸을 드러내며 웃으면 무한한 행복을 느낀다. 이런 놀이를 통해 유아는 신체와 두뇌에 자극을 받지만, 부모 자신도 지친 영혼의 휴식을 얻는다.

호르몬과 하이에나

　부스럼투성이 피부, 광견병에 걸린 개처럼 벌리고 있는 입, 기분 나쁜 울음소리, 썩은 고기를 게걸스럽게 먹는 모습…… 하이에나는 우리에게 남이 먹다 버린 짐승을 해치우는 기분 나쁜 청소부로 낙인찍혀 있다. 그러나 미국 버클리의 언덕 지역에 있는 얼룩하이에나의 생태 연구지에 가본 사람들은 다들 깜짝 놀란다. 하이에나가 근엄하기로 이름난 사자만큼이나 품위 있고 아름답게 느껴지기 때문이다. 하이에나의 짙은 갈색 얼굴은 곰과 설표*와 바다표범의 얼굴을 섞어놓은 듯 부드러우면서도 강하고, 친근하면서도 낯설다. 앞다리에 비해 뒷다리가 매우 짧아 먹이를 쫓아 먼 거리까지 달려가기에 유리하고, 가슴 근육과 목 근육이 대단히 발달해 있어 사냥개만한 몸집으로 아메리카들소만한 영양의 두개골을 단숨에 으스러뜨릴 수 있다.

---

　* snow leopard, 눈표범, 회색표범이라고도 한다. 표범을 닮았으나 몸이 작고 꼬리가 길며 굵다. 중앙 아시아의 고산지대에 6백 마리 가량 서식하고 있는 희귀 동물이다.

크로쿠타 크로쿠타(*Crocuta crocuta*)라는 학명을 가진 얼룩하이에나는 사냥 솜씨가 대단히 뛰어나, 맹수들이 먹다 남긴 썩은 고기를 먹고산다는 소문과 달리 세렝게티 평원에서 가장 무시무시한 사냥꾼으로 명성이 자자하다. 먹성도 아주 좋아서, 뿔의 끝 부분만 빼놓고 살과 뼈, 발굽, 이빨은 물론이고 털까지 먹어치운다. 얼룩하이에나 스물네 마리가 230킬로그램짜리 얼룩말을 삼십 분 만에 먹어치울 수 있다. 하이에나는 뼈를 많이 먹기 때문에 배설물이 분필처럼 희고 딱딱하다.

그러나 얼룩하이에나의 가장 큰 특징은 호르몬의 구성비가 특이하다는 점이다. 임신한 얼룩하이에나의 자궁은 남성호르몬, 그중에서도 특히 테스토스테론의 농도가 매우 짙다. 마치 남성호르몬이 가득한 욕조 같다. 그런 자궁 속에서 자라기 때문에 얼룩하이에나는 암수 모두 남성 생식기의 형태를 띤 생식기를 지니고 태어난다. 수컷은 표준 생식기를 지닌 채 태어나지만, 암컷은 페니스같이 생긴 커다란 클리토리스와 고환처럼 돌출되고 하나로 붙어 있는 음순을 지니고 태어나는 것이다. 이 때문에 얼룩하이에나는 암수 모두 발기를 할 수 있고, 별것도 아닌 일에 실제로 발기를 한다. 낯선 하이에나를 살펴보거나 동료 하이에나에게 인사를 할 때도 발기를 하곤 한다. 그러나 얼룩하이에나는 암수의 생식기 모양은 같아도 역할은 확연히 구별되고 주로 암컷이 무리를 이끈다.

포유동물 중에서 얼룩하이에나만큼 내분비계가 암컷의 생식기와 행동 형성에 큰 영향을 미치는 동물은 없다. 그러나 과학에서는 예외 때문에 법칙이 더욱 빛나 보이는 경우가 흔히 있다. 버클리의 언덕지대와 사하라 사막 남쪽 사바나 기후 지대의 관목숲에 사는 얼룩하이에나를 연구하는 학자들은 얼룩하이에나를 연구하면 생리학과 행동학의 많은 수수께끼들을 풀 수 있다고 장담한다. 특히 남성호르몬과 여성호르몬이 모든 포유동물의 생식기 발생에 어떤 영향을 미치는가 하는 문제를 확실하게 밝힐 수 있다고 한다. 하이에나의 호르몬 분비에 대한 연구가 진행됨에 따라 테스토스테론의 작용이 공격적인 행동 형성에 중심적인 역할을 한다고 보던 전통적인 견해가 이미 설 자리를 잃었고, 인간을 비롯한 수많은 동물들의 성격 형성에서 테스토스테론이 아닌 다른 호르몬이 포악성을 발생시키는 데 더 중요한 역할을 할지도 모른다는 의견이 차차 설득력을 갖게 되었다.

테스토스테론이 막강한 영향력을 행사하는 자궁 속에서 자란 새끼 얼룩하이에나들은 태어나면서부터 호전성을 발휘한다. 새끼 얼룩하이에나들은 포유동물의 새끼들 중에서 가장 사나운데, 싸움을 어찌나 좋아하는지 태어나자마자 서로를 공격해 한 놈을 죽음으로 몰아넣기도 한다. 그러나 갓 태어난 새끼들이 그토록 사나운 것은 체내 남성호르몬의 농도가 짙기 때문만은 아닌 듯하다. 암컷은 태어나면서부터 체내 테스토스테론의 농도가 급격히 옅어져 수컷보다 훨씬 낮은 농도를 유지하지만, 호전성과 배타성과 공격성은 자라면서 더욱 강해지기 때문이다. 나는 버클리의 연구소에서 기르는 하이에나들을 보러 간 적이 있는데, 암수 하이에나 한 쌍이 들어 있는 우리에 말고기 몇 점을 던져주니 암컷이 먼저 먹이에 덤벼들고 수컷은 암컷이 배불리 먹을 때까지 주위에 얼씬거리지도 않고 가만히 앉아 있었다.

얼룩하이에나의 암컷은 근육과 골격이 발달해 있고 무척 사납기는 하지만, 암컷으로서 해야 할 일들은 다 한다. 페니스처럼 생긴 클리토리스의 작은 구멍으로 수컷의 생식기를 받아들이고, 또 그 구멍으로 새끼를 낳는 것이다. 그런 광경은 관찰자들의 눈에, 특히 남성 관찰자들의 눈에 참으로 고통스럽게 비칠지도 모른다. 그러나 얼룩하이에나의 암컷은 적시적기에 에스트로겐의 분비가 증가하기 때문에 짝짓기나 출산을 하는 데 별 어려움을 겪지 않는다.

얼룩하이에나에 대한 연구는 종합적인 연구를 추구하는 연구자들의 구미에 잘 맞다. 생물학적 연구는 흔히 알고 있듯이, 연구 대상의 크기에 따라 각기 다른 관점을 갖는 양대 진영으로 나뉜다. 육안을 통한 연구와 현미경을 이용한 연구, 즉 유기체에 대한 연구와 분자에 대한 연구로 나뉘는 것이다. 현장 생물학은 서식지에서 고유의 언어로 고유의 리듬에 맞추어 살아가는 동물들의 복잡한 생활상을 보여준다. 이에 반해 실험실 생물학은 유전자, 단백질, 호르몬, 세포를 싸는 미끈거리는 지질처럼 대단히 정제된 특징적인 분자들의 세계를 보여준다. 얼룩하이에나에 대한 연구는 이 양대 진영의 결합을 꾀하는 몇 안 되는 시도 가운데 하나로, 얼룩하이에나의 행동에 영향을 미치는 호르몬과 유전자에 대한 생화학적 분석과 분자적 분석을 현장의 관찰과 결합시키고 있다.

이렇듯 연구 방식에 대해 서로 다른 견해를 가진 양 진영이 협력한다면, 또다른 연구 방식을 추구하는 집단이 등장한다 해도 다 같이 협력하여 상반된 성격의 남성호르몬과 여성호르몬이 우리의 체내에서 어떻게 작용하는지, 또는 어떻게 잘못 작용하는지를 명확하게 밝혀낼 수 있을 것이다. 가령 남성호르몬을 지나치게 많이 분비하는 여성들에게 일반적으로 나타나는 불임 증상인 다낭성난소증후군은 임신한 얼룩하이에나처럼 체내 남성호르몬의 농도가 짙기 때문인지도 모른다. 얼룩하이에나의 암컷이 고농도의 테스토스테론에 별탈 없이 적응하는 방식을 밝혀낸다면, 우리는 '남성호르몬이 여성의 인체에 미치는 영향'이라는 아직 밝혀진 바가 거의 없는 문제에 대해 좀더 자세히 알 수 있을지 모른다.

얼룩하이에나는 하이에나과에서 가장 수가 많고 흔하다. 하이에나는 개처럼 생겼지만 고양이에 가깝고 그중에서도 특히 몽구스와 사향고양이에 가까운 동물로, 네 종이 있고 그 가운데 얼룩하이에나만이 암컷의 생식기가 수컷의 생식기와 비슷한 형태를 지니고 있다. 얼룩하이에나는 암컷 생식기의 독특한 생김새 때문에 오랫동안 많은 이들의 관심을 끌어왔는데, 그 관심이란 것이 대개는 불유쾌한 것이었다. 12세기의 우화 작가들은 얼룩하이에나를 보고 "수컷인 척하다가 금세 암컷으로 변하는 지저분한 짐승"이라고 서술했다. 어니스트 헤밍웨이는 맹수 사냥에 빠진 사냥광이었으나 동물에 관한 지식은 상당히 부족했던 것 같다. 하이에나가 양성 동물이라는 무식한 말을 수차례 했기 때문이다. 1960년대에 이르자 과학자들은 암컷 하이에나의 생식기가 겉보기에만 수컷의 생식기와 비슷하다는 사실을 확신하게 되었다. 하지만 왜 암컷의 생식기가 수컷의 그것과 비슷한지를 설명해줄 생화학적 메커니즘에 대해서는 아직 밝혀지지 않았다.

1980년대 중반에 버클리의 생물학자들이 얼룩하이에나의 내분비계와 행동을 연구하기 위해 어린 얼룩하이에나 스무 마리를 아프리카에서 데려와 언덕 중턱의 큰 우리에 가둬놓고 길렀다. 하이에나들이 다 자라자 몸무게가 90킬로미터에 육박했고, 인간의 손에 사육되긴 했지만 무리지어 생활한 탓에 선천적인 포악성도 잃지 않았다. 그러나 자신들을 길러준 사육자의 말은 고분고분 잘 들었고, 사육자의 무릎에 올라가 뻣뻣한 털을 비비며 재롱도 떨었다. 그 하이에나들은 놀랐을 때만 물었다. 하지만 워낙 잘 놀라는 녀석들이라, 사육자들 모두 그 사실을 증명이라도 하듯 군데군데 상처가 나 있었다.

생물학자들은 우리에서 사육되는 하이에나와 아프리카에서 야생 상태로 살아가는 하이에나를 비교 연구한 결과, 하이에나가 엄격한

계급 제도를 갖고 있다는 사실을 발견했다. 지배 계급은 무리를 이끄는 암컷과 그 자식들로 구성되는데, 무리가 먹이를 먹을 때 제 아무리 힘센 수컷도 지배자인 암컷의 가장 약한 새끼에게 양보해야 한다. 1970년대부터 하이에나 떼를 따라다니며 연구한 생물학자들은 하이에나의 계급 제도가 세습성을 지니고 있다고 이야기한다. 맨 처음 여왕이 된 암컷의 후손들이 대를 이어 지배 계급을 이루고, 하위 계급에 속한 하이에나의 후손들은 수십 년이 지나도 하위 계급에서 벗어날 수 없다는 것이다. 하이에나의 세계에서는 예절도 계급 제도만큼이나 변하지 않는다. 두 마리의 하이에나가 만나면, 얼굴과 얼굴을 맞대지 않고 서로 반대 방향을 향해 놓여 있는 구두 상자 속의 구두처럼 엉덩이와 얼굴을 맞댄다. 이때 하위 계급의 하이에나가 한쪽 다리를 들어 자신의 생식기를 상위 계급 하이에나의 입에 갖다대는데, 이것은 취약한 부위를 드러내 신뢰를 표현하는 동작이다. 그러면 지배 계급의 하이에나는 부하의 경례를 받은 장교처럼 뒷다리를 근엄하게 들어 하위 계급의 하이에나에게 가도 좋다는 신호를 보낸다.

이렇게 늘어진 생식기를 보여주는 것이 하이에나의 사회생활의 핵심에 놓여 있지만, 그래도 '암컷 하이에나는 어떻게 남성 생식기와 모양이 같은 생식기를 갖게 되었을까?' 하는 궁금증이 점점 커진다. 포유동물의 경우 장차 수컷이 될 태아는 대개 미성숙한 정소의 도움을 받아 수컷의 생식기를 발생시킨다. 정소가 테스토스테론이라는 호르몬을 분비하여 생식기의 나머지 부분들을 발생시키는 것이다. 그러나 암컷이 될 태아는 대개 자체에서 조달할 수 있는 남성호르몬이 부족하기 때문에 유전 프로그램에 따라 생식기를 발생시킨다. 암컷이 여성 생식기를 지닌 채 태어나는 것은 태반이 테스토스테론의 자극을 차단시킨 결과이기도 하다. 포유동물은 암수 모두 반대 성의 호르몬을 어느 정도 보유하고 있기 때문에 임신한 암컷 또한 소량의 테스토스테론을 혈액을 통해 순환시킨다. 그러나 태반이 테스토스테론을 태아에게 해가 없는 여성호르몬의 한 형태로 변화시키기 때문에 테스토스테론이 태아의 생식기 발생에 영향을 미칠 수가 없다.

하지만 얼룩하이에나의 암컷은 평범한 암컷이 아니다. 어미 하이에나의 혈류 속에는 고농도의 안드로스테네디온이 순환한다. 이 호르몬은 난소에서 분비되는데 포유동물의 호르몬 중에서 아주 일반적인 호르몬이다. 내분비학 연구자들은 오랫동안 이 호르몬을 쓸모 없는 비활성 호르몬이라 여기고 간과해왔는데, 하이에나의 경우에는 이야기가 달랐다. 어미 하이에나의 태반은 어미의 호르몬을 차단하는 방패 역할을 하는 것이 아니라 오히려 테스토스테론의 선구물질인 안드로스테네디온을 흡수하여 그것을 다량의 테스토스테론으로 전환시키는 역할을 한다. 그래서 암컷이 될 태아와 수컷이 될 태아 모두 수컷이 될 태아가 자기 힘으로 생산해낼 수 있는 남성호르몬의 양을 훨씬 넘어서는 다량의 남성호르몬에 노출되는 것이다.

더구나 얼룩하이에나의 임신 기간은 다른 하이에나보다 훨씬 길어 110일 정도나 된다. 이것은 하이에나보다 덩치가 훨씬 큰 사자보다도 이 주일이나 긴 기간이다. 이렇듯 긴 임신 기간 동안에 암컷이 될 태아가 남성적인 생식기를 갖게 될 뿐만 아니라 암수 태아 모두 어미의 뱃속에서 성장을 한다. 너무 많이 성장하여 태어나는 바람에 어미의 출산 기관을 따라 내려오면서 어미의 클리토리스를 찢고 세상으로 나오는 경우도 있다. 새끼 얼룩하이에나는 근육이 발달되어 있고 이빨이 가지런히 나 있는 상태에서 두 눈을 뜨고 태어난다. 이 또한 갓 태어난 포유동물로서는 상당히 특이한 점이다. 어미의 뱃속에서 테스토스테론의 영향을 받으며 자라다가 공격을 감행할 수 있는 성숙한 몸으로 태어나기 때문에 얼룩하이에나는 태어나자마자 끔찍한 일을 저지르기도 한다. 새끼 얼룩하이에나는 일반적으로 두 마리가 한꺼번에 태어나지만 두 형제가 오랫동안 함께 지내지는 않는다. 갓 태어난 새끼들은 어미의 젖꼭지부터 찾는 것이 보통이지만 갓 태어난 하이에나는 함께 태어난 형제의 목덜미부터 찾기 때문이다. 보통 태어난 지 몇 시간도 안 되어 한 놈이 함께 태어난 다른 놈을 죽이는데, 이런 일은 성이 다른 새끼가 함께 태어났을 때 더욱 빈번하게 발생한다. 갓 태어난 새끼가 함께 태어난 형제를 죽이는 것은 다른 포유동물들 사이에서도 흔치 않은 일이다.

갓 태어난 새끼 하이에나가 그렇게 잔인한 행동을 하는 것은 전적으로 테스토스테론의 영향 때문인 듯하다. 그러나 새끼 하이에나가 성장함에 따라 호르몬 분비와 행동 양상이 더욱 복잡해진다. 새끼 하이에나는 암수 모두 혈액 속에 고농도의 남성호르몬을 지니고 있지만 암컷이 수컷보다 훨씬 거칠고 활동적인 놀이를 즐긴다. 새끼 암컷이 성적으로 성숙하여 혈중 테스토스테론의 농도가 수컷보다 낮아질 때도 지기 싫어하는 성격은 사라지지 않는다. 이렇듯 암컷이 일생 동안 공격성을 잃지 않는 것을 보면, 암컷 하이에나의 성격 형성에 테스토스테론이 아닌 다른 요소가 더 중요한 역할을 하고 있는 듯하다. 그렇다면 하이에나의 공격성을 유지하게 하는 요소는 무엇일까? 그것은 테스토스테론의 선구물질인 안드로스테네디온일 가능성이 높다. 암컷 하이에나는 혈중 안드로스테네디온의 농도가 높은데, 이 안드로스테네디온은 뇌에 테스토스테론과 유사한 작용을 할 수도 있다. 만약 이것이 사실이라면, 우리는 다른 포유동물의 암컷들이 공격성을 띠는 이유 또한 밝힐 수 있을 것이다. 인간을 포함한 영장류의 암컷들은 혈중 안드로스테네디온의 농도가 상당히 진하다. 어쩌면 그 때문에 혈중 테스토스테론의 농도가 남성들의 십분의 일밖에 안 되는 여성들이 특정 상황에서 엄청난 공격성을 띠게 되는 것일 수도 있다.

암컷 하이에나의 잔혹성 뒤에는 그 하이에나가 속한 무리의 무자비한 문화가 숨어 있다. 하이에나는 신선한 먹이를 발견하면 서로 먼저 먹으려고 달려들어 숨 돌릴 틈도 없이 먹어치운다. 골고루 나누어 먹는다거나 콩팥 따위를 남에게 건네주는 경우는 눈을 씻고 찾아봐도 없다. 하이에나 떼의 먹이 먹는 습성이 그렇듯 잔인하기 때문에 암컷 하이에나의 공격성이 발달된 것도 당연하게 여겨진다. 싸움을 벌이지 않으면 새끼들을 먹여 살릴 수가 없을 테니 말이다. 하이에나 집단에서는 암컷들이 사회의 중추 세력을 이루고 있다. 이모, 자매, 어미, 딸들이 무리지어 살고, 아비 노릇을 해줄 수컷 몇 마리만 무리 주위를 어슬렁거릴 수 있다. 하이에나의 수컷들은 청년기가 되면 대개 무리에서 쫓겨나고, 암컷들은 그런 수컷들이 자신들의 세력권에 발을 들이지 못하도록 경계를 늦추지 않는다. 이런 점에서 보면, 하이에나의 사회 구조 자체가 하이에나의 호르몬 상태에 영향을 미쳤고 그 호르몬 상태로 인해 암컷이 지배하는 사회가 탄생된 것일 수도 있다. 하지만 이 가정은 또다른 의문을 낳는다. 수많은 동물의 암컷들에게 수컷의 포악성은 커다란 고민거리다. 그런데 그 암컷들은 왜 하이에나의 암컷처럼 수컷보다 공격적으로 변하지 않았을까?

멸종 위기에 처한 영장류

 '아이아이(aye-aye)'라고 하는 마다가스카르손가락원숭이의 생김새
를 설명하려면 다른 것들과 비교하는 수밖에 없다. 몸집은 고양이만
하고, 귀는 박쥐의 귀처럼 생겼고, 코는 시궁쥐의 코처럼 생겼다. 꼬
리는 마녀의 빗자루 같고, 가운뎃손가락은 마녀의 손가락처럼 마디가
굵다. 이빨은 비버처럼 단단하고, 청개구리 같은 얼굴에 눈이 툭 불거
져나와 있다. 새끼 아이아이의 울음소리는 고무 인형을 눌렀을 때 나
는 소리 같다. 만약 낯선 사람이 새끼 아이아이가 귀엽다고 어르다가
조금 잘못하면 그 고약한 울음소리에 질리기 십상이다.

 내가 본 아이아이는 원래 서식지인 마다가스카르 섬을 떠나 우리에
서 태어난 첫 아이아이였다. 그 아이아이의 탄생은 최악의 멸종 위기
에 처한 영장류인 아이아이의 생존에 청신호를 보내는 사건이었다.
나는 태어난 지 삼 주밖에 안 된 그 아이아이를 받아 안고 살며시 쓰
다듬어보았다. 채 자라지도 않은 털, 풀려나려고 발버둥칠 때 느껴지

는 근육의 움직임, 겁을 먹어 콩닥거리는 심장의 가는 박동 소리……
정말로 경이로운 느낌이 들었다.

듀크 대학 영장류 센터의 연구원들은 새끼 아이아이를 함부로 안으
려 들었다가는 큰 코 다친다면서, 아이아이의 이빨은 코코넛 껍질도
단숨에 깨뜨릴 수 있을 만큼 단단하다고 귀띔해주었다. 340그램밖에
안 나가는 녀석이 빽빽 울어대며 내 팔을 물어뜯으려고 고개를 이쪽
저쪽으로 움직여대는 모습을 지켜보면서, 나는 이 조그마한 녀석이
이러다가 바닥에 떨어져 크게 다치기라도 하면 어쩌나 싶어 은근히
걱정스러웠다. 다행히 그때 듀크 센터를 운영하는 영장류 동물학자인
엘루인 L. 사이먼스(Elwyn L. Simons) 박사가 이제 아기를 엄마에게
돌려주어야 할 때라고 말했다. 나는 고개를 끄덕이며 기저귀를 갈 때
가 된 아기를 엄마에게 돌려주듯이 군말 없이 새끼 아이아이를 넘겨
주었다.

사이먼스 박사는 뚱뚱하고 말도 아주 느린 사람이 걸음걸이는 퓨마
처럼 가벼웠다. 그는 자기가 돌보는 멸종 위기에 처한 원숭이들의 행
동을 멋지게 흉내내는 재주가 있었다. "자, 잘 봐요! 이건 아이아이가
물 마시는 모습이에요!" 그는 그렇게 소리치고서 코코넛을 입으로 가
져가는 시늉을 한 뒤 손을 앞뒤로 홱홱 움직이며 꿀꺽꿀꺽 물 넘어가
는 소리까지 냈다. 얼마 뒤에 사이먼스 박사가 바나나를 먹다 말고
멋쩍게 웃었다. 바나나를 먹으면서 자신도 모르게 원숭이 흉내를 냈
다는 사실을 문득 깨달은 것이다.

사이먼스 박사는 그렇듯 익살스러운 면이 있기는 해도 사실은 대단
히 근엄하고 진지한 사람이다. 그는 다른 여러 과학자들과 함께 아이
아이를 비롯한 여러 여우원숭이들을 멸종 위기에서 구하기 위해 동물
원에서, 대학에서 끊임없는 노력을 기울이고 있다. 여우원숭이는 현

재 30종이 생존하고 있는데 거의 대부분이 마다가스카르 섬에서만 산다. 마다가스카르 섬은 아프리카 동해안에 있는 섬으로 전체 면적이 캘리포니아 면적의 절반만하다. 그런데 최근에 이 섬의 숲지대가 동물들이 살아갈 수 없을 정도로 축소된데다가 급격히 늘어난 이 섬 주민들이 그나마 남아 있던 숲마저 생존을 이유로 베어내고 불을 지르는 바람에, 30종의 여우원숭이들 모두 멸종 위기에 처하고 말았다. 학자들은 여우원숭이들이 이 땅에서 사라지지 않게 하기 위해 다방면으로 엄청난 노력을 기울이고 있다. 우선, 얼마나 큰 성공을 거둘지는 알 수 없지만, 여러 종의 여우원숭이들을 우리에서 번식시켜 마다가스카르의 수렵 금지 구역에 다시 풀어주려고 하고 있다. 또한 마다가스카르 섬을 생태 관광지로 개발하려는 노력이 진행중인데, 이 방법은 이미 아프리카와 남아메리카의 몇몇 지역에서 성공을 거둔 바 있다. 아울러 학자들은 여우원숭이의 욕구와 습성, 짝짓기 방식, 식성뿐만 아니라 여우원숭이가 자연에서 살아가는 데 유리한 점으로 작용할 수 있는 모든 요소들을 밝혀내기 위해 연구에 매진하고 있다. 침팬지, 고릴라, 개코원숭이 등 집단생활을 하는 다른 원숭이들에 비해 여우원숭이에 대한 연구는 활발히 이루어지지 않은 편이다.

여우원숭이는 원원류에 속하는 원시적인 영장류로, 고등한 진원류보다 뇌의 크기도 작고 사회생활의 수준도 낮다. 하지만 아주 생기발랄하고, 대부분이 장난기 넘치는 어린 수사 같은 얼굴을 하고 있거나 영화배우 폴 뉴먼처럼 빨려들어갈 듯한 푸른 눈을 갖고 있다. 여우원숭이의 일종인 금관시파카원숭이는 머리에 곡예사의 고깔모자처럼 붉은빛이 도는 금빛 털이 나 있는데, 팔을 죽죽 뻗어 이 가지에서 저 가지로 휙휙 건너다니며 곡예를 한다. 또 쥐여우원숭이는 이름에서 느껴지듯이 세계에서 가장 작은 원숭이로 몸길이가 15센티미터밖에 안 된다. 메갈라답시스(Megaladapsis)는 이미 멸종한 종인데, 영장류 중에서도 키가 아주 큰 편으로 180센티미터나 되었다고 한다.

다행스럽게도 여우원숭이 사육에 성공한 듀크 센터는 노스캐롤라이나 주의 8만평에 달하는 넓은 숲 지대에서 15종의 여우원숭이 4백여 마리를 풀어놓고 기르고 있다. 그 숲에서 여우원숭이들은 장난을 치고, 먹이를 찾아다니고, 짝짓기를 하고, 새끼를 기르고, 빗처럼 생긴 앞니를 드러내고 서로에게 으르렁거린다. 떠돌아다니기 좋아하는 여우원숭이가 숲에서 벗어날까 봐 숲 주위에 아주 약한 전류가 흐르는 전선 울타리를 둘러쳐놓은 점만 제외하면, 그곳에 사는 여우원숭이들의 생활 조건과 생활 법칙은 마다가스카르 섬에서 야생 상태로 살아가는 여우원숭이들과 거의 흡사하다.

여우원숭이는 서식지가 지리적으로 고립되어 있었기 때문에 살아남을 수 있었던 원시적인 동물이다. 영장류를 연구하는 학자들이 '살아 있는 화석'이라고 부르며 각별한 애정을 기울이고 있다. 약 5천만 년 전에 나무줄기를 타고 아프리카 대륙에서 마다가스카르 섬으로 이주한 여우원숭이들은 다른 지역에 살던 여우원숭이들이 몸집이 더 크고 더 공격적인 원숭이들에 의해 멸종당할 때에도 고등한 영장류나 다른 맹수들의 위협을 받지 않고 자손을 번식할 수 있었다. 마다가스카르 섬의 여우원숭이들은 한 곳에 머물러 살지 않고 일정 수준의 지각력을 갖춘 살아 있는 화석으로서, 원시 영장류들의 사회적 행동이 어떻게 발달해왔는가 하는 문제를 밝힐 열쇠를 쥐고 있다.

여우원숭이는 또 성에 따른 역할이 다른 포유동물들과 다른 몇 안 되는 동물 중 하나이다. 고등한 영장류들은 대개 수컷이 암컷보다 몸집도 크고 지배욕도 강하다. 그러나 여우원숭이는 암컷과 수컷의 몸집이 비슷하고 싸움을 하면 대개 암컷이 이긴다. 수컷은 늘 암컷에게

굽신거리고 화가 난 암컷에게 쫓겨나기 일쑤다.

무리를 이끄는 책임이 누구에게 있건 간에 현재로서는 모든 여우원숭이들이 자신의 운명을 스스로 책임질 여건이 되지 않기 때문에 자신의 운명을 인간의 양심에 맡길 수밖에 없다. 오늘날 많은 사람들이 여우원숭이의 멸종을 막기 위해 다각적인 노력을 기울이고 있는데, 그중에서 가장 어려운 것이 아이아이를 구하자는 캠페인을 벌이는 것이다. 아이아이는 다른 여우원숭이들과 마찬가지로 서식지를 잃어버리고 이리저리 옮겨다녀야 할 뿐만 아니라 특이한 생김새 때문에 원주민들에게 목숨을 잃기까지 한다. 마다가스카르 섬에 사는 말라가시 족은 다른 여우원숭이들에게는 '숲 속의 작은 사람들' 이라고 부르면서 사랑을 쏟아 붓는다. 하지만 아이아이한테는 다르다. 아이아이를 악마의 사자로 여기고 곱지 않은 시선으로 본다. 말라가시 족의 전설에 따르면, 아이아이가 길다란 가운뎃손가락으로 누군가를 가리키면 그 사람은 느닷없이 처참한 죽음을 맞게 된다고 한다. 죽음의 저주를 받지 않기 위해서 말라가시 족은 아이아이를 보이는 족족 죽여서 교차로에 갖다놓는다. 그러면 교차로를 지나가는 타지 사람들이 대신 아이아이의 저주를 받는다고 믿기 때문이다.

말라가시 족이 아이아이를 어찌나 금기시하는지 학자들 중에는 학명이 다우벤토니아 마다가스카리엔케스(*Daubentonia madagascariences*)인 아이아이가 말라가시 족 사이에서는 '나는 모른다' 라는 뜻을 지닌 토속어로 불리고 있다고 생각하는 이들도 있다. 이것은 말라가시 족이 아이아이라는 말조차 입에 올리기 싫어한다는 사실을 여실히 보여주는 예라고 할 수 있다. 아이아이가 그토록 미움을 받는 것은 아이아이의 괴상한 생김새 때문인지도 모른다. 아이아이는 지구에 존재하는 어떤 원숭이와도 닮지 않았다. 사실 18세기에 처음 아이아이를 분류한 프랑스 학자는 아이아이를 다람쥐의 일종으로 보았다. 아이아이는 온몸이 거무칙칙한 긴 털로 덮여 있고, 어둠 속에서 노란 눈빛이 악마의 눈빛처럼 번득인다. 그뿐만 아니라 동작이 빠르고 공격적이기 때문에 아이아이의 행동을 보고 있노라면 언제 어느 때 내 얼굴을 덮칠지 모른다는 생각이 절로 든다. 더욱 안타까운 점은 아이아이가 사람에 대한 호기심이 너무나 강하기 때문에 자신을 죽이려고 혈안이 된 사람들에게 스스럼없이 다가간다는 것이다. 아이아이가 떼죽음을 당한 또 한 가지 이유는 아이아이가 야행성이라는 점에 있다. 마다가스카르 섬에는 전기가 들어오지 않는 지역이 많기 때문에 지역 주민들 대부분이 해가 지면 집으로 돌아간다. 그런데 야행성인 아이아이가 그 시간에 먹이를 찾아나섰다가 집으로 돌아가던 사람들의 눈에 띄어 목숨을 잃는 일이 허다하다.

아이아이는 알고 보면 참으로 매력적인 동물이다. 아이아이의 뇌는 원원류의 원숭이들 중에서 가장 크고 가장 주름이 많다. 이것은 아이아이가 다른 여우원숭이들보다 영리하다는 사실을 입증하는 증거이다. 아이아이는 또 청각이 대단히 발달하여 나무줄기를 두드려보기만 해도 자기가 좋아하는 딱정벌레 유충이 사는 작은 구멍이 어디에 있는지 정확히 알아낼 수 있다. 아이아이는 끌처럼 생긴 네 개의 앞니로 나무를 후벼댄다. 아이아이의 이빨은 다른 영장류의 이빨과 달리 일생 동안 자란다. 아이아이는 길고 가느다란 가운뎃손가락을 가지고 있는데, 그 손가락은 모든 방향으로 구부러지고 팔뚝까지 닿을 정도로 길다. 아이아이의 가운뎃손가락은 여러 가지 기능을 갖고 있다. 가운뎃손가락으로 나무줄기를 두드려 먹이를 찾기도 하고 알이나 코코넛에 구멍을 뚫어 내용물을 마시기도 한다.

아이아이가 야행성이라 밤에만 활동을 하는데다가 마다가스카르 섬은 우기가 길어, 아이아이에 대해 연구를 하기가 쉽지 않았다. 그래서 지금까지 아이아이에 관해서는 밝혀진 바가 별로 없었다. 그러나 최근에 몇 가지 놀라운 사실들이 새로 밝혀져서 아이아이에 대한 사람들의 관심을 한층 돋우었다. 과학자들은 오랫동안 아이아이가 무리지어 생활하지 않는다고 생각했다. 그러나 아이아이는 사실 대단히 사회적인 동물로, 나뭇가지가 갈라지는 부분에 집을 짓고 살면서 서로 잠자리를 바꾸는 것을 무척 좋아한다. 아이아이는 힌두교 성전에 나오는 성교 방법대로 교미를 한다. 짝짓기를 할 준비가 된 암컷은 나뭇가지에 거꾸로 매달린다. 그러면 수컷이 그 나뭇가지로 올라가 암컷의 발목에 다리를 감고 거꾸로 매달려 암컷의 허리를 안고 교미 자세를 취한다. 이때 암컷이 수컷의 무게까지 감당하면서 교미를 한다. 아이아이는 교미 시간이 대개 한 시간 이상인데, 영장류 중에서 교미 시간이 상당히 긴 편에 속한다. 한 쌍의 암컷과 수컷이 교미를 하면 다른 수컷이 그 교미 장소로 와서 교미중인 수컷을 떼어내고 암컷의 몸에 대신 매달린다. 그러면 암컷은 그 수컷하고도 교미를 한다. 아이아이의 암컷은 에스트론(여성 발정호르몬의 일종—옮긴이)의 분비가 중단되기 전까지 한 마리 이상의 수컷과 짝짓기를 하는 것이 보통이다. 아이아이의 임신 기간은 140일로 다른 여우원숭이들에 비해 긴 편이다.

내가 듀크 센터에서 안아본 갓 태어난 아이아이를 낳은 어미는 육 개월 전에 마다가스카르 섬의 숲에서 짝짓기를 하다가 사람한테 잡혀 미국의 노스캐롤라이나로 왔다. 그 아이아이는 임신한 채 미국으로 건너와 미리 와 있던 아이아이 세 마리와 함께 지냈다. 듀크 센터는 기르고 있는 아이아이들이 새끼를 계속 잘 낳으면, 태어난 새끼들을 미국 각지에 있는 동물원에 기증할 계획이다. 현재 서구에서 아이아이를 보유하고 있는 동물원은 파리에 있는 동물원 하나뿐이다.

마다가스카르 섬에서 살아가는 여우원숭이들의 생존을 위해 장기적인 계획을 세우기란 대단히 어렵다. 마다가스카르 섬의 울창한 숲은 인도네시아에서 살던 사람들이 마다가스카르로 건너와서 정착하기 시작한 약 1천5백 년 전부터 줄곧 수난을 겪어왔다. 전체 숲의 85% 가량이 목재와 밭과 목장을 필요로 하는 사람들에 의해 베어지거나 불살라졌다. 현재 마다가스카르 섬의 숲은 토양이 심각하게 침식되고 토양 속의 자양분이 고갈되었을 뿐만 아니라 남아 있는 숲 지대마저 훼손될 위기에 처해 있다. 이에 반해 인구는 놀랄 정도로 빨리 불어나 해마다 2.1%의 증가율을 기록하며 꾸준히 늘어나고 있다.

오늘날 세계 각국의 수많은 사람들이 많은 희귀종들이 살아가는 마다가스카르 섬을 구하기 위해 힘을 모으고 있다. 마다가스카르 섬은 개구리 142종과 조류 106종, 꽃식물 6천 종, 카멜레온 종의 절반을 비롯하여 다른 곳에서 발견할 수 없는 수많은 희귀 생물종들이 살아가는 곳이며 동시에 수많은 주민들이 가난에 허덕이며 살아가는 곳이기도 하다. 그런 곳에서 자연의 귀중한 재산들이 남아 있게 할 수 있을지, 또 마다가스카르 주민들이 아이아이를 입에 올려서도 안 되는 동물이 아니라 사랑스러운 동물로 여기게 할 수 있을지는 아무도 장담할 수가 없다.

바다 속의 수많은 물고기들

미다스 시크리드(Midas cichlid)의 데이트는 성공으로 끝나는 경우가 거의 없다. 자신들도 그 사실을 잘 알고 있다. 하지만 일단 데이트 장소에 나가면, 암컷과 수컷 모두 서로를 유혹하기 위해 어느 정도는 노력을 한다. 수컷이 암컷에게 천천히 다가간다. 암컷이 살며시 몸을 떤다. 수컷의 꼬리지느러미가 암컷의 몸을 스치고 지나간다. 암컷이 아가미를 벌리고 아가미 밑의 새빨간 살을 드러낸다. 수컷이 암컷의 주위를 빙 돌아와서 암컷을 물어뜯으려고 한다. 하지만! 암컷은 벌써 수컷의 행동에 싫증을 낸다. 몸을 돌려 한쪽 구석으로 가버린다. 할 수 없이 수컷도 몸을 돌려 수족관의 반대쪽 구석으로 헤엄쳐 가버린다. 얼마간 둘은 각자 생각에 빠져 움직이지 않는다. 그러다 별안간 암컷이 입술을 좌악 벌린다. 교양 없이 하품을 한 것이다.

"암컷이 별로 관심이 없나 봐요, 그렇죠?"

대학원생인 수재너 헨슨이 장난기 어린 목소리로 말했다. 물고기의 행동을 기록중이던 그녀가 펜을 공책 앞에 가만히 내려놓는다. 딱히 기록할 만한 현상을 발견하지 못했나 보다.

미다스 시크리드의 짝짓기는 정말 그렇게 밋밋한 것일까? 사실은 그렇지 않다. 그녀가 관찰하던 물고기는 여느 외설 소설에도 뒤지지 않을 만큼 음란하고 폭력적인 짝짓기로 유명한 미다스 시크리드다. 미다스 시크리드의 암컷은 성적으로 홍분하면 자신의 몸으로 수컷의 몸을 미끄러지듯 스쳐 지나가는 '미끄러지기 동작'을 취한다. 암컷은 생식기가 알로 가득 차서 빵빵하게 부풀어오르면 행동이 둔해진다. 미다스 시크리드의 수컷은 호색적이면서도 가학적이다. 홍분하면 꼬리로 암컷을 때리고, 암컷의 몸을 소리가 날 정도로 물어뜯고 지나갔다가 돌아와서 또다시 문다. 그러면 암컷은 수컷의 몸을 살며시 스치고 지나가서 아가미 밑의 빨간 살을 요염하게 드러내 보인다.

하지만 그것은 시크리드가 짝짓기의 절정에 이르렀을 때 사랑을 표현하는 동작이고, 끔찍한 데이트를 끝내고 각자의 자리로 돌아가버린 지금 이 두 마리의 시크리드하고는 상관없는 일이다.

버클리 대학에서는 미다스 시크리드가 어떻게 짝을 선택하는지, 짝짓기 습성이 어떤지를 밝혀내기 위해 연구를 진행하고 있다. 미다스 시크리드는 니카라과 원산으로 아래턱이 각이 진 사나운 어류이다. 얼룩무늬와 황금빛의 두 종류가 있는데, 황금빛 시크리드에서 미다스 시크리드라는 종의 이름이 생겼다. 미다스 시크리드도 다른 시크리드처럼 한번 짝짓기를 하면 평생 그 짝과 함께 산다. 캘리포니아 대학의 과학자들은 현재 미다스 시크리드가 짝을 고르는 기준이 무엇인지 밝혀내기 위해 노력하고 있다.

이 연구는 종이 매우 다양한 시크리드과 물고기의 성적, 사회적 습성과 먹이 먹는 습성을 밝히기 위한 방대한 연구 사업들 중 하나로,

학자들은 시크리드에 대한 연구를 통해 어류의 진화 방식과 단일 종에서 변종들이 발생하는 방식을 밝혀내고 싶어한다.

　아프리카, 마다가스카르 섬, 인도, 라틴 아메리카 등지의 강과 호수에서 천여 종이 넘는 시크리드들이 살고 있다. 시크리드는 다른 물고기에 비해 지능이 높고 새끼를 보호하는 방식도 정교해서 이따금 환경을 지배하기도 하며 번성하고 있다. 그러나 시크리드가 사람들의 이목을 집중시키는 가장 큰 이유는 여러 종이 한 지역에 공존할 수 있다는 점이다. 동남 아프리카의 말라위 호수에는 5백여 종의 시크리드가, 탄자니아의 탕가니카 호수에는 2백여 종의 시크리드가 살고 있다. 그중에는 염소보다 큰 종도 있고 엄지손가락보다 작은 종도 있으며, 상자처럼 생긴 종도 있고 가늘고 길쭉한 종도 있다. 몸 빛깔은 대개 갈색이나 청록색, 또는 어두운 곳에서도 화려하게 빛나는 형광 무지개 색이다.

　시크리드는 놀랄 만큼 빠른 속도로 종을 분화시켜왔다. 예를 들어 아프리카 동부의 빅토리아 호수에 사는 시크리드는 겨우 20만 년 동안에 한 종에서 3백여 종으로 분화했다. 이러한 분화 속도는 다른 동물들과는 비교도 안 될 만큼 빠른 것이다. 말라위, 탕가니카, 빅토리아 이 세 호수에서 이제껏 발견된 그 어떤 어류도 시크리드의 종 분화에 버금가는 분화를 이루지 못했다.

　오랫동안 과학자들은 시크리드에 매료되어 시크리드를 통해 진화의 형태를 밝혀내려는 연구를 거듭했다. 시크리드는 광범위하게 종을 분화시킴으로써 진화의 형태를 밝히는 데 큰 도움을 준 다윈의 피리새 연구에 핵심적인 자료들을 제공해주었다. 지금까지 시크리드에 대한 연구는 해부학적 사실과 행동 양태에 따라 종을 나누는 분류학적 방식과 실측적 방식에 의거하여 실시되었다. 그러나 최근에 생물학자들은 시크리드의 DNA를 조사하여 시크리드의 계통과 분화를 추적하는 분자적 분석까지 도입하여 연구를 했고, 유전학적 접근을 이용해 분류학에서 나온 이전의 성과들을 보다 정확하게 정리했다. 시크리드는 아종들이 모두 단일한 어류에 기원을 두고 있는 단원적인 어류이다. 시크리드의 시조 어류는 약 12억 년 전 인도와 아프리카와 남아메리카가 하나의 거대한 대륙으로 묶여 있었을 때 출현한 것으로 추정되는데, 대륙이 분리되면서 지구의 각 지역으로 퍼져나가 각자 독특한 유전적 메커니즘에 따라 빠르게 종을 분화시킨 듯하다.

시크리드의 경우에 생김새와 행동이 전혀 다른 아종들이 유전적으로는 거의 동일한 것으로 밝혀진 예가 간혹 있다. 과거에 몇몇 유전학자들이 빅토리아 호수에서 서식하는 시크리드 14종의 DNA를 연구한 적이 있었다. 이 시크리드들은 먹이 먹는 습성이 모두 달랐는데, 달팽이를 먹는 시크리드도 있고, 다른 시크리드의 눈을 먹는 시크리드, 부모의 보호에서 벗어난 어린 시크리드를 먹는 시크리드도 있었다. 그러나 연구 결과, 그 시크리드들은 식습관은 달라도 유전자가 거의 흡사한 것으로 나타났다. 각각의 유전자들을 구성하는 수천 개의 염기쌍들, 즉 각각의 화학적 생체 입자들 가운데 두세 개만이 달랐을 뿐이었다. 이 점은 사람 역시 마찬가지다. 이 14종의 시크리드보다 더 많은 유전적 변종들이 있지만, 모두가 인간이라는 하나의 종을 이루는 구성원인 것이다.

시크리드의 종들이 그렇게 번성할 수 있는 것은 유전자의 작은 차이가 커다란 행동의 차이를 빚기도 하고, 그 분자들이 보기 드물게 유연하기 때문인 것으로 보인다. 그렇게 많은 종의 시크리드가 같은 수역에서 살면서도 모두 생존할 수 있었던 것은 빠른 속도로 광범위하게 분화할 수 있는 능력 때문인 듯하다. 모든 시크리드가 먹이 피라미드의 바닥층을 형성하는 초식동물이었다면 서로 치열한 생존 경쟁을 벌이다가 한 종이 다른 종을 멸종시키는 사태까지 빚었을지 모른다. 그러나 시크리드들은 각기 다른 사냥 방식을 발전시켜왔고, 생존을 위해 서로에 대해 긴장을 늦추지 않았다. 시크리드 중에는 몇 시간 동안 죽은 듯이 떠 있기만 하는 종도 있다. 그 시크리드는 내내 그렇게 떠 있다가 다른 시크리드가 '이게 웬 떡이냐' 하고 잡아먹으려고 다가오면 갑자기 몸을 움직여 자신을 먹으러 온 놈에게 달려든다.

탕가니카 호수에는 날 때부터 머리가 왼쪽으로 구부러져 있는 시크리드가 있다. 그 시크리드의 머리는 옆으로 지나가는 물고기의 오른쪽 비늘에 붙은 먹이를 이빨로 긁어먹기 위해 그렇게 발달했다. 시크리드 중에는 물고기의 왼쪽 비늘에 붙은 먹이를 긁어먹을 수 있도록 머리가 오른쪽으로 구부러져 있는 종도 있다. 그 동안 학계에서는 생태계에 아직까지 생태학적 주인이 없는 영역이 많다고 보는 견해가 일반적이었다. 그러나 그 시크리드는 그러한 견해를 뒤엎고 훌륭한 사업가처럼 다른 물고기의 비늘을 긁는 일에서부터 나름대로의 생존 영역을 창조적으로 개발했다.

과학자들 중에서는 다양한 능력을 갖고 있던 시조 시크리드가 경쟁 조건이 치열해지자 전문적인 능력을 갖춘 아종들을 출현시켰다고 보는 이들이 많다. 시크리드가 어떻게 그렇게 빨리, 그렇게 광범위하게 종의 분화를 일으킬 수 있었는가 하는 문제에 대해 어류학자들 사이에서 여전히 의견이 분분하지만, 특이한 형태를 지닌 턱의 덕을 많이 보았다는 점만은 확실한 듯하다. 시크리드는 다른 어류들처럼 입에만 턱이 있는 것이 아니라 식도에도 턱이 있다. 식도에 있는 두번째 턱이 음식물을 처리해주기 때문에 입에 있는 턱은 생리학적 구속에서 벗어나 먹이를 잡는 특별한 도구로 진화할 수 있었다. 결국 식도의 턱이 여러 가지 기능을 수행해주기 때문에 입의 턱이 전문적으로 먹이만 잡을 수 있는 것이다.

많은 사람들이 시크리드에 관심을 갖는 것은 먹이를 먹는 방식이 특이하기 때문만은 아니다. 물고기를 기르는 사람들은 시크리드를 무척이나 좋아하는데, 대개 시크리드의 그 유명한 짝짓기 습성과 새끼를 기르는 습성에 매혹되기 때문이다. 물고기들은 알을 낳고 암컷과 수컷이 모두 떠나버리거나, 수컷만 남아서 알이 부화할 때까지 망을 보는 것이 보통이다. 그러나 시크리드는 대개 암수 모두 새끼를 보살핀다. 알들이 부화할 때까지는 입 안에 넣고 다니고, 부화한 뒤에는 포식자가 다가오면 새끼들을 입 안으로 도로 빨아들여 보호한다. 새끼들이 어미의 입 속으로 빨려들어가는 모습은 마치 국수가 입 속으로 빨려들어가는 모습 같다.

시크리드의 수컷이 가진 몇 가지 특성 중에는 암컷이 새끼를 입으로 보호하는 습성 때문에 형성된 것이 한 가지 있다. 시크리드의 암컷은 서식지 곳곳에 포식자의 위험이 도사리고 있기 때문에 알들을 낳자마자 수컷이 수정액을 뿌릴 겨를도 없이 알들을 입으로 삼켜버린다. 수컷은 꼬리지느러미에 알과 아주 흡사한 밝은 점들을 진화시킴으로써 암컷의 이러한 습성에 적응했다. 암컷이 알들을 다 삼키면 수컷은 암컷을 향해 꼬리지느러미를 살랑살랑 흔든다. 그러면 암컷은 수컷의 꼬리지느러미에 있는 점들이 자기가 낳은 알인 줄 알고 입을 벌리고 다가온다. 바로 그때 수컷은 암컷의 입에 정액을 방출한다. 시크리드 중에는 부모가 자신의 살을 새끼들에게 먹이는 종도 있다. 새끼들이 자신의 비늘을 뜯어내고 비늘 밑에 있는 영양가 높은 점액을 먹게 하는 것이다. 결국 부모의 몸이 자식을 위한 젖인 셈이다.

이렇듯 부모가 자식들에게 들이는 정성을 생각해보면, 시크리드가 훌륭한 배우자를 선택하려고 애쓰는 것도 무리가 아니다. 미다스 시크리드가 배우자를 선택하는 방식을 관찰해보면, 시크리드가 배우자를 선택하는 기준이 무엇인지를 어느 정도 추측해볼 수 있다. 미다스 시크리드는 몸 빛깔에 따라 얼룩무늬 미다스와 황금빛 미다스로 나뉘어지는데, 이 빛깔은 변하지 않는 것이 아니다. 얼룩무늬 미다스 시크리드는 성장하면서 생존 기간의 8%에 해당하는 기간 동안 몸의 빛깔이 황금빛으로 된다. 배우자를 선택할 시기가 되면, 얼룩무늬 미다스 시크리드건 황금빛 미다스 시크리드건 모두 수적으로 훨씬 적은 황금빛 미다스 시크리드를 배우자로 고른다. 황금빛이 얼룩무늬보다 위협적으로 보이기 때문인 듯하다. 시크리드는 새끼를 기르면서 종종 외부의 적을 물리쳐야 하기 때문에 배우자를 선택할 때 얼마나 잘 싸우는가에 주안점을 둔다. 버클리 대학의 생물학자들은 시크리드의 짝짓기 실험을 통해 시크리드가 두 단계를 거쳐 짝을 선택한다는 사실을 발견했다. 우선 암컷이 자신의 마음에 드는 수컷을 고른다. 선택의 기준은 가지각색이다. 몸의 색깔이 황금빛이냐 아니냐가 될 수도 있고, 몸에서 나는 냄새가 좋으냐 나쁘냐가 될 수도 있고, 아직 밝혀지지 않은 또다른 특성이 기준이 될 수도 있다. 두번째 단계로 일단 암컷이 수컷에게 마음에 든다는 표현을 하면, 수컷은 그 암컷에게 아주 공격적인 자세를 취하며 까다롭게 군다. 이때 암컷이 선택한 수컷의 애정을 받고 싶으면 똑같은 공격성으로 맞받아친다. 수컷에게 지면 암컷은 짝짓기에 실패한다. 하지만 수컷의 맘에 들 만큼 공격성을 보인 암컷은 그 수컷과 짝을 지어 일생 동안 정답게 살아간다.

그러나 미다스 시크리드는 색깔과 냄새 등의 취향이 잘 맞아 서로에게 호감을 가질 가능성이 적다. 그래서 이들의 데이트는 대부분 늘어진 하품으로 끝이 난다.

추적자 치타

치타는 멋진 스포츠카처럼 시속 96킬로미터의 속도로 질주할 수 있지만 자신에게 닥쳐온 수많은 시련으로부터 달아나지는 못했다. 치타는 한때 아프리카 전역과 아라비아, 인도 남부 지역을 포괄하는 넓은 지역에서 살았지만, 이제는 사하라 사막 이남의 몇몇 지방을 제외하고는 흔적조차 찾기 힘들다. 나미비아의 농부들과 목장주들은 치타를 맹수라 여기고 보는 대로 쏘아 죽였다. 치타는 수렵 금지 구역에서는 포식자의 축에 끼는 경우가 많지만 일반적으로는 사나운 육식동물들 중에서도 최하위 부류에 속한다. 사자는 치타의 새끼들을 잡아먹으려고 눈에 불을 켜고 다니고, 하이에나와 표범과 독수리는 치타가 겨우 잡아놓은 먹이를 가로챈다. 하지만 이 가엾은 동물을 더욱 비참하게 만든 것은 과학자들이었다. 수많은 과학자들이 치타가 근친 교배를 한다고 결론짓고, 치타가 수천 년 전에 급격히 감소한 개체수를 아직까지 회복하지 못한 것도 이 때문이라고 주장한 것이다.

　사실 치타의 염색체를 연구해보면 각 개체들이 유전적으로 대단히 흡사함을 알 수 있다. 살아남은 개체수가 적기 때문에 같은 형질을 계속 복제할 수밖에 없었기 때문이다. 하지만 개체들간에 형질이 너무나 비슷해서, 이론적으로 보자면 무시무시한 유행병이 돌 경우에 야생 상태로 살고 있는 약 1만 5천 마리의 치타들 중 거의 대부분이 죽음을 면치 못한다는 결론이 나온다.

　몇몇 동물원에서는 자신들이 기르는 치타들이 새끼를 낳지 못한다고 푸념을 늘어놓으며 이렇게 말한다.

　"이게 모두 치타의 형질이 유전적으로 허약하기 때문입니다. 어른 치타들이야 그렇다 쳐도 새로 태어나는 새끼들까지 생식 능력이 없으면 정말 큰일이에요."

　그러나 몇몇 비주류 생물학자들은 치타가 근친 교배를 하는 동물이라는 통념이 틀렸을 수도 있다고 주장한다. 그들의 주장을 들어보자.

　"인공 수정을 통해 태어난 치타와 야생 상태의 치타는 생식 능력에 다소 차이가 있습니다. 형질을 보존시키기 위해 인공적으로 근친 교배를 시키는 실험용 쥐들이나 족보 있는 개들을 보십시오. 종종 허약한 개체들이 태어나지 않습니까? 동물원 치타들도 마찬가지입니다. 인공 수정을 통해 태어나기 때문에 허약한 형질을 타고나는 경우가 종종 있게 마련이죠. 하지만 야생 치타들은 집 고양이만큼 튼튼합니다."

　치타가 근친 교배를 하는 동물이냐 아니냐에 대한 논쟁은 콩코드처럼 빠른 치타뿐만 아니라 다른 동물들의 생존에도 큰 의미를 지니고 있다. 과학자들은 멸종 위기에 처해 있거나 멸종의 위협을 받는 동물들이 21세기까지 몇 마리나 살아남을 수 있을지 그 수를 가늠하고 싶어한다. 그러다 보니 해당 동물들이 멸종 위기에서 벗어나려면 얼마나 다양한 유전적 형질을 가지고 있어야 하는가 하는 문제가 대두되었다. 근친 교배는 다음의 두 가지 이유 때문에 해롭다고 한다. 첫째로 위험한 열성 형질을 발현시켜 선천적 기형아나 생식력이 없는 새끼, 혹은 죽은 새끼가 태어나게 한다. 둘째로 근친 교배는 유전적으로 동일한 형질을 지닌 자손이 태어나게 하기 때문에 근친 교배를 하는 동물은 유행병이 돌거나 환경이 갑작스럽게 변화하면 다같이 몰살될 가능성이 높다. '유방암의 성질' 같은 특정한 연구에서 실험 효과를 높이기 위해 실험용 쥐들을 계속적으로 근친 교배하면, 나중에는 실험용 쥐들 모두 행동이 둔해지고 머리가 나빠질 뿐만 아니라 그중 몇몇은 조산을 하거나 돌연변이를 일으킨 새끼를 낳기까지 한다.

그러나 치타가 근친 교배를 하는 동물이 아니라고 생각하는 과학자들은 이렇게 말한다.

"우리가 기르는 치타들은 튼튼한 새끼도 잘 낳고, 생식 능력도 강할 뿐 아니라 면역 체계도 다양합니다. DNA를 통해 바라본 치타는 유전적으로 대단히 허약해 보일 수도 있지만, 생식 능력과 한배에 낳는 새끼의 수, 새끼의 건강 상태, 면역 반응과 같은 현실적인 잣대로 바라본 치타는 앞으로 몇천 년이고 끄떡없이 자손을 번식하며 살아갈 수 있겠다 하는 생각이 들게 할 만큼 건강합니다."

이 연구는 종의 보존이라는 다소 애매한 학문 영역을 분자생물학적으로만 접근하는 것이 타당한가라는 의문을 제기하며, 또 과학자들이 실험실에서 실험을 통해 밝혀낸 특정 유전자 패턴들이 어떻게 실제 야생동물의 강점과 약점으로 변화하는지는 아직 밝혀지지 않았음을 강력히 시사한다. 그들은 또 이렇게 말한다.

"동물원 치타들이 새끼를 제대로 낳지 못하는 것은 그 치타들의 DNA에 문제가 있어서가 아니라 동물원에서 치타를 잘못 교배시켰기 때문일 겁니다. 치타 품종 개량가들이 일을 너무 잘해 새끼 치타들이 너무 많이 태어나는 바람에, 생식 능력이 없는 치타가 태어나기 바라는 동물원도 종종 있으니까요."

그들의 주장이 얼마나 설득력 있게 들릴지는 모르겠지만, 사실 그들의 주장은 근거가 불충분하다. 치타는 같은 고양잇과의 호랑이나 표범과 비교해보아도 유전적으로 상당히 단일한 형질을 지니고 있다. 한 치타의 피부를 다른 치타에게 이식시켜보면, 상당히 오랜 시간이 흐르고 나서야 피부를 이식받는 치타의 면역 체계가 이식된 피부에 거부 반응을 보인다. 이 사실만으로도 치타가 유전적으로 거의 동일하다는 사실을 알 수 있다. 치타는 다른 맹수들보다 달리기 실력이 뛰어나지만 덩치 큰 다른 포유동물에 비해 상당히 일찍 생을 마감한다. 동물원에서도 치타가 칠 년 이상 사는 예가 드물다. 치타의 수명은 동물원에 사는 다른 고양잇과 동물들의 수명의 3분의 1에 불과하다. 물론 치타가 선천적으로 수명이 짧은 동물일 수도 있다. 그러나 유전적 허약성으로 인해 매우 심각한 건강 문제를 안고 있을 가능성 또한 간과할 수 없다. 동물원 치타들은 신장 질환으로 죽는 경우가 많은데, 이것이 치타의 DNA와 관계가 있는지 없는지에 대해서는 아직 밝혀진 바가 없다.

치타의 유전적 동일성이 어떤 결과를 초래했는지가 논쟁거리가 된 것처럼 치타가 유전적 동일성을 갖게 된 이유가 무엇인가도 열띤 논쟁을 불러일으켰다. 한 가설에 따르면, 치타는 인간이 환경에 대한 지배력을 넓혀가는 과정에서 희생된 동물들 중 하나이다. 1만여 년 전 마지막 빙하기 말기에 빙하가 서서히 녹아 없어지면서, 빠르게 대륙으로 진출하던 인류가 아프리카의 몇몇 고립 지역을 제외한 전세계의 치타들을 죽여 없앴다. 그러한 대량 학살의 결과, 전체 치타의 90%가 죽었고 살아남은 치타들은 유전적 변종의 현저한 감소로 고난을 겪다가 이제야 서서히 개체수를 회복해가고 있다는 것이다.

또다른 그럴듯한 가설에서는 치타가 유전적으로 동일해진 것이 인간의 잔인한 사냥 때문이 아니라 다른 포유동물들보다 빨리 달리고 싶어하는 본성을 충족시키기 위해 머리에서 꼬리에 이르기까지 특이한 신체 구조를 갖고 있기 때문이라고 주장한다. 달리는 능력을 향상시키는 것을 중심으로 진화하다 보니, 그 과정에서 달리는 능력을 향상시키는 일에 관여하지 않는 수많은 유전자들이 도태되었다고 보는 것이다. 한마디로 이 가설은 치타가 된다는 것 자체가 유전적 동일성과 짧은 수명을 기본적으로 전제한다고 주장한다.

치타는 유선형의 신체를 보여주는 좋은 본보기이다. 치타는 몸집이 비교적 작고, 뼈가 가볍고, 몸무게가 대개 30킬로그램 정도이다. 머리가 작아서 달릴 때 공기와 마찰이 적고, 다리가 길고 척추가 유연해 달릴 때 몸에 무리가 가지 않는다. 또 어깨선이 미끈해서 보폭이 넓고, 송곳니가 아주 작아 얼굴에서 호흡기가 차지하는 비중이 크기 때문에 한 번에 많은 숨을 들이쉴 수 있다. 치타는 먹이에 살금살금 접근하지 않고, 젖 먹던 힘까지 다 짜내어 쫓아가 먹이를 잡는다. 그러다 보니 먹이를 잡은 뒤에는 기운이 없어 십오 분 내지 이십 분 정도 숨을 고르며 쉬다가 잡은 먹이에 입을 댄다.

치타는 아프리카 대륙에 사는 다른 육식동물들에 비해 몸집도 작고 자신의 생명을 방어하는 송곳니도 부실하기 때문에 같은 먹이를 두고 경쟁하는 다른 육식동물들을 당해내지 못한다. 그래서 그런 동물들과 부딪힐 때마다 번번이 먹이를 포기하고 꼬리를 감춘다. 사실 치타는 천성적으로 공격적인 성미가 못 된다. 전에 나는 샌디에이고 동물원에서 어미 치타 한 마리와 새끼 치타 다섯 마리가 들어 있는 커다란 우리에 들어간 적이 있었다. 그 치타들은 내가 팔을 뻗어 털을 쓰다 듬어도 가만히 있었다. 어미 치타는 내심 불안해하면서도 몸을 움직이기가 귀찮아 쳐다보고만 있고, 새끼들은 털을 곤두세우고 나지막이 쉿쉿거리기만 했다. 그것이 호랑이 우리였다면, 나는 우리에 들어가 털을 쓰다듬어볼 엄두도 못 내었을 것이다.

결국 치타의 미래는 유전학적 연구의 성패보다는, 구태의연한 방법이긴 하지만 치타의 서식지를 어떻게 보호하고 서식지 주변에서 생활하는 사람들의 협조를 어떻게 얻어내느냐 하는 문제에 달려 있을 듯하다. 나미비아의 치타들은 아프리카의 다른 지역에 사는 치타들처럼 다른 육식동물들과 치열한 생존 경쟁을 벌일 필요는 없지만, 치타가 가축을 해치는 줄 알고 총구를 겨누는 목장주들 때문에 생존의 위협을 받고 있다. 나미비아의 생물학자들은 소를 키우는 목장주들을 일일이 찾아가서 치타가 다른 육식동물에 비해 가축들을 많이 잡아먹지는 않는다고 말한다. 덧붙여 만일의 사태에 대비해 자체 보안 프로그램을 마련하면 소가 치타에게 잡아먹히는 일이 없어질 거라고 일러주고 있다. 현재 고양잇과의 동물들 중에서 치타밖에 남아 있지 않은 나미비아에서는 치타를 국가의 자랑거리로 여기고 치타들이 자유롭게 돌아다니며 살 수 있게 해준다. 치타한테는 유전학적 평가보다 숨을 쉴 약간의 공간과 자신들의 기품 있는 행동거지에 대한 전략적 홍보가 더욱 절실할지도 모른다.

벌처럼 부지런하다?

한여름이면 왠지 모르게 온몸이 나른해지고, 크리스마스가 지나고 새해를 앞둔 연말이면 한편으로는 기대감에 부풀면서도 괜스레 허전 해지고, 화창한 날 오후에는 나도 모르게 어디론가 가고 싶어지는 것은 인지상정이다. 하지만 그럴 때마다 근면이 미덕이라고 하는 윤리 의식 때문에 마음을 다잡을 수밖에 없는 것 역시 사람이다. 그럴 때는 게으름을 피는 것이 지극히 자연스럽고 분별 있는 행동 양식이며, 지구에 존재하는 모든 동물들이 공유하는 미덕이라고 생각해보는 것이 어떨까?

'시간 활용 분석(time budget analysis)'이라고 알려진 새로운 연구를 하는 학자들은 개미와 벌과 비버가 부지런한 동물이라고 칭찬하는 옛이야기들이 잘못된 것이라고 주장한다. 그들의 주장에 따르면, 동물들은 거의 대다수가 하루 종일 빈둥거리며 지낸다. 먹이도 먹어야 하거나 먹을 수 있을 때만 먹고, 새끼를 낳기 위한 짝짓기도 계절의 변화에 따라 본능적으로 하며, 거처 또한 대개 그때그때 상황에 맞춰 마련한다. 사회적인 동물들로 알려진 몇몇 동물들도 아주 가끔씩 동료의 털에서 벼룩을 잡아주는 등의 행동만 하면 사회적 책무를 다한 줄 안다.

그뿐만이 아니다. 대다수의 동물들이 성경의 노동관에 코방귀라도 뀌듯이 틈만 나면 앉거나 드러눕고, 꼬박꼬박 졸거나 어슬렁어슬렁 돌아다니며 게으름을 피운다. 들판에 사는 동물을 뒤쫓아다니며 그 동물의 일과를 기록하다 보면, 그렇게 쫓아다니며 관찰을 하는 자신이 한심하게 느껴질지도 모른다. 사실 인간의 노동 시간은 동물들이 일하는 데 들이는 시간의 네 배나 된다. 가사 노동까지 고려한다면 이 차이는 더욱 커질 것이다.

그렇다고 인간이 동물보다 부지런하다고 우쭐대는 것은 무지한 짓이다. 동물의 비활동성을 냉철하게 분석해보면, 동물들이 쓸데없이 게으름을 피우는 것이 아니라 나름대로 이유가 있어서 그렇게 한다는 사실을 깨닫게 될 것이다. 동물들이 천천히 걷는 것을 예로 들어보자. 어떤 동물은 귀중한 열량을 함부로 쓰지 않기 위해 천천히 걷고, 어떤 동물은 섭취한 먹이의 소화를 촉진시키기 위해 천천히 걷는다. 체온이 올라가지 않게 하려고 천천히 걷는 동물들도 있고, 체온이 내려가지 않게 하려고 천천히 걷는 동물들도 있다. 사냥감이 되는 동물은 불안해하는 내색 없이 조용히 달아나야 위기를 모면할 수 있기 때문에 천천히 걷고, 사냥하는 동물은 공격하는 순간까지 들키지 않고 접근해야 먹이를 잡을 수 있기 때문에 천천히 걷는다. 어떤 동물들은 자신의 세력권을 지키려고 조용히 걸어다니고, 어떤 동물들은 다른 동물들에게 잡아먹히지 않으려고 자신의 세력권 밖으로 나가지 않는다. 이처럼 게으름을 발현시키는 유전자는 없을지 모르겠지만, 게으름을 피우는 것에 대한 합당한 해석들은 언제나 존재해왔다.

동물들이 활동을 게을리 하는 원인이 될 만한 것들이 너무나 다양하기 때문에 몇몇 생물학자들은 연구의 방향을 바꾸어, 현장 연구자들이 전통적으로 해오던 방식대로 활동을 중심으로 동물의 행동을 관찰하지 않고 동물들이 비활동성을 나타내는 요인들을 밝히려고 노력한다. 어떨 때 활동을 게을리 하는지, 또 그렇게 하는 이유가 무엇인지를 밝혀내 다양한 생물종들이 특정 환경 속에서 어떻게 분포되어 있는가 하는 문제와 동물들이 잔혹한 생존의 무대에서 어려운 시기를 극복하고 살아남을 수 있었던 방법이 무엇인가 하는 문제처럼 생태학에서 아직까지 해명되지 않은 문제들을 밝혀내려고 노력하는 것이다. 한 시간 활용 분석가는 이렇게 말한다.

"나는 이제까지 주로 먹이 사냥이나 짝짓기 같은 활동을 연구했습니다. 그러나 이제는 '동물들이 아무것도 하지 않고 가만히 앉아 있는 이유가 무엇일까' 라는 문제가 궁금합니다."

확실히 동물들은 연구자들에게 많은 고민거리들을 제공한다. 지난 이십 년간 세렝게티에서 망원경으로 하루 종일 황갈색 사자들만 관찰해온 학자들의 이야기에 따르면, 사자들은 이따금 귀만 실룩거릴 뿐 어떤 행동도 하지 않는 무의식 상태에 빠져 있다고 한다. 사자는 꼬박 열두 시간 동안을 그렇게 한 자리에서 꼼짝달싹하지 않고 있을 수 있다. 사자는 하루에 두세 시간 정도만 걸어다니는데, 그 짧은 시간 동안에 사냥을 하거나 사냥한 먹이를 먹어치우려고 최대한 노력하는 듯하다. 사자가 그렇게 오랜 시간을 누워서 지내야 하는 것도 그래서가 아닐까? 사자는 식성이 좋아서 30킬로그램 분량의 고기를 한 자리에서 먹어치울 수 있다. 그러다 보니 먹이를 다 먹어치운 뒤에는 위가 너무 늘어나 비틀거리며 간신히 나무 그늘로 걸어간다. 그리고 그

늘에 배를 깔고 누워 무의식 상태라고 불러도 좋을 만큼 깊은 잠에 빠진다.

지칠 줄 모르는 자연의 곡예사로 알려져 있는 원숭이도 대개 깨어 있는 시간의 4분의 3 가량을 빈둥거리며 놀고, 밤에는 열두 시간 내내 잠만 잔다. 브라질의 양털거미원숭이를 연구하는 영장류 동물학자들은 양털거미원숭이가 얼마나 게으른지를 알고 깜짝 놀랐다고 한다. 학자들은 아침 7시가 되면 양털거미원숭이들이 먹이를 찾아나서는 줄 알았다. 그래서 어느 날 연구소에서 멀리 떨어져 있는 관찰 현장에 아침 7시까지 도착하려고 동이 트기 전부터 일어나 준비를 했다. 그리고는 관찰장에 도착해서 장비를 설치하고 마음을 졸이며 기다렸지만, 시간이 흘러도 양털거미원숭이들은 움직일 기미를 보이지 않았다. 학자들은 할 일 없이 공책에 낙서를 하면서 원숭이들이 간밤에 마취성이 강한 코카나무 이파리를 너무 많이 먹었나 하는 우스운 생각까지 했다. 시간이 흐르고 흘러 오전 11시가 되었지만 양털거미원숭이들은 여전히 움직일 기미조차 보이지 않았고, 결국 관찰을 하러 간 과학자들마저 꾸벅꾸벅 졸기 시작했다는 것이다.

벌새는 조류 중에서 생산에 가장 많은 에너지를 투여하는 활동적인 날짐승이다. 그러나 그것도 날고 있을 때의 이야기다. 벌새는 밤에는 잠만 자고 낮에도 열 시간 가량을 나뭇가지에 앉아 꼼짝도 하지 않는 것으로 밝혀졌다.

비버도 부지런하기로 유명한 동물이다. 부지런하다고 어찌나 소문이 자자한지, 영어에서 비버라는 단어는 '일하다'라는 뜻까지 지니고 있다. 그러나 비버가 안전한 통나무집에서 나와 식량을 구하러 다니거나 댐을 짓는 것은 하루에 다섯 시간에 불과하다. 뿐만 아니라 일하는 중간중간에 휴식까지 취한다. 부지런한 줄로만 알았던 비버마저 일을 하다 말고 집으로 들어가서 휴식을 취하는 것이다. 쟁기발두꺼비는 미국 남서부 사막에서 사는데, 일 년 중 11개월 동안 지면보다 1미터 정도 깊은 땅속에 몸을 묻고 꼼짝달싹하지 않는다. 먹지도 마시지도 않고 배설도 하지 않는다. 쟁기발두꺼비는 그 기간 동안에 기초 대사량을 활동 기간의 15분의 1로 줄인다. 이 모든 것이 에너지를 보존하기 위해 이루어지는 일이다. 그렇게 휴면 상태로 돌입한 쟁기발두꺼비를 보고 싶으면, 선인장 밭을 파보라. 쟁기발두꺼비가 움직이지 않기 때문에 돌멩이나 감자를 파내는 것만큼 쉽게 꺼낼 수 있을 것이다.

이솝 우화에는 일벌과 일개미가 대단히 부지런한 동물로 나온다. 그러나 그 동물들이 과즙을 모으거나 집을 청소하는 시간은 낮 시간의 20%에 불과하다. 그 외의 시간에는 할 일을 적어둔 쪽지를 잃어버리고도 걱정조차 하지 않는 게으름뱅이처럼 일은 안 하고 빈둥거리기만 한다. 개미나 벌이 근면한 동물의 대명사로 불리게 된 것은 벌집이나 개미집 전체가 보여주는 번잡함 때문인 듯하다. 벌집이나 개미집은 겉보기에는 쉴새없이 움직이는 작은 우주 같다. 그러나 과학자들이 각각의 개미들과 벌들이 매순간 무엇을 하는지 알아보기 위해 개체 하나하나에 일일이 꼬리표를 붙이고 관찰한 결과, 벌들과 개미들의 휴식 시간이 상당히 길다는 사실이 밝혀졌다.

동물들의 휴식에 대해 연구하는 생물학자들은 경제학자들처럼 동물의 에너지 수요, 출산율, 물과 먹이가 비교적 풍부한 곳의 위치, 기후 조건 등의 요인들을 고려한 정교한 수리적 모델들을 활용하고 있다. 그들은 동물의 활동에 드는 비용과 그 활동에 따른 편익을 다방면에 걸쳐 분석한다. 이를테면 먹이에서 얻게 될 칼로리에 비해 먹이 사냥에 드는 칼로리가 얼마나 큰지를 계산하는 것이다. 비용에 따른 편익은 휴식시의 에너지 소비량에 비해 활동시의 에너지 소비량이 얼마인가 하는 문제뿐만 아니라 활동으로 인해 상승된 체온을 낮추고 체온을 일정하게 유지하는 데 드는 체내 비축 수분의 양이 얼마인가 하는 문제까지 고려하여 산출된다. 이러한 방식으로 비용과 편익을 분석해본 생물학자들은 휴식을 취하기로 한 동물들의 결정에 감탄을 금치 못한다.

생물학자들 중에는 동물의 휴식을 게으름이라는 말로 일축하는 것을 강력하게 비판하고, 동물의 휴식은 임무를 완수하기 위한 목적성을 지니고 있으므로 생존에 도움이 된다고 주장하는 이들도 있다. 동물들이 게으름을 부리는 것은 생존을 위해 불가피한 일인 듯하다. 되새김동물인 무스의 경우에는 위에서 음식물이 잘 소화되게 하려면 움직여서는 안 된다. 무스의 위는 네 개의 방으로 나누어져 있는데, 위가 나뭇잎, 풀줄기, 잡초 같은 섬유질이 많은 먹이를 소화하게 하려면 꼼짝 않고 한 곳에 가만히 있어야 하는 것이다. 무스는 한 시간 동안 먹은 풀을 소화하는 데 네 시간이 걸린다. 따라서 그 네 시간 동안 어쩔 수 없이 게으름을 피워야 하는 것이다. 무스가 지나친 활동을 피하는 데에는 또다른 이유가 있다. 무스는 몸집이 커서 먹이를 찾아다니는 동안 땀을 엄청나게 많이 흘린다. 그러다 보니 너무 오랫동안 먹이를 찾아 돌아다니면, 생명에 위협을 줄 정도로 체온이 상승하게 된다. 더구나 그렇게 체온이 상승해 있을 때 맹수라도 나타나면, 달아나려고 하다가 체온이 더 올라가 일사병으로 죽고 만다. 결국 먹이를 조금 더 먹으려고 욕심을 부렸다가는 세상과 영영 이별하고 결과적으로 맹수에게 뜻하지 않은 횡재만 안겨주게 되는 셈이다.

벌새의 행동을 오랫동안 관찰해온 연구자들은 벌새가 휴식을 자주 취하는 것이 합당한 행동이라는 결론을 내렸다. 벌새는 통꽃에서 꿀을 빨아먹는 동안에 공중에 정지 상태로 있기 위해 정교한 8자 모양으로 1초에 60회 정도 날갯짓을 해야 한다. 한 번 비행하는 데 그렇게 큰 비용을 들여야 한다면 미국 항공우주국(NASA)조차 비행할 엄두를 못 낼 것이다. 몸무게 1그램에 소비되는 열량을 따져보면, 벌새가 정지 비행을 할 때 동물들 중에서 가장 많은 에너지를 소비한다. 벌새와 벌새만큼이나 한 번 나는 데 많은 에너지를 소비하는 아프리카의 태양새는 먹이를 많이 구할 수 있는 경우가 아니면 날지 않고 앉아 있는 편이 훨씬 낫다. 태양새는 멀리까지 비행하지 않고서도 먹이를 구할 수 있도록 자신의 세력권을 형성하고 그 세력권 안에서 자라는 꽃들이 꿀을 충분히 생산하기를 기다린다.

어떤 동물들은 움직이지 않음으로써 얻는 이익이 너무나 크기 때문에 부처상처럼 미동조차 않고 산다. 미국 남서부의 사막 지대에 사는 갈퀴발도마뱀은 모래 위로 눈만 빼꼼 내놓고 몇 시간 동안이나 움직이지 않는다. 그렇게 있으면 따뜻한 모래가 도마뱀의 기운을 돋우어 준다. 곤충이 지나가면 도마뱀이 모래에서 나가 잡아먹을 수 있도록 에너지를 충전시켜주는 것이다. 반대로 갈퀴발도마뱀의 포식자인 뱀이 다가오면, 그 도마뱀은 사냥할 기운을 얻기 위해 움직이지 않았을 때의 경험을 되살려 호흡과 심장 박동을 일시적으로 정지시키고 죽은 시늉을 한다. 갈퀴발도마뱀은 모래 속에 몸을 묻고 움직이지 않기 때문에 수분의 손실을 줄이고 사막 짐승들의 끊임없는 위협에서 벗어날 수 있다.

사막처럼 기후가 좋지 않은 곳에서 사는 동물들은 대개 비가 와서 날이 서늘해지기를 기다리며 한 해를 보낸다. 미국 남서부의 사막 지대에 사는 쟁기발두꺼비는 비가 오고 곤충들이 돌아다니는 7월에만 땅 위로 나온다. 쟁기발두꺼비의 암컷과 수컷들은 돌멩이처럼 딱딱하게 굳어 있던 휴면 상태에서 벗어나는 날 밤에 곧바로 짝짓기를 하고, 그때부터 부지런히 먹기 시작한다. 체지방의 30%가 증가할 정도로 많이 먹어둬야 이후 11개월 동안을 휴면 상태로 버틸 수 있기 때문이다.

포유동물 중에는 겨울만 되면 동면에 들어가 신진대사율을 크게 낮춤으로써 에너지 소비를 억제하는 동물들이 상당히 많다. 줄무늬다람쥐는 동면에 들어가면 심장의 박동수가 1분에 1, 2회 정도로 줄고 체온이 얼어죽지 않을 정도까지 떨어진다. 초식동물들이 동면에 들어가는 데에는 충분한 근거가 있다. 겨울이 되면 기후 조건이 나빠져 먹이도 없고 번식하기도 어려운데다가 목숨을 위협하는 육식동물들만 나돌아다니기 때문에 힘없는 초식동물들로서는 동면에 들어가는 것이 최선책인 것이다.

생물학자들은 때때로 기후상의 악조건과 같은 명백한 이유 없이 게으름을 피우는 동물들을 발견하고 당황하기도 한다. 벌거숭이두더지쥐는 몸에 털이 없고, 눈이 퇴화하여 시력도 없고, 몸집이 작고, 생김새도 볼품 없는 포유동물로, 땅속에서 무리지어 생활한다. 학자들은 집단생활을 하는 이 벌거숭이두더지쥐들을 관찰하면서 무리 속에서 덩치가 큰 녀석들이 왜 가장 덜 움직이고 가장 많이 자는 것처럼 보일까 궁금해했다. 그러던 어느 날 학자들은 실험실에서 관찰하던 벌거숭이두더지쥐 집단에 뱀 한 마리를 넣어보고서 그 이유를 알았다. 뱀을 집어넣자, 덩치 큰 벌거숭이두더지쥐들이 펄쩍 뛰어올라 그 뱀을 공격했다. 자는 것처럼 보였지만, 사실 주위를 경계하고 있었던 것이다.

벌과 개미 또한 경계의 필요성 때문에 휴식을 많이 취하는 듯하다. 꿀벌의 사회에는 이른바 병정개미라고 불리는 군사 계급이 있다. 그들은 주로 일벌들로 구성되는데, 평상시에는 벌집 주위에서 휴식을 취하다가 벌집이 소란해지면 가장 먼저 움직인다. 그 외의 벌들이나 개미들은 큰 일을 할 때 필요한 에너지를 비축해두기 위해 장시간 휴식을 취하는 듯하다. 풍부한 새 식량원을 발견하면 그것을 수확하기 위해 평소보다 많은 노동력을 투여해야 하고, 어린 여왕개미가 성장해 벌집이 둘로 나누어지면 전체 노동력이 절반으로 줄어들기 때문에 같은 일을 하는 데 더 많은 에너지가 소모되는 것이다.

최근에는 군집생활을 하는 곤충들이 사소한 활동에 에너지를 낭비할 여유가 없다는 사실을 입증하는 새로운 연구 결과들이 속속 나오고 있다. 개미와 벌은 축전지와 같아서 집단을 위해 사용할 일정량의 에너지를 지니고 태어난다. 그러나 그 에너지는 재충전이 되지 않기 때문에 빨리 사용하거나 천천히 사용할 수는 있지만 잘 먹고 운동을 규칙적으로 한다고 해서 더 얻을 수는 없다. 결국 열심히 일할수록 빨리 죽게 되는 것이다. 그러한 사실을 생각하면, 꿀을 모으지 않고 휴식을 취하고 싶어하는 벌들의 심정에 공감이 간다.

게으름의 대명사로 일컬어지며 시도 때도 없이 욕을 먹는 나무늘보한테도 명예를 회복할 기회를 주자. 나무늘보는 중앙 아메리카와 남아메리카 전역에서 서식하는데, 길고 유연한 다리로 나무에 매달려서 먹이를 먹고 하루에 열다섯 시간씩 수면을 취한다. 어찌나 몸을 움직이지 않는지, 털과 발톱에 두 종류의 조류(藻類)가 자랄 정도이다. 새끼 나무늘보는 어미의 배 위에서 생활하는데 움직이기를 너무 싫어해서 배설도 어미의 털에다 한다. 어미도 자기 털에 묻은 새끼의 배설물을 간간이 털어낼 뿐이다. 하지만 나무늘보의 그러한 행동을 보고 게으르다고 욕해서는 안 된다. 게으름이 나무늘보의 생태적 지위에 적합하기 때문이다. 나무늘보가 아주 천천히 움직이는 것은 포식자의 눈에 띄지 않기 위해서이다. 또 나무늘보의 몸에 붙어사는 조류들은 나무늘보를 식물처럼 보이게 하는 역할을 한다. 햇빛에 녹청색으로 번들거리는 조류 때문에 나무늘보가 마치 나뭇가지에 늘어진 식물처럼 위장할 수 있는 것이다.

인간은 다른 동물에 비해 일하는 시간이 많을 뿐 아니라 문화권에 따라 노동 시간도 상당히 다르다. 프랑스인은 일 년에 평균 1,646시간을 노동하지만, 일본인은 2,088시간을 노동한다.

인간이 부지런할 수 있는 것은 다른 동물과 달리 쉬고 싶은 충동을 억제할 수 있기 때문이다. 인간은 졸리면 커피를 마시고, 따뜻해서 잠이 쏟아질 때는 난방기를 끈다. 인간은 그런 식으로 일을 해서 생존에 쓰고도 남을 양의 자원을 모으지만, 다람쥐는 한 해 겨울을 무사히 나는 데 필요한 자원만 모은다. 동물 중에서 학비나 실직 수당이나 구식 레코드를 컴팩트 디스크로 바꾸는 데 필요한 돈을 걱정하는 것은 인간뿐이다.

인간의 그러한 물욕은 대개 문화적인 훈련에서 비롯된 것 같다. 사냥이나 채집을 통해 자원을 획득하고, 그렇게 획득한 자원을 대체로 그날그날 소비하는 동물들은 하루에 서너 시간만 일한다. 사실 일밖에 모르는 사람들까지도 일하지 않고 빈둥거리고 싶어하는 선천적인 욕구를 지니고 있다는 사실을 무시할 수 없기 때문에, 게으름을 육욕, 대식과 함께 일곱 죄악의 하나로 여기는 것이 아닐까?

오직 인간만이……

과학은 현실적인 학문이면서도 종교처럼 '죄악'이라는 것에 대단히 집착한다. 그러다 보니 과학에서는 죄악으로 여겨지는 것들이 상당히 많은데, 예를 들어 실험 결과를 조작하거나 동료를 불신하는 태도 등은 과학에서 큰 죄에 해당하고 실험을 게을리 하고 텔레비전에 자주 출연하는 행동 등은 작은 죄에 해당한다. 인간을 제외한 다른 동물의 생태를 연구하는 학자들에게 가장 피해야 할 작은 죄로 받아들여진 것은 바로 동물을 의인화하는 태도였다. 이는 동물이 인간의 속성이라 여겨지는 감정, 목적, 의식, 지적 능력, 욕구 등의 특성들을 지니고 있다고 보는 태도를 말한다.

동물이 의도를 갖고 있고, 행동을 인식할 수 있고, 고통을 느낀다고 보는 태도는 생물학자들 사이에서 전통적으로 금기시되어왔다. 진정으로 객관적인 생물학자는 동물에게 인간적인 감정을 투영시키지 않는다. 엄격한 실험과 정밀한 자료 분석을 통해 연구를 수행할 뿐이다.

그러나 최근에 의인화도 올바르게 적용시키기만 하면 인간을 둘러싸고 있는 동물들의 생활과 감정을 이해하는 데 큰 도움이 될 것이라고 주장하는 동물행동학자들이 적잖게 등장하면서 이 오래된 금기가 흔들리기 시작했다.

물론 동물들을 인터넷을 통해 만날 수 없는 털 달린 조그만 족속이라고만 생각하는 사람은 아무도 없다. 의인화를 신봉하는 학자들은 만만치 않은 반대 세력에 부딪히면서도 많은 동물이 자신과 타자를 인식하고 어느 정도의 지력과 의도를 지니고 있다고 주장한다. 또한 피실험 대상인 동물들이 동기와 욕구 같은 특성을 지니고 있다고 생각하면, 생물학적으로 보다 근본적인 질문들을 제기할 수 있고 보다 효과적인 실험들을 할 수 있다고 말한다. 의인화를 열렬히 신봉하는 한 학자는 이렇게 말한다.

"나는 동물들이 환경의 상당 부분을 의식적으로 조작한다는 식의 터무니없는 주장을 할 생각은 없다. 그저 동물도 미래에 대한 기대감을 갖고 있다고 믿고 있을 뿐이다."

콩새의 예를 보자. 콩새는 한 줄로 모여 앉거나 일정한 규칙 없이 들쭉날쭉 모여 앉지 않고 원형으로 모여 앉는다. 생물학자들 중에서 콩새가 원형으로 모여 앉는 이유를 의인화 이론을 적용해 해석한 이들이 있는데, 그들은 콩새들이 나중에 합류하는 새들을 더 쉽게 관찰하기 위해서 원형으로 모여 앉는다고 주장한다. 원형으로 모여 앉으면 서로가 서로의 맞은편에 앉은 새의 뒤쪽을 살펴보면서 포식자가 다가오지 않는지 경계할 수 있기 때문에, 서로 자기 뒤를 살펴볼 필요 없이 먹이를 먹을 수 있다. 서로가 서로의 뒤를 살펴줄 것이라고 믿기 때문에 그렇게 모여 앉는 것이 아니라면, 그 행동을 어떻게 설명할 수 있겠는가?

　새로운 의인화론에서는 인간과 자연계의 다른 동물들 사이에 부정할 수 없는 차이가 있다고 보는 견해에 대해 근거가 불충분하다고 반박한다. 인간의 골격, 신체, 세포의 분자 작용, 뇌를 구성하는 신경섬유 등은 다른 동물의 그것들과 아주 흡사하다. 그런데 우리는 어째서 인간의 심리와 행동을 특출한 것이라 여기고, 지구상의 다른 생물체들한테는 그런 요소가 없다고 믿는 것일까? 의인화론에서는 인간을 다른 유기체와 연장선상에 있는 유기체로 보고 우리의 동료인 다른 생명체들의 행동에서 인간과 같은 특성이 나타난다는 사실을 부인하는 것은 이치에 맞지 않다고 주장한다.

　신(新)의인화론자들은 의인화가 이른바 동물의 '사적인 경험'이라고 이야기되어온 특질들을 감정이입을 통해 탐구하고 싶어하는 열망일 뿐이라고 말한다. 결론적으로 말하자면, 의인화란 동물의 세계를 규정하는 시력과 냄새, 울부짖음과 웽웽거림 등을 동물의 입장에서 파악하고 동물이 주의를 기울이는 일과 무시하는 일, 예기치 못했던 일에 직면했을 때 취하는 반응 등을 동물의 입장에서 탐구하고자 하는 의지인 것이다. 훌륭한 의인화론자들은 동물의 머릿속으로 들어가서 동물의 눈으로 세계를 보고, 검은꼬리방울뱀이 기어다니듯이 기어다니고, 붉은어깨매가 날듯이 높이 날아오르려고 노력한다. 물론 이러한 노력은 동물의 뇌가 정교하고 가치 있는 기관이라는 믿음을 전제로 한다.

　몇몇 동물행동학자들은 의인화를 적용한 듯한 인상을 짙게 풍기는 한 실험을 통해 돼지코뱀의 인식력을 측정하려는 시도를 했다. 돼지코뱀은 포식자들에게 잡아먹히지 않기 위해 여러 가지 극단적인 방법들을 동원한다. 포식자를 맞닥뜨리면 독도 없으면서 독이 있는 코브라처럼 몸의 앞부분을 땅 위로 곧추세워 으르렁대고, 그래도 포식자가 겁을 먹고 달아나지 않으면 발작적으로 몸을 뒤틀고 구르고 배설물을 분비한 뒤에 배를 드러내고 벌렁 드러누워 호흡을 멈춘 채 혀를 내밀고 죽은 시늉을 한다. 학자들은 오랫동안 돼지코뱀의 이러한 연기를 두려움의 증거로 파악했다. 그러나 이제 동물행동학자들이 그것이 속임수에 불과함을 입증했다. 돼지코뱀의 연기는 가히 천재적이라서 누구 하나 속아넘어가지 않는 이가 없다. 누군가가 곁에서 지켜보는 듯한 기미가 느껴지면 돼지코뱀은 혀를 내밀고 배를 내놓고 벌렁 드러누워 꼼짝달싹하지 않는다. 하지만 살펴보던 이가 눈길을 돌리기만 하면, 잽싸게 자세를 바로잡고 쏜살같이 달아나는 것이다.

이렇듯 의인화론을 신봉하는 학자들의 인습 타파적인 연구 태도는 동물행동학자들 사이에 폭발적인 논쟁을 불러일으켰다. 그 논쟁은 상반된 견해 차이를 좁히지 못한 채 몇 차례나 거듭되었다. 옥스포드 대학의 존 S. 케네디(John S. Kennedy)는 1992년에 『신(新)의인화론 *The New Anthropomorphism*』이라는 소책자를 통해 의인화에 정면으로 도전했다. 그는 의인화를 연구에 적용하는 행위를 유전적인 '질병'의 일종이라고 비난하면서 동물행동학이 살아남으려면 그 질병을 치료해야 한다고 주장했다. 그러자 여러 생태학 관련지에 케네디와 그의 주장에 공감하는 이들에 대한 신랄한 비판들이 잇달아 실렸다. 의인화를 신봉하는 학자들은 케네디에게 동물의 지력, 언어, 인식력에 대한 자신들의 연구 실적을 알기나 하느냐며 비난을 퍼부었다.

대부분의 학자들은 두 가지 상반된 견해 사이에서 중간적 입장을 취한다. 동물의 내면생활이 우리가 흔히 생각하는 것보다 훨씬 복잡하다고 보면서도 극단적인 의인화론자들이 연구 원칙에서 크게 벗어나 피실험물에 자신들의 신념과 감정을 너무 많이 이입시킨다고 생각하는 것이다. 자연을 지나치게 인간적인 시각으로 관찰하는 태도가 낳은 위험의 예를 보자. 뛰어난 코끼리 연구가인 신시아 모스(Cynthia Moss)는 코끼리에게서 녹색점액질병이라는 병을 발견했다. 코끼리를 관찰하기 시작한 지 얼마 안 되어 그녀는 수코끼리 한 무리가 모두 몸에, 특히 생식기 주위에 녹색의 이상한 점액이 나타난다는 사실을 발견했다. 그녀는 자신이 그 끈끈한 점액에서 너무나 큰 불쾌감을 느꼈기 때문에 암코끼리들도 점액을 분비하는 수컷들을 혐오할 줄 알았다. 그러나 그녀는 계속된 연구를 통해 그 점액이 수컷의 발정을 표시해주는 역할을 한다는 사실을 깨달았다. 그 점액은 수컷의 성적 매력과 짝짓기의 준비 정도를 드러내주는 것으로서 암컷을 유혹하는 도구 중 하나였던 것이다. 의인화를 잘못 적용해 동물들을 잘못 보살피는 경우로는 시궁쥐의 우리를 지나치게 깨끗하게 청소해주는 것을 들 수 있다. 시궁쥐는 악취를 맡아야 마음의 안정을 얻기 때문이다.

의인화 논쟁은 또한 학자들간에 동물차별주의를 양산하여 저마다 자신이 연구하는 동물이 가장 영리하고 고등하고 따라서 가장 인격적인 대우를 받을 가치가 있다고 믿게 할 위험이 있다. 몇몇 의인화론자들은 케네디를 공격하면서 케네디의 태도는 평생 하등동물인 진딧물만 연구해온 곤충학자의 태도라고 봐도 무방하다고 비웃었다. 영장류를 연구하는 학자들은 침팬지와 인간이 DNA의 98% 가량을 공유하고 있기 때문에 침팬지의 행동과 인간의 행동 간의 유사성을 알아보는 것이 아주 의미 있는 작업이라고 말한다. 그러자 인간과 유연관계가 먼 동물들을 연구하는 학자들이 덩달아서 자신들이 연구하는 동물들도 인식력과 지력을 지니고 있고 정교한 사회적 행동들을 한다고 주장하고 있다. 양은 일반적으로 지능이 낮다고 평가받는 동물이다. 그러나 양의 행동을 연구하는 생물학자들은 양들이 서로 다툰 뒤에 화해의 자세를 취하거나 배우자가 무리로부터 구박을 받으면 배우자를 보호하는 행동을 취하는 등 복잡한 사회적 행동을 한다고 주장한다.

　인간과 동물의 관계에 대한 논쟁은 전혀 새로운 것이 아니다. 유태-기독교적 전통에서는 인간이 하나님을 대신하여 동물을 지배하는 역할을 부여받았다고 본다. 17세기에 르네 데카르트는 동물은 사유할 수 없으므로 존재한다고 볼 수 없고 이성적인 인간과 어떤 공통점도 갖고 있지 않다고 주장했다. 그러나 사람들은 늘 자기 주변의 동물들, 특히 자기가 좋아하는 동물들을 인간을 보듯 바라본다. 19세기에 찰스 다윈이 자연선택과 인간의 기원에 대한 이론을 세울 당시에 동시대인들은 인간이 원숭이와 친척관계에 있다는 그의 견해에 크게 반발했다. 하지만 사실 다윈의 저작물에서 인간과 가장 닮았다고 기술되어 있는 동물은 개다.

　1920년대에 학계를 주름잡은 행동주의라는 학파를 조직한 학자들은 동물에게 내면 세계가 있다고 가정해서는 안 된다고 하면서 동물의 본질을 객관적으로 파악하려면 감정이나 동기라는 말을 들먹일 것이 아니라 동물의 행동을 연구해야 한다고 주장했다. 심리학자들은 심지어 동일한 방법론적 원리를 인간 행동 연구에도 적용시키려고 시도했다. 그러나 1970년대에 박쥐의 반향 정위 능력을 발견한 도널드 그리핀(Donald Griffin)이 '동물에게는 의식이 없다'는 전제에 이의를 제기하면서 행동주의의 튼튼한 방벽에 균열이 나타나기 시작했다. 이 시기에 때마침 사회생물학파라는 논쟁하기 좋아하는 학파가 등장했는데, 그들은 동물들의 복잡한 사회적 행동 전반에는 진화적 동기가 있다고 주장했다. 동물들이 자신의 유전적 자산을 영구히 남기기 위해 계획을 세우고 책략을 쓸 수도 있다는 생각이 학계에서 허용되기 시작한 것은 그때부터였다.

　　동물과 인간의 관계에 대한 논쟁은 현재 동물들이 자신의 행동을 어느 정도까지 인식하는가와, 그렇다면 과학자들이 그 사실을 어느 정도까지 고려해야 하는가에 초점을 맞추고 있다. 의인화를 비판하는 몇몇 동물행동학자들은 뇌의 기능을 밝히는 과학기술이 아직은 너무 조잡해서 동물이 의도를 가지고 있는가라는 질문에 정확한 답을 도출해낼 수 없다고 주장한다. 그리고 동물이 자신이 의도하는 바를 인간에게 언어나 시각적 도구로 설명하지 않는 이상, 현재로서는 동물에게 의지가 있다는 사실을 증명할 길이 없다고 말한다. 그들은 또 의인화론자들이 동물의 목적의식이 과학의 영역에 속한 것처럼 주장해 본말을 전도할 뿐만 아니라 그러한 주장을 동물이 간청하기라도 한 것인 양 가장한다고 비난한다.

　　의인화를 비판하는 학자들은 동물행동학자라면 자신이 연구하는 동물과 강한 유대감을 가질 수밖에 없다는 점을 인정하면서도, 훌륭한 과학자라면 자신의 연구 성과가 폭넓게 이용될 수 있도록 정확한 자료를 공정하게 분석하여 주관성이 배제된 연구 자료를 제시해야 한다고 말한다. 그리고 동물이 스스로의 행동을 인식한다고 보는 태도는 과학의 제1원칙을 어기는 행위라고 주장한다. 그들이 생각하는 과학의 제1원칙이란 '과학자라면 자신이 관찰하는 것을 가장 순수하게 해석해야 한다'는 명제와 '동물은 인식이나 감정, 전략적인 계획 없이 행동한다'라는 가정에 충실한 연구 자세이다. 이미 오십 년 전에 누군가가 다음과 같은 글을 썼다.

　　"세균이 고양이나 개만큼 커진다면, 세균 또한 소망과 느낌과 지적 능력을 갖고 있는 것처럼 보일 것이다. 그래서 세균들이 의식적으로 설탕물이 떨어지는 쪽으로 달려가고 독극물이 있으면 달아나는 것처럼 보일 것이다."

　의인화를 비판하는 학자들의 사고가 가장 적절하게 드러난 글인 듯하다.

　이에 대해 의인화론자들은 자신들이야말로 동물에 대해 가장 확실하고 명확하고 합리적인 가정을 내리고 있으며, 맹목적인 인간 우월론자들이 인간의 배타적 우월성을 유지하기 위해 스스로를 궁지로 몰아넣고 있다고 반박한다. 인간 우월론자들은 수년 전에 인간만이 도구를 이용한다고 주장했다. 그러나 얼마 뒤에 침팬지나 코끼리 같은 몇몇 동물들이 나무 막대기와 돌 같은 물건들을 도구로 이용한다는 사실이 밝혀지자, 그들은 인간만이 자신이 사용하는 도구를 변형시킬 수 있다고 말했다. 그러나 그 뒤에 침팬지가 막대기를 목적에 따라 변형시킨다는 사실이 또다시 밝혀졌다. 그들은 이제 인간만이 도구를 이용해 다른 도구를 만든다고 주장하고 있다. 이처럼 자연계에서 인간만이 독보적인 지위를 가지고 있다고 주장하는 견해들은 과학적 발견 앞에서 휘어지고, 주춤거리고, 수정되었다. 인간이 다른 동물들과 다른 점이라면 스스로가 특별한 존재라고 느끼고 싶어하는 욕구밖에 없을 것이다.

5부

치료

•월경에 관한 새로운 이론 •야채가 몸에 좋은 이유 •비만 : 포유동물의 운명 •기쁨에 대한 해부

월경에 관한 새로운 이론

　인류의 장구한 역사 속에서 월경을 하는 여성은 흔히 무리로부터 욕을 먹거나, 위협을 당하지 않으면 월경 기간 동안 마을에서 쫓겨나 혼자서 지냈다. 무리의 동정을 사는 것은 그나마 다행스러운 경우였다. 의학서에서도 월경은 대개 손실로 평가받는다. 여성들은 한 달에 한 번 월경을 한다. 월경을 통해 미수정란과 아기가 생길 것에 대비하여 두껍게 부풀어올랐던 자궁 내막을 체내로 방출하는 것이다. 결국 월경이란 수정란이 착상되지 않아 흘리는 자궁의 눈물과도 같다.

　하지만 여성들이여, 이제 수치심을 버려라. 한 여성 진화생물학자가 월경에 대한 관점을 건전하고 능동적인 것으로 전환시키는 새롭고 파격적인 이론을 제시했기 때문이다. 인습을 타파하자는 급진파인 워싱턴 대학의 마기 프로펫(Margie Profet)은 월경이 정자를 타고 자궁으로 들어오는 해로운 세균들로부터 자궁과 나팔관을 보호하는 작용을 하므로 몸에 이롭다고 주장한다.

프로펫의 가설에 따르면, 자궁은 정자에 딸려 들어오는 세균이나 바이러스에 감염될 확률이 상당히 높은 곳이긴 하지만, 월경이라는 공격 수단 덕분에 불임과 질병, 심지어 죽음을 초래할 수도 있는 감염을 막을 수 있다. 마기 프로펫은 우리 몸이 월경을 통해 세균들에게 두 단계의 공격을 취한다고 말한다. 첫번째 단계로 병원체들이 번식할 가능성이 높은 자궁 내막을 벗겨내고, 두번째 단계로 벗겨낸 곳을 세균을 죽이는 면역세포들을 운반하는 혈액으로 씻어낸다. 이 과정을 통해 병원체들과 병원체들의 번식처가 동시에 파괴된다.

프로펫은 '월경을 하면 다량의 혈액, 조직, 철분, 귀중한 영양물질들을 잃게 되는데도 폐경기에 이를 때까지 왜 매달 월경을 하는가?'라는 누구나 품을 수 있는 의문점을 이론적으로 해명하려고 노력한다. 수정란이 착상할 때까지 자궁 내막을 그대로 둬도 될 텐데 어째서 쓰지도 않은 자궁 내막을 버리는 것일까? 또 약간의 자궁 내막을 버리는 데 왜 그렇게 많은 피를 흘리는 것일까? 소화관의 내막이 나흘에 두 번씩 재생산되는 작용, 피부세포가 피부에서 매일 수만 개씩 떨어져나가는 작용, 다른 기관들이 새롭게 수리되는 작용이 모두 혈액의 도움 없이 일어난다. 요컨대 월경만 여성들에게 너무나 큰 희생을 요구하는 일인 것이다. 그러나 프로펫은 월경이 중요한 목적을 지니고 있기 때문에 일어난다고 주장한다. 그리고 배란에 잇따르는 자궁 출혈이나 수정란이 착상한 뒤에 나타나는 자궁 출혈, 또는 출산 뒤에 나타나는 자궁 출혈 등은 신체가 자궁을 청소하는 방식이자 병원체를 실은 침입자들을 제거하는 방식으로 본다.

나아가 프로펫은 포유동물 중에서 인간과 고등한 몇몇 영장류만이 월경을 한다고 믿는 일반인의 생각이 잘못된 것이라고 주장한다. 프로펫은 과거의 연구 보고서들까지 일일이 검토한 끝에 박쥐와 주머니고양이, 투파이, 원원류의 원숭이들 등 진화의 역사 속에서 각기 다른 종을 이루게 된 수많은 포유동물들이 월경을 한다는 사실을 알아냈다. 연구자들이 관찰할 시간만 있다면, 거의 모든 포유동물들이 월경을 한다는 사실이 밝혀질지도 모른다. 출혈량이 너무 적어 얼핏 봐서는 월경을 한다는 사실을 알 수 없는 포유동물들까지도 말이다.

프로펫의 가설은 의학적으로 매우 큰 의미를 지닌다. 자궁 출혈이 자궁의 감염을 막아준다면 여성들은 월경을 억제하는 피임약 복용을 가급적 피해야 하고, 이유를 알 수 없는 자궁 출혈이 발생하면 자궁이 감염되어 질병을 물리치기 위해 싸우고 있음을 보여주는 초기 신호일 가능성이 있다고 봐야 하기 때문이다. 의학자들은 흔히 그러한 자궁 출혈을 호르몬의 비정상적인 분비로 인해 나타나는 현상으로 본다. 또 그러한 자궁 출혈이 여성의 자궁이 감염될 위험을 증가시킨다고 생각한다. 그러나 프로펫은 그것은 화재가 발생하는 것을 소방대원의 탓으로 돌리는 경우와 같다고 말하면서 의학자들의 의견을 반박한다. 프로펫의 주장이 옳다면, 이유 없이 자궁 출혈이 일어나서 병원으로 찾아간 여성에게 의사가 자궁 출혈을 막는 호르몬제를 주사하는 것은 최악의 조치가 되는 셈이다. 그러한 자궁 출혈에 대해 보다 적절히 대응하려면 클라미디아와 같은 세균성 미생물이 있는지 조사해서 곧바로 항생물질을 처방해야 하는 것이다. 자궁 출혈의 다른 이유로는 암이나 섬유성 질환, 자궁 외 임신 등의 경우도 있지만, 프로펫은 자궁 감염 또한 자궁 출혈의 원인이라고 주장한다.

프로펫의 가설이 옳다면 삽입식 피임 기구를 사용하는 여성들이 월경시 출혈량이 많은 이유가 쉽게 설명된다. 삽입식 피임기구는 자궁에 만성적인 염증을 일으키는데, 그 염증은 대개 자궁 감염으로 인해 나타나는 것이다. 자궁은 세균에 감염되었다는 신호를 보내기 위해 출혈량을 증가시키는 듯하다.

그러나 많은 부인과 전문의들은 '너무 공상적이다' 또는 '산부인과를 찾는 여성들이 생리 기간에 감염에 대한 저항력이 강해지기는커녕 오히려 훨씬 약해진다' 등의 이유를 들어 프로펫의 이론을 공격한다. 프로펫은 그러한 반박에 대해 다음과 같이 대답했다. 1)생리 기간은 세균에 대한 저항이 증가되는 시기가 아니다. 묵은 병원체를 없애는 시기일 뿐이다. 2)우리 몸의 어떤 면역 메커니즘도 완벽하지는 않다. 그리고 의사들은 신체의 선천적 방어 기능이 떨어지는 사람들을 환자라고 부른다.

프로펫은 주류 학자는 아니지만, 1993년에 35세의 나이로 '천재상'이라고 일컬어지는 맥아더 상을 수상하여 가치를 인정받았다. 그녀한테는 학문적 권위를 증명해주는 서류들이 별로 없다. 박사 학위를 받으려고 애쓰기는커녕 학위를 받기 위해 노력하는 것 자체가 시간 낭비일 뿐 아니라 자신의 창의성을 말살하는 행위라고 생각했기 때문이다. 대신에 그녀는 학자들과 의사들이 간과하기 쉬운 평범한 현상들을 새로운 시각으로 풀이한 책들을 발간했다. 예를 들어 그녀는 임산부에게 흔히 나타나는 헛구역질이 실제로는 음식물 속의 독소에 대한 저항력이 가장 약해지는 기간인 임신 기간에 야채처럼 독소가 많은 음식물을 먹지 못하게 하기 위해 나타나는 현상이라고 주장했다. 또 기침이나 재채기는 세포를 손상시키는 식물 함유물들로부터 인체를 보호하기 위해 일어나는 알레르기 반응이라고 주장했다.

프로펫은 일곱 살 때 언니에게서 월경 이야기를 들으면서 처음으로 월경에 대해 고민하게 되었다고 한다. 그때의 기분을 그녀는 이렇게 말한다.

"난 그렇게 얼토당토 않는 일을 왜 겪어야 하나 하는 생각이 들어 기분이 너무 상했어요. 그리고 왜 그렇게 번거로운 일을 해가면서까지 자궁 내막을 제거해야 하는지 궁금했죠. 여자들이 그렇게 비합리적인 일을 하게 하시다니, 하나님이 정말로 여자를 미워하시는구나 싶었어요."

나이가 들면서 그녀는 월경을 의학적으로 어떻게 해석하는지 알게 되었지만 여전히 만족을 느끼지 못했다. 오히려 월경이 불행한 일이고, 호르몬 분비의 불필요한 부산물일 거라고 보는 의학적 해석이 못마땅했다. 그녀는 그것이 근거 없는 이론이라고 생각했다.

뱀들이 꼬리에 꼬리를 물고 하나의 원을 형성하고 있는 꿈을 꾸고 나서 벤젠의 구조를 알아낸 패러데이처럼, 프로펫도 꿈속에서 창조적인 아이디어를 얻었다. 어느 날 꿈속에서 빨간 천에 검은 삼각형들이 빽빽이 박혀 있는 것을 보고 깨어나 그 삼각형이 병원체이고 새빨간 막이 자궁이라는 사실을 깨달은 것이다.

프로펫은 자신의 이론을 뒷받침해줄 현상들을 찾기 위해 조사 작업을 하는 과정에서 월경이 호르몬 변동에 따라 무의미하게 나타나는 현상이 아니라 분명한 목적을 위해 적응한 현상임을 입증할 근거를 발견했다. 생리학 연구서를 뒤적이다가 나선형 모양의 특이한 동맥이 존재한다는 사실을 알게 된 것이다. 나선형 동맥은 자궁으로 연결되어 있는 동맥으로, 일정 기간 동안 혈관을 패쇄시켰다가 갑자기 개방시킴으로써 월경을 일으킨다. 나선형 동맥이 혈관을 패쇄하면 자궁 내에 혈액 공급이 중단되어 자궁 내막이 괴사되고, 혈관을 재개방하면 혈액이 한꺼번에 터져나가 자궁 내에 있는 괴사된 조직들이 쓸려나가는 것이다. 또한 생리혈에는 공기에 노출되었을 때 혈액 응고 작용을 하는 인자들이 상당히 부족하다.

프로펫은 월경이 적응하면서 진화된 현상임을 발견하고 무척 기뻐

하면서 월경이 어떤 목적을 이루기 위해 생겨났는지를 탐구하기 시작했다. 그 과정에서 그녀는 정자가 질병의 유력한 매개체라는 사실을 증명할 객관적인 자료들을 발견했다. 전자현미경을 통해 찍은 정자의 사진을 보고, 정자가 지겹게 달라붙는 세균에 에워싸인 눈물방울 모양의 세포라는 사실을 알게 된 것이다. 또한 자궁 경부 곳곳에는 점액들이 있는데, 이 점액들이 평소에는 유기체가 자궁으로 들어가는 것을 막지만 정자가 난자에게 접근하는 것이 허락되는 배란 기간에는 유기체들을 통과시킨다는 사실을 알게 되었다. 그리고 정자와 함께 발생했거나 질에서 번식하던 세균들이 성교 과정에서 정자를 타고 자궁으로 침투해서 여성이나 태아를 위험하게 한다는 사실을 깨달았다.

월경이 인체를 보호하는 작용을 한다는 근거는 그것만이 아니다. 생리혈에는 병원체를 집어삼키는 대식세포와 면역세포가 풍부하다. 또한 생리혈은 철분을 격리시켜, 철분을 흡수해야 생존할 수 있는 세균이 철분에 접근하지 못하게 하는 기능도 갖고 있다.

프로펫은 다른 포유동물의 암컷도 인간의 여성들과 마찬가지로 정자에 기생하는 세균에 쉽게 노출된다는 사실을 깨닫고, 포유동물의 세계에서 월경과 기타 자궁 출혈 현상이 일반적으로 나타난다고 보는 자신의 생각을 뒷받침해줄 근거들을 찾아나섰다. 그 결과 많은 포유동물들이 알게 모르게 월경을 하고 있음을 알았고, 월경을 하지 않는 암컷도 있다는 주장이 설득력이 부족하다는 사실을 깨달았다. 모든 포유동물의 월경 중에서 우리가 가장 주목해야 할 것은 인간의 월경일 것이다. 여성은 대개 다른 포유동물의 암컷보다 성교를 자주 하고, 그 때문에 자궁이 감염될 위험이 크다. 여성은 임신 기간에만 감염 방지를 위한 자궁 출혈을 하지 않는다. 임신 기간에는 자궁 경부가 짙은 농도의 화학물질로 이루어진 점액이 생겨 정자가 자궁으로 들어

가는 것을 막기 때문이다(그러나 의사들은 출산 전 이 개월 동안에는
자궁 경부의 점액이 유기체를 쉽게 통과시키므로, 정자에 의한 자궁 감
염 방지를 위해 성교시 콘돔을 사용하는 것이 좋다고 말한다). 폐경기가
지난 여성은 임신이 가능한 여성보다 자궁 경부 점액의 농도가 짙기
때문에 월경을 하지 않아 겪는 피해가 어느 정도 줄어든다. 정자를
자궁 속에 있는 난자에 접근시킬 필요가 없어진다면, 정자와 정자에
붙어 있는 세균들이 자궁 경부의 튼튼한 문 안으로 한 발짝도 들어갈
수 없게 되는 것이다.

야채가 몸에 좋은 이유

미국인들 중에는 육식을 좋아하는 사람이 많다. 그래서 상당히 많은 이들이 과일과 곡류와 야채 중심의 식사를 강조하는 최근의 분위기가 잘못된 것이기를 바라며 헛된 희망을 버리지 못하고 있다. 그들은 여전히 육류 위주의 식사가 최고라고 생각하고, 돼지고기나 쇠고기가 식탁 한복판을 차지하고 있지 않은 식사는 식사로 쳐주지도 않았을 때를 그리워한다.

그러나 여태 미련을 버리지 못한 이들이여, 헛된 희망을 버려라. 과일, 야채, 콩류, 약초 등이 함유하고 있는 화학물질들의 효능이 밝혀질수록 그 화학물질들이 신체의 쇠약을 둔화시켜 암이나 만성 질환들을 예방해준다는 점이 더욱 확실해지니까 말이다. 영양학자들과 유행병학자들은 오랜 관찰을 통해 식물성 음식을 좋아하는 사람이 육류를 좋아하는 사람보다 암 발병률이 낮다는 사실을 알게 되었고, 이제 그 이유를 밝히기 위해 노력하고 있다.

식물성 식품에는 비타민과 섬유질이 풍부하고, 영양적 가치는 없지만 암 치료에 효과가 있는 화학물질들이 풍부하다. 그런 화학물질들은 암을 즉각 퇴치하지는 못하지만 천천히 잔인하게 발전되는 암의 진행 속도를 늦출 수 있다. 이제껏 했던 실험들이 대부분 동물의 몸에서 검출한 세포들을 통해 이루어졌기 때문에 과일이나 야채에 함유된 어떤 화학물질이 암의 진행을 억제하거나 암을 퇴치한다는 것이 완전한 사실로 굳어지지는 않았다. 그러나 암 환자들은 실험 사례와 장수한 사람들의 사례를 통일적으로 파악하여 얻은 결론에서 용기를 얻기도 하고 낙담하기도 한다.

연구자들은 건강식에 들어 있는 대표적인 항암물질들을 어느 정도 파악하자마자 식물에 함유된 화학물질들이 어떻게 질병을 예방하는가를 밝히는 가설을 세웠다. 독일 하이델베르크 대학 소아과 병원의 의학자들은 야채와 콩이 많이 들어 있는 일본 전통 식품을 먹는 사람의 소변에서 제니스테인이라는 물질을 검출했다. 그리고 그 화학물질을 페트리 접시에 배양하여 여러 가지 실험을 한 결과, 제니스테인이 새로운 모세혈관의 성장을 막는 기능이 있다는 사실을 발견했다.

이러한 기능은 유방암, 전립선암, 뇌종양과 같은 악성 종양들을 비롯한 여러 형태의 종양을 예방하고 치료하는 데 큰 도움을 줄 수도 있다. 종양 조직이 1, 2밀리미터 이상 증식하려면, 먼저 그 주변에 새로운 모세혈관을 성장시켜야 한다. 모세혈관이 활발하게 성장하면, 이제 단순한 종양이라고 보기 어려워진 악성 종양 조직은 모세혈관을 통해 산소와 영양물질을 공급받아 증식을 하고 끝내는 혈액과 림프계에 침투하여 우리 몸 곳곳의 다른 장기로 전이한다. 제니스테인은 모세혈관의 성장을 막아 초기 종양이 악성 종양으로 발전하는 것을 막아준다.

제니스테인이 가장 많이 들어 있는 식물은 대두지만, 콩과의 다른 식물에도 상당히 많이 들어 있다. 일본 전통 식품을 먹는 사람들의 소변을 검사해보면, 서구인의 30배가 넘는 제니스테인이 들어 있다. 그래서 일본인들이 자기 나라를 떠나 미국이나 유럽에서 몇 년 동안 살게 되면, 전립선암에 걸릴 확률이 급격히 증가하는 것인지도 모른다. 식성이 서구화되어 제니스테인이 결핍된 식사를 하게 되면, 콩류의 섭취를 통해 성장이 억제되던 미성숙한 전립선 종양이 자유롭게 성장하기 때문이다. 제니스테인은 동물 실험과 제한된 임상 실험을 통해 그 기능이 입증되기만 하면 암의 예방과 진행중인 암을 치료하는 식이요법에 유용하게 쓰일 것이다.

모세혈관의 성장을 억제하는 치료법은 대단히 이상적이다. 일반 조직은 그냥 두고 종양 조직만 공격하기 때문이다. 성인의 신체에서 모세혈관은 암세포를 증식시키기 위한 경우가 아니면 심한 상처를 입었거나, 심장마비가 일어나거나, 수정란이 자궁에 착상하는 등의 아주 드문 사건이 일어난 뒤에만 성장하기 때문에 모세혈관의 성장을 막는 화학물질들은 거의 부작용을 일으키지 않는다.

식품에서 항암물질을 발견했다는 사실이 대단히 고무적이기는 하지만, 과학자들은 식품 분석 분야의 연구가 아직 걸음마 단계라는 사실을 인정한다. 식품은 화학적으로 엄청난 힘을 지니고 있다. 브로콜리 한 줄기, 멜론 한 조각에도 상호 작용을 일으킬 가능성이 있는 수백, 수천 가지의 화학물질들이 들어 있다. 몇몇 식물 식품들은 암을 막는 화학물질뿐만 아니라 암을 유발하는 자연의 독소도 함유하고 있지만, 주어진 식품 속에서 어떤 화학물질이 더 큰 영향력을 발휘하는지 가려내기란 쉽지가 않다. 그러나 건강식품 회사들이 과학자들도 단언하지 못하는 효능을 과대 광고로 포장해서 일시적인 유행을 조장하는 바람에 비타민에 대한 환상을 품고 있는 사람들, 늙지 않으려고 몸부림치는 사람들, 채식만 고집하는 사람들, 콩만 먹는 사람들이 점점 늘어가는 실정이다.

사실 암은 이제껏 예방보다 치료를 중심으로 연구되었다. 연간 총 예산이 20억 달러에 달하는 미국 국립 암 연구소의 예를 들면, 암 예방을 위한 연구 사업에는 일 년 총 예산의 5%만이 책정되어 있고 유전자 치료법처럼 연구비가 많이 드는 고상한 연구에는 훨씬 많은 예산이 책정되어 있다. 유전자 치료법은 효과가 있다 해도 암 환자들이 혜택을 보기까지 몇 년의 세월이 걸린다. 많은 이들의 이목을 집중시키고 있는 택솔이라는 약품도 시장에 나오기까지 10억 달러에 달하는 돈이 들었다. 하지만 택솔의 효력은 자궁암에 걸린 환자의 생명을 오 개월 가량 연장하는 정도에 불과하다. 그렇게 많은 돈이 암 예방과 암 홍보 사업에 쓰인다면 얼마나 좋을까?

채식 위주의 식사는 암을 예방하는 장점을 지니고 있다. 과일과 야채를 많이 먹는 사람은 대개 기름진 음식을 싫어한다. 야채는 고기나 치즈보다 열량이 적은데, 동물을 대상으로 실시한 한 연구 결과를 보면 열량 흡수를 제한하면 암 발병률이 급격히 줄어든다는 사실을 알 수 있다. 사소한 부분들을 제외하더라도 야채는 확실히 장점이 많다. 우리 몸의 세포는 에너지를 생산하고 산소를 소비하는 과정에서 유전자에 변이를 일으키고 암을 발생시키는 역할을 하는 자유라디칼(free radical)이라는 불안정한 원자들을 끊임없이 생산한다. 이 자유라디칼들은 대부분 우리 몸에 있는 산화 억제 효소에 흡수되는데, 녹황색 야채는 멜론이나 감귤처럼 비타민 C와 E, 베타카로틴, 비타민 A의 선구물질과 같은 산화 억제 효소들을 제공한다. 동물을 대상으로 한 여러 실험들을 살펴보면, 로즈메리와 녹차와 쿠르쿠민(강황)—카레가

노란색을 띠게 하는 화학물질—은 자유라디칼이 세포의 주요 DNA에
도착하기 전에 자유라디칼을 억제하고 중성화시키는 작용을 해서 암
의 진행을 막는다.

과학자들은 식물 화학물질이 여성호르몬의 대사에 미치는 영향을
탐구하여 채식 위주의 식사가 어떻게 유방암을 방지할 수 있는지를
연구했다. 에스트로겐의 전구체인 에스트라디올은 물질대사를 통해
16-수산화 에스트로겐이나 2-수산화 에스트로겐으로 변화한다. 16-
수산화 에스트로겐은 매우 활성적이고 여러 가지 위험 요소를 두루
갖춘 물질이다. 그래서 혈액 속에 16-수산화 에스트로겐의 수치가 높
은 여성들은 그렇지 않은 여성보다 유방암에 걸릴 가능성이 높고, 유
방암 조직에서 떼어낸 조직에는 암이 확산되지 않은 주변 조직보다
16-수산화 에스트로겐이 더 많이 포함되어 있다.

반대로 2-수산화 에스트로겐은 16-수산화 에스트로겐에 비해 비활
성 물질이다. 운동을 즐겨 하는 여성들은 유방암에 걸릴 가능성이 낮
은데, 그런 여성들의 혈액 속에는 2-수산화 에스트로겐의 수치가 높
다. 이 비활성 형태의 2-수산화 에스트로겐은 브로콜리, 방울다다기
양배추, 양배추 같은 평지과 식물들을 많이 먹는 여성들의 혈액 속에
서 높은 수치로 나타났다.

연구자들은 브로콜리 같은 평지과 식물들로부터 화학물질들을 검
출해 실험한 결과, 인돌-3-카르비놀이라는 화학물질이 에스트라디올
을 무해한 2-수산화 에스트로겐의 형태로 변화시키는 물질대사로 유
도한다는 사실을 밝혀냈다. 1993년 중반에 연구자들은 인돌-3-카르
비놀이 에스트라디올을 2-수산화 에스트로겐으로 유도하는 것이 여
성의 암 발병률에 어떤 영향을 미치는지 알아내기 위해 일군의 여성
들에게 인돌 카르비놀 4백 밀리그램—양배추 반 잎에 든 인돌 카르비

놀의 양과 같은 수치—이 든 알약을 매일 복용시켰다. 연구를 시작한 지 이 주일 만에 참가한 여성들의 혈액 속에 든 무해한 2-수산화 에스트로겐의 수치가 마라톤 주자의 혈중 수치만큼 올라갔고, 그 수치가 몇 개월 동안 유지되었다. 그러나 에스트로겐 대사의 변화가 유방암의 발병률에 영향을 미치는지는 앞으로 몇 년이 더 지나야 밝혀질 것 같다.

평지과의 식물들은 미쳐 날뛰는 암세포에 각기 고유의 방식으로 대항하는 여러 항암성 화학물질들을 함유하고 있다. 평지과 식물들에 함유되어 있으면서 암으로부터 우리 몸을 보호하는 기능을 가진 화학물질로 설포라판이 있다. 설포라판은 이소사이오시오네이트라고 알려진 화학물질군 중에서 가장 자극성이 강하고 향료, 브로콜리, 콜리플라워, 케일, 겨자, 겨자무 등에 함유되어 매운 맛을 내는 화학물질로, 신체에 흡수되면 몸 안의 보호성분인 2상(狀) 효소들의 분비를 자극한다. 그런데 이 2상 효소들은 발암물질을 무해한 형태로 바꾸어 몸에서 내쫓는 기능을 지니고 있으므로 설포라판은 간접적으로 암 퇴치를 돕는다고 볼 수 있다.

과학자들은 배양된 쥐의 간세포에서 2상 효소들의 활성화 움직임을 발견함으로써 식품에 든 설포라판과 기타 효소 유도물질들을 확인할 수 있었다. 또 각각의 식물종뿐만 아니라 한 식물의 여러 표본을 선별하여 실험한 결과 추출된 효소 유도물질들이 표본에 따라 완전히 다르다는 사실을 발견했다. 표본마다 각기 다른 유도물질들이 추출된 것은 표본으로 쓰인 야채들이 유전적으로 서로 다르기 때문이기도 하고 표본 야채들이 재배된 방식이 모두 다르기 때문이기도 하다.

식품에 함유된 성분들을 분석해보면, 단순한 작용만을 하는 경우는 거의 없고 모든 성분들이 여러 가지 작용을 하는 듯하다. 비타민 C는 근육의 산화를 억제할 뿐 아니라 위에서 암을 일으킬 가능성이 있는 니트로사민의 생산을 막는다. 제니스테인은 혈관의 성장을 억제하고 암세포의 증식을 직접적으로 방해한다. 섬유질은 과일과 야채 산업뿐만 아니라 아침 식사용 곡물 산업을 부흥시키는 데 가장 큰 공을 세운 물질로 신체에 좋은 영향을 미친다. 대장에 든 유독성 물질들의 농도를 낮추어 대장의 섬세한 점막 조직이 손상되지 않게 해주고, 대변이 대장을 쉽게 통과하게 해준다. 그뿐만 아니라 소장과 대장의 환경도 변화시킨다. 우리 몸 안에는 식품 속의 발암전구체를 악성 종양의 병원체로 변화시켜 암을 유발시키는 해로운 세균들이 있다. 섬유질은 알려지지 않은 메커니즘을 통해 그러한 해로운 세균들의 성장을 억제함으로써 암을 예방한다. 또 해로운 세균의 번식을 막고, 해로운 세균을 없애는 이로운 박테리아의 성장을 촉진시킨다. 게다가 고작 그런 이유만으로 어떻게 육식 위주의 식습관을 채식 위주로 바꾸겠냐는 듯이, 섬유질은 몸에 이로운 에스트로겐의 분비를 도와 유방암을 억제하는 역할까지 한다.

식물에 함유된 복잡하고 다양한 화학물질들과 그 물질들의 기능을 고려해본다면, 비타민제 몇 알로 육식 위주 식사의 문제점을 모두 보완할 수 있다고 믿는 것이 얼마나 잘못된 생각인지 알 수 있을 것이다. 과학자들도 아직 방울다다기양배추에 들어 있는 화학물질들의 작용을 모두 밝혀내지 못했는데, 광고 제작자가 어떻게 알약으로 만든 방울다다기양배추의 효능을 설명할 수 있겠는가?

비만 : 포유동물의 운명

살아가면서 뒤룩뒤룩 살이 찌는 것만큼 난감한 일도 없다. 출렁거리는 넓적다리, 겹겹이 접히는 뱃살, 셔츠 깃 위로 불룩 튀어나온 목덜미…… 생각만 해도 끔찍한 일이다. 그러나 살찌는 것이 기분좋은 일은 아니지만 어쩌면 우리가 포유동물이기 때문에 치러야 하는 대가인지도 모른다.

연구자들은 한때 우리 몸의 지방이 피부 밑과 내부 기관 주위에 골고루 흩어져 있다고 생각했다. 그리고 몇몇 부위가 집중적으로 살이 찌는 것은 유전적 특수성이나 운동 습관 때문에 나타나는 현상이라고 생각했다. 그러나 최근에 인간과 동물의 지방 조직을 비교하는 연구가 빈번해지면서, 가장 마른 야생 포유동물조차 몸의 특정 부위에 살이 찐다는 사실이 밝혀졌다. 그렇게 살이 찐 부위들을 볼 때마다 우리는 포유동물의 제한된 에너지 저장 능력에 한탄을 금할 수 없다. 다람쥐, 오소리, 사슴, 아메리카오소리, 낙타, 인간 할 것 없이 포유동물들은 모두 젖가슴, 앞다리의 윗부분(인간의 경우에는 팔의 윗부분), 꼬리뼈 주위, 넓적다리 부근, 복근의 여덟 부위 중 세 부위와 목덜미에 지방층이 쌓인다. 그뿐이 아니다. 일반적으로 지방층이 심장을 둘러싸고 있는 동물은 인간뿐이라고 생각하기 쉽지만, 실제로는 상당히 많은 포유동물들이 심장 주위에 지방층을 갖고 있다. 포유동물에서 신체에 축적되어 있는 지방의 양은 종에 따라 각기 다르고 한 종에서도 개체에 따라 다르다. 그러나 지방이 축적되는 부위는 종이나 개체에 상관없이 대개 비슷하다.

지방이 어디에 축적되는가는 상당히 중요한 문제이다. 지방을 실험실 연구자들은 지방 조직이라고 부르고 현장 연구자들은 라드(lard)라고 부른다. 지방을 생물학적으로 연구한 자료를 살펴보면, 지방세포가 신체의 어느 부위에 있느냐에 따라 각기 다른 생화학적 특성을 지닌다는 사실을 알 수 있다. 사실 넓적다리와 복부와 내장 주위에 축적된 각 지방층들은 근본적으로 각기 다른 조직일지도 모른다.

지방이 축적되는 데에는 지방 분자를 합성하고 처리하고 저장하는 효소들의 역할이 크다. 이 효소들 중 관심을 끄는 것이 지단백질*(지질과 단백질을 함께 함유하고 있는 물질로, 콜레스테롤을 운반하는 역할을 한다—옮긴이) 리파아제(LPL)이다. 이 효소는 섭취된 음식물로부터 지방산을 추출하여 지방세포에 저장하는 일에서 주도적인 역할을 한다. 지단백질 리파아제는 거의 모든 포유동물들의 신체에 존재하는 효소로, 수컷보다 암컷에게 더 많다. 아마도 임신을 하는 암컷이 지방을 쉽게 저장할 수 있도록 해주기 위해서인 듯하다.

곰과 우드척 같은 동물들은 매년 동면에 들어가기 전에 엄청나게 살이 찌지만 인간에게 흔히 나타나는 고혈압, 동맥경화증, 당뇨병과 같은 비만성 질환을 앓지 않는다. 어쩌면 그것은 지단백질 리파아제처럼 지방 분자를 처리하는 효소들이 신체 내에서 정교하게 조절되기 때문인지도 모른다. 예를 들어 흰곰은 바다표범의 지방층을 대단히 많이 먹는다. 개나 인간이 지방층을 흰곰만큼 먹는다면 혈중 지방의 수치가 높아져 그 자리에서 사망할 것이다. 그러나 흰곰의 간과 동맥은 지방에 비교적 강해서 지방을 많이 섭취해도 심장마비를 일으키지 않는다. 그 이유는 지단백질 리파아제의 작용에 있는 듯하다. 지방의 대사 과정을 파악하기란 무척이나 어려운 일이지만 만에 하나 파악하게 된다면 우리는 비만에 대한 보다 효과적인 치료 방법을 찾아낼 수 있을 것이다. 그러나 과학자들은 최소한 모든 지방이 똑같이 생성되는 것이 아니고, 똑같이 해롭지도 않다는 점만이라도 일반인들에게 알리고 싶어한다.

　지방의 생화학적 특징이 어떻든, 지방은 어려운 시기에 에너지원으로 쓰이기 때문에 매우 중요하다. 식품에 들어 있는 지방은 아주 쉽게 체지방으로 변화된다. 섭취된 지방을 저장 가능한 지방으로 변화시키는 대사 과정에서 소화계는 섭취된 지방 분자에 들어 있는 에너지의 2%만 쓰고 나머지는 지방세포에 저장한다. 이에 반해 탄수화물을 저장 가능한 에너지로 변화시킬 때는 섭취된 탄수화물에 내재된 칼로리의 절반이 대사 과정에서 소비된다. 다시 말해서 다른 식품에서 지방을 만드는 것보다 지방에서 지방을 만드는 것이 훨씬 쉬운 것이다. 게다가 훗날에 대비해 지방 분자들을 저장하는 지방 조직은 거의 무한대로 늘어날 수 있다. 이것은 지방 조직이 피부를 제외한 다른 신체 조직과 다르게 지니고 있는 특성이다. 지방 조직이 그렇게 늘어날 수 있는 것은 부분적으로 지방 조직을 구성하는 지방세포의 본성에서 원인을 찾을 수도 있다.

지방세포는 원래 크기의 열 배 이상 늘어날 수 있다. 지방세포는 크고 둥근 지방 방울을 싸는 얇은 막과 같은데, 돼지고기로 채워진 소시지의 막보다 잘 늘어난다. 섭취한 식품에 지방이 너무 많이 들어 있어서 체내에 존재하는 지방세포들이 다 흡수할 수 없으면, 신체는 새로운 지방세포를 생산해서 남은 지방을 흡수한다. 또 지방세포는 한번 생성되면 죽는 법이 없다. 체중이 줄 때는 지방세포가 죽는 것이 아니라 수축되는 것뿐이다. 한번 만들어진 지방세포는 절대로 죽지 않고 지방질이 풍부한 식품을 늘 기다리고 있다.

연구자들은 오랫동안 신체의 특정 부위에 살이 찌는 현상이 얼마나 중요한지를 간과해왔다. 살이 찐다는 것 자체가 너무 일반적이고 평범한 현상으로 보였기 때문이다. 그러나 얼마 전에 유행병학자들은 뱃살이 많은 사람이 넓적다리와 엉덩이에 살이 많은 사람보다 심장마비를 일으킬 확률이 높다는 것에 주목하기 시작했다. 그러자 다른 과학자들도 신체의 각 부위에 축적된 지방층의 생화학적 특징에 의문을 품게 되었고, 포유동물의 비만의 열쇠를 찾기 위해 조사하게 되었다. 그러한 연구의 성과 중에서 가장 많은 이들의 이목을 집중시킨 것은 심장을 싸고 있는 지방층이다. 얼핏 생각하기에 심장을 에워싼 지방층은 심장이 뛸 때마다 따라 움직여야 하기 때문에 거추장스럽게 받아들여질 수도 있다. 그러나 그 지방층은 사실 신체에 가장 큰 도움을 주는 지방층으로, 혈액 속의 지방산을 흡수하고 그 지방산으로 심장의 근육 운동에 필요한 에너지를 생산하는 두 가지 기능을 갖고 있다. 뿐만 아니라 기름기가 많은 음식물을 먹은 뒤에 섬세한 심장 근육이 과다한 지방에 노출되지 않게 보호해주는 완충 역할도 한다.

신체 각 부위의 지방층은 각기 고유한 생화학적 특징을 갖고 있다. 넓적다리의 지방층은 혈액에서 지질을 효과적으로 흡수하여 장기간 저장하지만 에너지원으로 빨리 변화하는 간단한 구조의 당인 포도당은 잘 흡수하지 못한다. 혈액에서 포도당을 흡수하는 기능은 근육 사이에 존재하는 지방 조직이 더 뛰어나다. 근육 사이의 지방층은 두껍지는 않지만, 혈액을 지질로 변화시켜 에너지를 필요로 하는 근육에 공급하는 중요한 역할을 한다. 축적된 신체 부위에 따른 지방층의 생화학적 차이는 각 지방층이 각기 고유한 목적과 그에 따른 역할을 갖고 있기 때문인 듯하다. 근육 사이의 지방층은 에너지를 빨리 공급하기 위해 마련된 것이고, 넓적다리의 지방층은 에너지를 장기간 보유하기 위해 마련된 것이다. 물론 현대를 살아가는 우리들 대부분은 에너지원을 장기간 저장할 필요가 없다. 뿐만 아니라 넓적다리의 지방층은 그때그때 필요한 에너지를 빨리 공급하지 못한다. 하지만 그렇다고 해서 넓적다리의 지방층이 불필요한 것은 아니다. 넓적다리의 지방 조직은 기름진 식사를 통해 섭취된 지방이 동맥에 달라붙기 전에 혈액으로부터 그 지방을 흡수한다. 따라서 건강의 관점에서 생각해보면, 넓적다리의 지방층은 절대 해로운 것이 아니다.

몸에 이로운 지방층은 넓적다리의 지방층뿐만이 아니다. 흔히 알고 있듯이 여성은 대개 남성보다 뚱뚱하다. 이러한 차이가 왜 나타나는가? 이 문제 역시 다른 동물들을 대상으로 한 연구를 통해 해답을 찾을 수 있다. 과학자들은 인간을 제외한 다른 포유동물을 대상으로 지방 대사에 관여하는 효소를 조사한 결과, 지방 저장을 책임지는 주요 효소인 지단백질 리파아제가 부분적으로 성호르몬에 의해 조절된다는 사실을 발견했다. 암컷과 수컷 모두 지방의 저장을 돕는 효소를 가지고 있지만, 여러 종의 동물들에서 암컷은 성호르몬으로 리파아제가 빨리 생산되도록 자극한다. 암컷이 임신 전이나 임신 기간 동안에 살이 찌는 것도 그 때문이다. 인간은 지단백질 리파아제 작용이 성에 따라 크게 다르기 때문에 신체에서 지방이 축적되는 부위도 성에 따라 다르다. 여성은 흔히 엉덩이와 넓적다리와 가슴의 지방세포들이 지단백질 리파아제를 생산하고, 남성은 주로 복부의 지방세포들이 지단백질 리파아제를 생산한다.

지단백질 리파아제의 작용 때문에 남성이 복부에 살이 찌는 경향이 있다는 사실은 밝혀졌지만, 복부의 지방세포들이 왜 지단백질 리파아제를 다량으로 생산하는지는 아직 밝혀지지 않았다. 남성의 복부 비만은 진화의 역사에서 일찍이 나타난 현상으로, 남성이 여성보다 사냥이나 싸움을 잘 하고 급한 일이 닥쳤을 때 더 빨리 달아날 수 있었던 것도 모두 복부 비만 덕분이었는지도 모른다. 복부와 복부 기관 주위의 지방층은 투쟁-도피 스트레스 호르몬(fight-or-flight stress hormone)에 대한 반응도가 높다. 복부의 지방세포는 호르몬에 자극을 받으면 지방산 연료를 급히 방출해 근육과 심장이 에너지를 빨리 이용할 수 있게 해준다. 하지만 복부 지방층의 원래 목적이 무엇이든 현대 남성의 복부 비만은 건강에 상당히 위험하다. 특히 후기 산업 사회를 살아가는 사람들이 흔히 경험하는 만성적인 스트레스로 복부 지방층이 자극받을 경우에는 더욱 그러하다. 만성적 스트레스로 아드레날린이 계속 분비되면, 지방세포는 아드레날린 호르몬에 자극을 받아 끊임없이 혈액 속으로 지방산을 방출한다. 방출된 지방산은 먼저 간으로 갔다가 순환계의 활동을 통해 우리 몸 곳곳으로 퍼져나가 근육 활동을 위한 에너지로 쓰인다. 하지만 간에 너무 많은 지방산이 들어가면 간은 인슐린 활동에 장애를 일으킨다. 그러면 혈중 포도당의 수치가 급격히 증가하고 이자에서 분비되는 인슐린의 양은 더욱 많아져 고혈압, 당뇨병, 급성 심장질환 등을 일으키게 된다.

그러한 위험은 남성에게만 국한된 것이 아니다. 남성이 여성보다 배에 살이 찌는 예가 많기는 하지만, 여성들도 배에 살이 찌면 남성만큼이나 심장질환을 일으킬 위험이 높다. 반대로 여성들처럼 넓적다리와 엉덩이에 살이 유난히 많은 체형의 남자는 심장질환을 일으킬 위험이 비교적 낮다.

몇몇 과학자들은 다른 포유동물들이 지방층을 어떻게 관리하는지를 알아내면 인간의 비만증을 치료할 새로운 치료법을 개발할 수 있으리라고 낙관한다. 인간은 다른 동물보다 비만해지기 쉽다. 선진국 국민들이 살이 잘 찌는 이유는 음식을 많이 먹고 그에 따라 휴식을 요구하는 체내 물질대사 시스템을 끊임없이 가동하기 때문이다.

야생동물들 중에도 살이 찌는 동물들이 있는데, 인간에 비해 다른 동물들은 살이 쪄도 건강에 위협을 받지 않는다. 푸에르토리코의 남동 해안에 있는 카요 산티아고 섬에는 1,100마리 가량의 마카크원숭이가 자유롭게 살아가고 있다. 이 원숭이들은 비만 환자가 전체 개체수의 6% 정도를 차지하는데, 그중에는 표준 체중인 10킬로그램의 두 배나 되는 원숭이도 있다. 그러나 그 뚱뚱한 원숭이들 가운데 단 한 마리도 고혈압과 당뇨병 같은 비만성 질환을 앓지 않는다. 오히려 다들 평생 활기차고 정력적으로 살아간다.

마카크원숭이보다 더 놀라운 예를 보이는 동물이 있다면, 그것은 바로 우드척이다. 우드척은 겨울을 보내기 위해 매년 체중을 서너 배까지 늘리지만, 동맥경화증도 앓지 않고 아름답게 살이 찐다. 연구자들은 우드척이 그렇게 건강하게 살이 찌는 이유를 밝히려고 노력한 결과, 동면을 준비하는 우드척의 신체에서는 단기간에 최대한의 지방층을 축적할 수 있도록 리파아제를 비롯한 지질대사에 관계 있는 효소들의 분비가 급격히 증가한다는 사실을 발견했다. 우드척의 증가된 효소들의 혈중 수치는 봄이 오면 평균치로 떨어진다. 이것은 인간의 신체에서 발견되는 현상과 뚜렷한 대비를 이룬다. 인간의 경우 오랫동안 비만증을 앓아온 환자들은 살이 빠진 뒤에도 리파아제 및 지질 대사 관련 효소들의 혈중 수치가 낮아지지 않는다. 그 이유는 아직까지 밝혀지지 않았다.

다른 포유동물들이 살이 찌고 빠지는 과정을 살펴보면 비만 치료에서 의식이 얼마나 중요한 비중을 차지하는지 알 수 있다. 예를 들어 가을의 어느 시점에서 동면 준비를 하는 곰들은 물고기를 많이 먹어 체중을 크게 증가시킨다. 그러나 봄과 여름에는 호수와 강에 물고기가 아무리 많아도 살이 찔 만큼 먹지 않는다. 날씨가 따뜻할 때 체중이 필요 이상 늘어나면 체온이 올라가기 때문이다. 곰은 뇌 속의 어떤 화학물질이 있기에 봄이 오면 체중 관리를 하는 것일까? 그 화학물질이 무엇인지 밝혀져 상품화된다면 너도나도 앞다투어 사려고 할 것이다.

기쁨에 대한 해부

우리는 청교도적 엄격함이 지배하는 교육을 받으며 살아왔다. 그래서인지 우리의 과학 또한 기쁨보다 우울을 분석하는 데 더 큰 정열을 쏟아온 것이 사실이다. 연구자들은 오랫동안 스트레스 반응을 자세히 연구해왔다. 그리고 우리 몸에서 아드레날린과 노르아드레날린, 코르티솔이 지속적으로 분비되면 몸이 산성비를 맞은 풀처럼 시들시들해진다는 사실과 울화병과 우울증뿐만 아니라 만성 스트레스도 사람을 병들게 하고 목숨까지 앗아간다는 사실을 밝혀냈다. 하지만 연구자들은 낙관, 호기심, 희열—두 팔을 활짝 벌려 봄 햇살의 따사로움을 느끼며 노래하고픈 욕구—과 같은 것들이 어떻게 삶을 풍요롭게 하고 생명을 연장시켜줄 수 있는지에 대해서는 여전히 잘 모른다. 건강식품도 아닌 기쁨이 우리 몸에 이로움을 주고, 웃음이 정신을 좀먹는 스트레스로부터 몸을 보호해주고, 유쾌한 사람들이 툭 하면 화를 내고 짜증을 부리는 사람들보다 오래 산다는 점에 대해서는 공감하지만 말이다. 한 학교에서 의대생들의 삶을 이십오 년에 걸쳐 조사한 연구를 살펴보면, 성격 테스트에서 느긋하다는 평가를 받은 이들 중 단 2%만이 50세를 전후로 사망한 것으로 나타났다. 이에 반해 야비하고 잔인하다는 평가를 받은 사람들은 14%가 50세를 전후로 사망했다.

그러나 학자들은 웃음이 왜 몸에 좋은지, 기쁨을 느낄 때 우리 몸이 어떠한 작용을 일으키는지에 대해 몇 가지 실마리밖에 제시하지 못한다. 엔도르핀은 뇌에 들어 있는 아편 같은 화학물질로, 운동 선수들을 도취감에 빠지게 하여 성적을 올려주는 작용을 하는 것으로 유명하다. 그러나 이 엔도르핀은 사실 기쁨을 불러일으키기보다는 고통을 완화시켜주는 작용을 한다. 엔도르핀말고도 최근에 학자들의 관심을 끌고 있는 또다른 합성물로 옥시토신이 있는데, 옥시토신은 뇌하수체에서 소량 분비되는 호르몬으로, 만족감과 화합을 느끼게 하는 기능이 있다. 그러나 이제까지의 실험들은 대개 설치류를 대상으로 이루어졌다. 동물행동학자들은 인간의 신체에서 그런 작용을 하는 화학물질을 밝혀내기를 꺼리는 듯하다. 학자들은 대개 사람이 병에 걸리는 이유 같은 심각한 주제에 대해 연구하고 싶어하는 경향이 있다.

안타까운 사실이지만, 그나마 행복을 연구한 학자들조차 행복에 대해 상당히 소극적으로 이야기한다. 행복감이 건강에 좋은 이유는 그저 불안감을 덜어주거나 야채를 많이 먹고 술 담배를 피하고 하루에 여덟 시간을 자는 등의 바람직한 생활 습관을 부추기는 정도라는 것이다. 그러나 늘 심각한 표정을 짓고 있는 연구자들조차 진정한 기쁨이란 스트레스를 느끼지 않는 상태가 아니라 스트레스를 받으면서도 자신이 축복받은 존재라고 느끼는 성숙하고 근사한 감정이라고 생각한다. 기쁨은 스트레스에 대항하는 즐거운 감정의 소용돌이인 것이다.

연구자들은 실험실에서 행복을 느끼는 감정 상태를 분석하기가 너무나 어렵다고 말한다. 찾아온 사람을 대기실에서 두세 시간씩 기다리게 해 화나게 하고 체내에서 고름 덩어리가 발견되었다고 말해 걱정하게 할 수는 있지만, 코카인 같은 마약을 주사하면 모를까 행복하게 해줄 수는 없기 때문이다. 그러나 마약을 주사할 경우에는 인간이 자연스러운 상태에서 기쁨을 느낄 때 신체가 어떤 작용을 일으키는지 알아내고자 하는 본래의 목적을 이룰 수가 없다.

기쁨의 표현 방식 가운데 실험실에서 분석할 수 있는 것은 '웃음'으로, 계속 웃으면 우리 몸의 산소 소비량을 증가시키는 바람직한 작용을 한다고 밝혀져 있다. 웃는 동안에는 복부와 목과 어깨의 근육이 빠르게 수축과 이완을 반복하고 심장 박동이 빨라지며 혈압이 올라가고 들숨과 날숨이 교차하며 호흡이 깊어진다. 웃음이 진정되면 혈압과 맥박이 떨어지는데, 웃기 전보다 건강에 좋은 수치로 떨어지게 된다. 백 번 웃는 것은 십 분간 노를 젓는 것과 같은 효과가 있다. 차이가 있다면, 웃는 동안에는 표정이 밝아진다는 점뿐이다.

웃음은 또 고통을 극복하게 해준다. 한 실험에서 연구자들이 학생들을 두 집단으로 나누어 한 집단에게는 미국의 유명한 코미디언이 나오는 비디오테이프를 보여주고 다른 집단에게는 바구니에 덩굴 식물이 늘어져 있는 그림이 나오는 미술 교육용 비디오테이프를 보여주었다. 그리고 두 집단의 학생들에게 강도를 높여가며 전기 충격을 줄 테니 견디기 어려우면 손을 들어 신호를 보내라고 말했다. 짐작대로 코미디언이 나오는 비디오테이프를 본 집단이 교육용 비디오테이프를 본 집단보다 전기 충격을 훨씬 잘 견뎠다. 교육용 비디오테이프를 본 집단이 전기 충격을 못 견딘 이유가 온전히 전기 충격 때문인지, 교육용 비디오가 지루한 탓도 있는지는 알 수 없지만 말이다.

연구자들은 즐거운 행동을 연구할 때도 그 행동의 어두운 측면을 놓치지 않았다. 과학 문헌에는 웃음에 해당하는 항목이 그리 많지 않음에도 불구하고 '병적인 웃음(pathological laughter)'에 관한 항목은 유독 많다. 병적인 웃음이란 불행을 감추기 위해 웃는 정신병 환자의 증상(뉴욕의 한 정신과 의사는 이러한 증상의 환자들을 치료하는 것을 두고 "자신을 진지하게 받아들이지 못하는 사람들이 자신을 진지하게 받아들이도록 치료하는 것"이라고 말했다)이나, 뇌 손상을 입은 환자가 이유 없이 웃는 증상을 말한다. 오하이오 주에서 살충제를 조금 마시고 응급실로 실려온 환자가 있었다. 그 환자의 이상 증세는 약간의 마비 증상과 몸 떨림 그리고 웃음을 참지 못하는 것밖에 없었다. 하지만 신체기관이나 신경에 전혀 손상이 없는데도 그는 55분 동안 쉬지 않고 웃어댔다. 어찌나 웃어댔던지 나중에는 배가 아파 죽겠다며 고통을 호소하기까지 했다. 그 환자는 의사들이 정맥에 진정제를 놓아주자 그제서야 웃음을 멈추고 집으로 돌아갔다. 하지만 그 환자를 치료한 의사들은 허탈한 나머지 한동안 얼굴을 찌푸리고 있었다.

창조

미술을 좋아하는 의사들

빈센트 반 고흐는 살아 생전에도 죽은 뒤에도 평온을 얻지 못한 화가이다. 그림에 온 정열을 쏟고, 독한 압생트를 퍼마시며 며칠 동안 먹지도 않고, 왼쪽 귀를 자르고, 그러다가 결국 서른일곱의 나이에 스스로 목숨을 끊은 화가 빈센트 반 고흐. 그의 작품은 생전에 단 한 점밖에 팔리지 않았지만, 오늘날에는 수십만 달러를 호가한다. 의사들은 1890년에 자살한 위대한 후기 인상주의 화가 고흐의 작품들과 편지들을 연구, 분석하여 고흐가 이명, 뇌종양, 녹내장, 백내장, 조울증, 정신분열증, 마그네슘 결핍, 디기탈리스 중독 등 152가지가 넘는 병을 앓았다고 주장한다. 디기탈리스는 고흐가 발작 치료를 위해 먹었던 약초인데 많이 먹으면 노란색 환영이 보인다고 한다. 의사들은 고흐가 선명한 노란색을 즐겨 쓴 것이 디기탈리스 중독 때문이라고 설명한다.

『미국의학협회지 *The Journal of the American Medical Association*』

최근호에 고흐가 두 가지 심각한 질환을 앓았다고 주장하는 논문이 실렸다. 고흐의 병을 규정한 그 진단들은 근거는 불확실하지만 무척 독창적이라서 읽는 이의 눈길을 끄는데, 그중 하나가 고흐가 메니에르 증후군을 앓았다는 것이다. 메니에르 증후군은 현기증과 구토, 이명, 난청 등을 일으키는 내이(內耳) 질환으로, 논문을 쓴 의사는 고흐가 메니에르 증후군에 시달리다 못해 귀를 잘라냈다고 주장한다. 또 한 가지 진단은 고흐가 급성 포르피린증을 앓았다는 것이다. 급성 포르피린증은 유전성 대사 질환으로, 고흐가 고통을 호소하던 환각, 발작, 우울증, 복부 경련과 같은 증상들을 일으키기도 한다. 논문을 쓴 의사는 고흐가 식사를 자주 거르고 술을 많이 마시며 독한 물감 냄새를 자주 맡았기 때문에 선천적으로 앓고 있던 포르피린증을 상당히 악화시켰다고 주장한다.

고흐의 질병을 연구하는 클럽의 최근 프로그램에는 미술을 좋아하는 의사들이 지적 오락을 즐기거나 질병의 역사에 대한 이해를 높이기 위해 지속적으로 참여하고 있다. 이 프로그램의 제목은 '화폭의 진단'인데, 주된 목적은 화가의 병명을 밝히고 작품에 나타난 색, 구도, 주제 등을 분석해서 병의 진행 상황을 정리하는 것이다. 의사들은 이러한 분석을 통해 클로드 모네가 백내장으로 심각한 시각 장애를 앓았고 백내장 수술이 〈수련〉 연작에 큰 영향을 미쳤다고 주장한다. 또 고야의 그림에 나타나는 편집광적인 묘사와 정서적으로 불안정해 보이는 인물들은 나날이 심각해지는 청각 장애로 불안해하던 고야의 심정을 반영하고 있다고 주장한다.

모임에 참가한 의사들은 또 미술작품에 나타난 기묘한 인물을 연구하여 진단을 내림으로써 인물이 왜 그러한 모습을 지니게 되었는지를 설명하기도 한다. 두 명의 외과 의사와 한 학생이 프랑스 화가 코로

(Corot)의 〈만돌린을 든 소녀〉에 나오는 소녀의 마디 굵은 손가락을 보고 그 소녀가 젊은 여성들에게 흔히 나타나는 심각한 자가면역질환인 류머티스성 관절염을 앓고 있다고 주장했다. 또 코로가 소녀의 손을 배배 꼬인 형태로 표현한 것은 코로 자신이 관절염의 일종인 통풍을 앓았기 때문이라고 주장하면서 그 그림에 정서 불안의 증후도 조금 나타나 있다고 덧붙였다.

의학 사학자들은 때로 병을 앓는 사람들을 그린 미술작품을 통해 특정한 병이 특정 인구에 언제 최초로 침투했는지, 그 병이 퍼져나간 경로는 어떻게 되는지를 가늠한다. 유전성 질환인 류머티즘성 관절염을 예로 들어보자. 유럽에서는 1800년 이전의 어떤 미술작품에도 류마티즘성 관절염 때문에 신체가 기이하게 변형된 인물이 나타나 있지 않다. 류머티즘 학자들은 그 사실에 주목하여 1800년까지 유럽에는 그러한 유전성 질환을 앓는 사람이 존재하지 않았거나 존재했더라도 극히 드물었다는 가설을 세웠다. 고대 이집트와 중앙 아메리카에서 활동하던 이름 모를 조각가들과 화가들은 오늘날 의대생들을 가르치는 데 이용해도 손색이 없을 정도로 정확하게 유전성 질환들을 표현했는데, 그중 가장 뛰어난 것이 망막에 생기는 유전성 종양의 일종인 망막아종을 표현한 조각품이다. 이 작품을 만든 마야의 조각가가 망막아종을 어찌나 사실적으로 표현했는지 망막아종 말기에 종양 덩어리가 눈알을 뚫고 나오는 것까지 표현되어 있다.

미술을 좋아하는 의사들은 자신들이 캔버스를 진단하는 것은 학문적인 목적보다 오락적인 목적이 더 크다고 말한다. 이들은 훌륭한 화가란 훌륭한 의사와 마찬가지로 남들이 간과하기 쉬운, 작지만 의미 있는 요소들에 주의를 기울인다는 점에서 동류의식을 느낀다. 의사는 병을 진단할 때 환자의 얼굴에 반점이 생기지는 않았는지, 손톱에 파인 부분은 없는지, 모세혈관이 눈에 띠게 팽창되어 있지는 않은지 꼼꼼히 살펴본다. 그래서 의사들은 미술가들도 자신이 주목해서 보는 부분들에 세심한 주의를 기울여 그림을 그렸다고 생각한다. 그러다 보니 캔버스를 자신의 진단을 기다리는 환자로 볼 수밖에 없는 것이다.

의사가 한 번도 만난 적이 없는 화가의 병을 꼬집어내거나 어디가 아픈지도 모르는 그림 속 인물들의 병명을 밝히려고 애쓰는 일 자체는 상당히 재미있을지도 모른다. 그러나 그것이 미술과 미술가들에 대한 일반인들의 사고를 더욱더 왜곡시킨 것도 사실이다. 현대 미술이 차츰 비구상화되어가면서 사람들은 미술작품을 정서 불안이 낳은 부산물로 치부해버리고 정신과 의사들이 "맞아요, 그 화가는 정신병자였습니다"라고 이야기해주기를 은근히 바란다. 미술사가와 의학 사학자들은 적절한 진단을 통해 그림을 그린 화가의 독특한 화풍을 규정짓는 특별한 노력들을 헐뜯으려고 안달이다. 1913년에 파리의 의사들은 엘 그레코가 난시였기 때문에 인물을 길고 가늘게 그렸다고 주장했다. 난시란 안구가 구 모양이 아니라 풋볼공 모양이어서 생기는 시력상의 문제로, 안경으로 교정을 해도 물체가 길고 가늘게 보이거나 납작하게 보이는 경향이 있다고 했다.

그러나 안과 의사들과 몇몇 사람들이 기회가 있을 때마다 그 의견에 반박해왔기 때문에 엘 그레코에 대한 그 이론은 얼토당토않은 것으로 밝혀지게 되었다. 안과 의사들은 반박의 근거로 두 가지를 제시했다. 우선 엘 그레코가 살던 시대에는 난시 교정을 위한 렌즈가 없었다. 그런데 교정되지 않은 난시는 물체를 길고 가늘게 보는 것이 아니라 흐릿하게 본다. 두번째로 엘 그레코의 그림을 X-레이로 촬영해보면 색칠된 부분 밑에 정상적인 형태를 지닌 밑그림이 보인다. 이것은 화가가 밑그림에 유화 물감을 칠할 때 인물을 의도적으로 길고 가늘게 그려 천상의 분위기를 풍기려고 했음을 보여주는 것이다.

미술작품을 통해 병력을 연구하는 이들은 현대의 의학적 자료를 바탕으로 더욱 탄탄한 이론적 근거를 가지고 미술가의 작품을 연구하고 있다. 그림을 통한 한 연구에서 의사들은 백내장이 모네의 미술 세계에 어떤 영향을 미쳤는지를 탐구했다. 모네는 1912년 72세의 나이에 백내장 진단을 받았다. 그러나 백내장이 점진적으로 진행되는 점을 생각해보면, 모네는 진단을 받기 훨씬 전부터 백내장을 앓아왔을 것이다. 모네의 그림은 19세기 말부터 세부 묘사가 눈에 띄게 줄어들고 물체가 흐릿하고 불명확하게 표현되었으며 노란색 색채가 주조를 띠었다. 백내장을 앓는 사람에게 가장 잘 보이는 색은 짙은 노랑색 계열이고, 가장 안 보이는 색은 파란색과 보라색 계열이다. 모네는 1918년 어느 인터뷰에서 자신의 시력 변화에 대해 이렇게 말했다.

"나는 빛을 전처럼 정밀하게 그릴 수가 없습니다. 이젠 빨간색이 흐릿하게 보이고, 분홍색이 생기 없게 보여요. 그뿐 아니라 중간색이나 옅은 색은 전혀 보이지가 않습니다."

1922년경에 모네는 법적 맹인으로 등록되었다. 빛은 감지하지만 색이나 형태를 볼 수 없었기 때문이다. 이듬해인 1923년에 모네는 오른쪽 눈에 백내장 수술을 받았다. 수술은 성공적으로 끝났다. 수술 결과가 어찌나 좋았던지, 파란색이 너무 생생하게 보여서 노란색이 가미된 색안경을 써야 할 정도였다. 모네는 세상을 떠나기 전 사 년 동안 〈수련〉 연작을 완성했다. 그중 몇몇 작품에서는 은은하면서도 생기 있게 빛나는 푸른색과 연보라색이 작품의 아름다움을 더하고 있다.

에드가르 드가도 말년에 망막에 있는 반점인 황반이 차츰 퇴화되는 황반변성이라는 시각 장애를 앓은 것 같다. 그 병을 앓으면 망막 주변부의 시력은 유지되지만 중심부의 시력은 잃어버린다. 그래서인지

드가의 후기 작품들을 살펴보면, 캔버스 가장자리는 형태와 움직임이
살아 있지만 중앙부는 초점도 없고 흐릿하다.

　의사들은 의사가 그려진 미술작품들도 즐겨 분석한다. 미국의 사실
주의 화가 토머스 이킨스(Thomas Eakins)는 의학을 공부하다가 화가
가 된 사람으로, 의사들이 소년의 어머니가 지켜보는 가운데 한 소년
의 넓적다리에서 뼈를 제거하는 장면을 그림으로 표현했다. 캔버스를
진단하는 의사들은 그림의 소년이 어떤 병을 앓았는지 고민한 끝에
골수염이라는 진단을 내렸다. 골수염이란 골수에 염증이 생겨서 뼈가
분리되어 다리 안의 주머니에 격리되는 증상을 말한다. 의사들은 그
그림이 20세기 초에 그려졌다는 점에 주목하여 소년이 골수염을 앓게
된 근본적인 원인은 결핵인 것 같다고 말했다.

　의사 그림 중에서 가장 유명한 것은 영국의 화가 루크 필즈 경(Sir
Luke Fildes)이 그린 〈의사〉라는 작품일 것이다. 어느 의사가 자리에
앉아서, 맞붙여놓은 두 의자 위에서 잠든 소년을 지켜보고 있다. 그
뒤에서 소년의 부모가 소년을 바라보고 있다. 의사는 어린 환자를 위
해 수선스럽게 뭔가를 하고 있지는 않다. 하지만 어렴풋이 희망적인
표정을 짓고 있다. 창문으로는 새벽빛이 조금씩 스며들어온다. 소년
이 위험한 고비를 넘겼음을 보여주는 시각적 은유인 듯하다. 이 그림
으로는 소년의 병이 무엇인지 알 수 없지만, 몇몇 의사들은 소년이
성홍열이나 대엽성폐렴 같은 급성 소아질환을 앓고 있다고 주장하기
도 한다.

　의학 교육을 받은 적이 없는 많은 화가들이 병자나 기형적인 신체
를 가진 이들에게 깊은 관심을 기울였다. 벨라스케스도 그런 화가였
는데, 난쟁이, 불구자, 신체 장애인과 기형아들을 많이 그렸다. 노르

웨이의 표현주의 화가 에드바르트 뭉크에게는 결핵으로 죽은 누이가 하나 있었다. 그래서인지 뭉크는 병을 앓고 있는 사람들의 초상화를 많이 그렸는데, 그중에서도 친구의 누이를 그린 초상화가 유명하다. 그림 속의 소녀는 몸에 담요를 둘둘 말고 꽃 한 송이를 쥐고 있고 얼굴은 발그레하게 상기되어 있다. 아마도 당시 스칸디나비아 반도 전역을 휩쓸었던 결핵을 앓았던 것 같다. 소녀가 들고 있는 꽃이 어떤 의미를 지니는지에 대해서는 미술 사학자들 사이에서 의견이 분분하다. 그 꽃이 소녀의 연약함과 임박한 죽음을 알리는 상징으로 보는 이들도 있고, 희망의 상징으로 보는 이들도 있다.

그러나 의사들은 미술작품을 진단하면서 위대한 미술작품들이 '위대한'이라는 수식어를 얻게 된 배경을 무시하는 경향이 있다. 의사들은 로마에 있는 미켈란젤로의 〈피에타〉가 해부학적으로 정확하지 않다고 비판하면서 다음과 같이 말했다.

"그리스도의 팔을 보십시오. 죽은 사람의 팔과 손에 있는 혈관들이 피가 통해 불거져나와 있습니다. 심장 박동이 멈추면 혈관도 납작해진다는 사실쯤은 누구나 알고 있습니다."

의사들의 이러한 비판은 당장 미술 사학자들의 분노를 샀다. 미술 사학자들은 미켈란젤로가 인간의 신체를 정확하게 표현하기 위해 연구를 게을리 하지 않았고, 그러한 노력의 일환으로 시체를 해부하기까지 했다는 사실을 누구보다도 잘 알고 있다. 또한 그들은 미켈란젤로가 〈피에타〉를 제작하면서 예수의 주검을 평범한 시체로 표현할 의도는 전혀 없었다고 믿고 있다. 사실 〈피에타〉에서는 세부적인 표현들을 주의 깊게 살펴보는 것이 중요하다. 그래야 십자가에 못 박혀 죽은 그리스도의 고난 속에 내재되어 있는 부활의 약속을 느낄 수 있다. 〈피에타〉에서 그리스도의 축 처진 오른손은 성모 마리아의 치맛

자락을 만지작거린다. 이것은 어린이처럼 애정을 표현하는 동작이다. 그리스도의 왼손도 분명히 동작을 취하고 있다. 의사들 말대로 그리스도의 팔에는 정말로 피가 통하고 있다. 하지만 나는 이런 진단을 내리겠다. 삶은 죽음으로부터 시작되며, 인류의 가장 깊은 슬픔은 궁극적인 기쁨을 잉태할 씨앗을 품고 있다고.

광기에서 잉태된 걸작

　금강석처럼 빛나는 노래로 시대의 어둠을 몰아내는 시인들, 성당의 차가운 석재에 어른거리는 태양의 파편을 그림으로 표현한 화가들, 신들과 교감하고 그 교감을 작품으로 표현하는 예술가들. 그러한 예술가들 뒤에는 이들 중 상당수가 정신질환을 앓고 있다는 사실을 알아차린 사회비평가들 또한 존재해왔다.

　기원전 4세기에 아리스토텔레스는 이렇게 말했다. "왜 뛰어난 철학가나 시인이나 미술가는 모두 우울증에 빠지는가?" 그로부터 2천 년 뒤에 영국의 시인 존 드라이든은 "천재성과 광기는 매우 가까우며, 둘 사이의 경계는 아주 얇다"라고 썼다. 이 멋진 시구는 이제 "천재와 광인은 백짓장 차이다"라는 상투적 문구로 전락해버렸지만, 사람들의 입에 끊임없이 오르내리는 여느 문구처럼 상당한 진실을 담고 있다. 지난 몇십 년 동안 과학자들은 광기와 창조성에 대해 아주 오랫동안 일반인이 상상해오던 생각들을 외면해왔다. 하지만 한편에서는 이 모

호하고 주관적인 용어를 어떻게 정의할 것인가를 놓고 열띤 논쟁을
벌였다. 그러다 마침내 정신과 의사들과 신경학자들, 진화 유전학자
들은 정서 불안과 예술적 업적이 상호 연관되어 있음을 뚜렷하게 뒷
받침해주는 근거들을 찾아냈다. 그리고 최근에는 예술에 종사하는 사
람들이 정서질환, 그중에서도 특히 조울증이나 심각한 울증을 앓는
비율이 상당히 높다는 연구 보고가 잇달아 나오고 있다.

조울증 환자들은 상반되는 감정 상태를 번갈아 경험하면서 환희와
나락 사이를 오간다. 세상에서 가장 위대한 인물이 된 듯이 날뛰다가
도 볼품없고 초라한 인물이 된 듯이 깊은 좌절에 빠지고, 에너지가
넘쳐흘러 먹지도 자지도 않고 일에 몰두하다가도 심한 무기력감과 자
기 혐오의 늪에서 허우적대며 깊은 절망감에 빠져드는 것이다. 저명
한 예술가들 중에는 조울증을 앓은 이들이 대단히 많다. 뿐만 아니라
조울증보다는 경미한 정서 불안증을 앓은 예술가들도 상당히 많고,
조울증에서 무한한 희열이라는 상승적인 감정이 빠진 상태인 심각한
우울증에 시달린 이들도 많다.

바이런, 셸리, 허먼 멜빌, 로베르트 슈만, 버지니아 울프, 콜리지,
헤밍웨이, 로버트 로웰, 테오도르 레트커 등 조울증이나 우울증을 앓
은 예술가들을 열거해보면, 마치 예술가의 판테온 신전을 보는 듯하
다. 통계 자료에 따르면, 창조성이 높은 사람들이 조울증과 우울증을
앓는 비율은 일반인들의 서른 배나 된다. 창조성은 어떤 분야에서나
필수 요소이지만, 특히 예술 분야에서는 창조성이 정서 불안과 가장
밀접한 연관성을 갖고 있는 듯하다. 정신과 의사들이 올더스 헉슬리,
알렉산더 그레이엄 벨, 알베르트 아인슈타인, 앙리 마티스 등 1,004명
에 달하는 위대한 인물들의 정신질환을 연구한 결과, 이들 가운데 예
술가들이 정신 장애를 경험하는 비율이 가장 높다는 사실을 발견했

다. 예를 들면 남자 배우의 60%가 알코올 중독 증세가 있으며 소설가 중에는 41%가 알코올 중독 증세가 있다. 그러나 자연과학에 종사하는 사람 중에서 알코올 중독 증세가 있는 이들은 3%에 불과하고, 군인 중에서는 10%에 불과하다. 조울증의 경우에는 남자 배우의 17%, 시인의 13%가 조울증에 시달리는 반면, 과학자는 일반인과 비슷한 1%만이 조울증에 시달린다.

정신과 의사들이 정신질환을 낭만적으로 표현하거나 미쳐야 진정한 예술을 할 수 있다고 주장하기 위해 그런 연구를 한 것은 아니다. 또 굳이 위인이 아니더라도 정신질환을 앓는 여성이 보험 외판원보다 시를 더 잘 쓴다고 주장하기 위해 그런 연구를 한 것도 아니다. 사실 정서 불안으로 인한 고통은 극단적인 결과를 초래한다. 조울증 환자의 경우에 치료를 제대로 받지 않으면 20%가 자살을 시도한다. 물론 위대한 예술작품을 창조하려면 창조자의 지속적인 노력과 희생과 헌신이 필요하다. 일반인들이 아무리 심각한 노이로제에 시달린다 해도 예술가들이 느끼는 정신적 압박감과는 비교가 안 될 것이다.

정신질환에 시달리는 위대한 예술가들은 조증과 울증 사이사이에 한동안 정상적인 감정 상태를 유지하는데, 대개 그럴 때 예술활동을 한다. 건강한 시기에는 감정 상태가 더할 나위 없이 좋고 자신감과 집중력이 높아져 천상의 가치를 노래하는 악기가 된다. 정신질환을 앓는 예술가들은 정신이 말짱할 때는 활발한 작품활동을 하지만, 암흑기가 돌아오면 극도로 무기력한 상태에 빠져 자해를 하기도 하고 병들거나 난폭해진다.

건강한 정신이 창조적인 작품활동에 필수적인 요건이기는 하지만, 광기도 예술가들에게 영감을 주는 듯하다. 정서 불안이 신경생물학적으로 창조적인 사고를 자극하고 고양시키는 역할을 하기 때문일까?

그렇다면 정서 불안과 창조성이 서로 연결되어 있다고 볼 수도 있다. 조울증 환자들은 생화학적 영향을 받는 상반되는 두 가지 극단적 감정 사이를 끊임없이 왔다갔다하기 때문이다. 그들의 뇌는 좀더 복잡하게 연결되어 있으며 덜 민첩한 머리에 비해 좀더 유연하다. 정서 불안증을 앓는 사람들의 뇌는 신경섬유간의 연결이 매우 강화되어 있기 때문에 새로운 정보와 새로운 감정을 지속적으로 받아들일 수 있다. 그래서 앞뒤가 맞지 않는 생각을 연결시키기도 하고 평범한 것을 특별한 것으로 만들기도 한다. 그리고 그것이야말로 예술 창조의 핵심이다. 상반되는 극단적 감정 상태를 경험해본 사람, 감정 변화의 폭이 너무나 큰 사람, 하지만 그러한 감정적 혼란에 성공적으로 대처한 사람, 그런 사람은 화폭에 표현할 추억이나 기억과 같은 정신적인 재산을 일반인보다 훨씬 풍부하게 갖고 있을지도 모른다. 조울증 환자의 경우에는 조증 상태에서 극도의 희열감을 만끽하며 아이디어를 화산처럼 분출시켜두었다가, 감정이 어느 정도 진정되었을 때 그 아이디어들을 가지고 의미 있는 뭔가를 창조해낼지도 모른다.

조울증이 늘 해로운 것은 아닐뿐더러 가벼운 조울증은 오히려 이로울 수도 있다는 사실을 뒷받침해주는 근거를 하나 더 들자면, 조울증을 앓는 사람들이 상당히 많다는 점을 들 수 있다. 가족이나 쌍둥이를 대상으로 조울증을 연구한 자료에 따르면, 조울증은 어느 날 갑자기 나타나는 병이 아니라 유전되는 병이다. 하나의 유전자가 변이를 일으켜 나타나는 병인지, 여러 유전자가 변이를 일으켜 나타나는 병인지는 알 수 없지만, 조울증이 아주 무작위적이고 인간에게 해로운 유전성 질환이라면 조울증 환자가 삼천 명에 한 명 꼴로도 나타나지 않아야 할 것이다. 그러나 뉴욕에서건 칼라하리 사막에서건 조울증 환자는 백 명에 한 명 이상 꼴로 나타난다. 이러한 사실은 조울증이 이유 없이 존재하는 질환이 아니라는 점을 보여준다. 인간이 진화해 온 역사를 살펴봐도 조울증은 대개 병보다는 개인적 특성으로 받아들여졌다. 선사 시대 사람들은 조울증을 물려받은 사람이 그렇지 않은 사람보다 이점이 많다고 생각하기까지 했다. 그 이점이 본질적으로 어떤 것이었는지는 알 수 없지만, 창조적이고 정력적이며 문제를 해결하는 솜씨가 뛰어나고 미지의 것에 대한 두려움이 없으며 당당하면서도 자기 과시적인 사람들이 그렇지 못한 사람들을 지배한 것은 틀림없는 사실이다. 오늘날에도 조울증은 성공과 관련이 있다. 사회적 경제적 지위가 낮은 사람들보다는 높은 사람들이 조울증에 시달리는 경우가 많기 때문이다.

조울증과 그 외의 정서 불안 증상들이 뇌에 어떠한 영향을 미치는지는 최근에 와서야 조금씩 밝혀지고 있다. 신경 화상 연구에서 조증이나 울증이 나타날 때, 뇌의 다양한 지역이 동요하는 것을 볼 수 있다. 이것은 조울증이 정신활동의 전반적 각성 상태를 의미한다는 생각을 뒷받침해준다. 실험 내용을 자세히 살펴보자. 이 실험에서 연구자들은 피실험자의 정맥에 기쁘고 활기찬 감정에서부터 걱정스럽고 우울한 감정까지 모두 유도해낼 수 있는 약물인 프로카인을 주사했다. 그리고 나서 뇌 속의 혈액의 흐름을 정밀하게 측정하는 양전자 방출 단층 촬영법(PET)을 이용해 피실험자들의 뇌를 촬영한 결과, 피실험자들이 기분이 우울해진다고 말했을 때 노여움과 기쁨, 공격성 같은 감정과 행동을 조정하는 뇌의 부속 기관인 편도체, 대뇌피질, 대상회전을 비롯한 대뇌 변연계의 몇몇 지역에서 활동이 줄어드는 것을 발견했다.

반대로 피실험자들의 감정을 조증에 가까운 행복한 감정 상태로 유도했을 때는 대뇌 변연계의 활동이 활발해지고 대뇌 변연계와 상호 작용하는 중뇌의 반응도 활발해졌다. 뿐만 아니라 성욕을 포함한 여러 가지 정신적 육체적 상태를 조정하는 기관인 시상하부의 활동도 크게 증가했다. 다들 알고 있겠지만, 대뇌 변연계와 시상하부는 자극을 받으면 통합 능력과 창조적 능력이 강해진다. 대뇌 변연계와 시상하부는 외부에서 받은 자극을 감정적 응답으로 전환시키고 감정적 응답을 행동으로 전환시키는 작용을 하는 일종의 교환소이다. 또 포유 동물의 사회성을 증가시켜 집단 속에서 각 개체가 서로를 인식하고 서로에게 반응을 보내게 해주는 역할도 한다. 결론적으로 대뇌 변연계와 시상하부는 새로운 것을 받아들여 익숙한 것과 통합시키면서 그러한 활동을 통해 신체의 정신적 육체적 반응을 유도해내는 작은 세계의 창조주라고 할 수 있다.

정서 불안 증상이 나타나는 환자의 뇌에서 변화가 일어나는 곳은 대뇌 변연계뿐만이 아니다. 조울증 환자의 뇌를 화상 연구해보면, 뇌에서 가장 발달된 부분이자 지력의 중심지인 전두엽 피질에서 물질대사가 활발하게 일어난다. 결국 사고를 관장하는 신체기관의 활동에 변화가 일어나면 인간의 감정적 신체적 상태도 변화하는 것이다.

신경학자들은 뇌 기능 장애로 끊임없이 울거나 끊임없이 웃는 환자들의 뇌를 화상 연구하는 과정에서 환자들의 뇌의 좌우 반구에 차이가 있다는 사실을 발견했다. 울음을 그치지 못하는 환자들은 언어와 논리적 사고를 처리하는 뇌의 좌반구가 손상되어 있고, 웃음을 참지 못하는 환자들은 비언어적 정보를 처리하는 뇌의 우반구가 손상되어 있었다.

조울증이나 그보다 가벼운 정신질환을 앓고 있는 예술가들은 폭풍우가 몰아치는 바다를 항해하는 배와 같다. 집채만한 파도가 넘실대

는 상상력의 바다 위를 헤매다니던 그들이 항구로 돌아오자마자 패러
독스를 미(美)로 승화시키는 것은 사실 전혀 놀라운 일이 아닐지도
모른다.

현대의 생물학자 : 빅토리아 엘리자베스 포

빅토리아 엘리자베스 포(Victoria Elizabeth Foe)는 자신에게 어울리지 않는 목소리를 갖고 있는 듯하다. 수화기를 통해 들려오는 그녀의 가느다란 목소리를 들으면 '아, 이 사람은 아니타 브루크너(Anita Brookner)의 소설에 나오는 우울한 주인공처럼 소심한 사람이구나' 하는 생각이 든다. 그리고 조그만 탁자 앞에 혼자 앉아 차를 홀짝거리며 속상했던 일들을 시시콜콜 돌이켜보는 모습을 상상하게 된다. 그러나 발생생물학자로서 자신의 일에 대해 이야기할 때 그녀의 목소리는 사뭇 다르다. 며칠 밤낮을 잠 한숨 자지 않고 현미경만 들여다보면서 발생 초기의 배(胚)를 관찰하고 각 세포들의 진동을 도표로 작성하던 일을 말할 때는 장대하고 거창하게 이야기를 풀어놓는다.

"배를 관찰하는 일이 얼마나 재밌다고요. 아, 정말 경이로우면서도 즐거운 일이에요."

그리고서 잠시 뒤에 이렇게 덧붙였다.

"마치 깊은 바다 속으로 잠수해 들어가는 것 같아요. 순간순간 너무나 새롭고 놀라운 일들을 경험하게 되죠. 꼭 동화의 나라에 들어간 것처럼 말예요."

그리고 또 입을 다물었다가 다시 이야기했다.

"지금은 생물학의 황금기예요. 생물학은 천 년 전부터 지어온 성당 같아요. 그 거대한 성당은 아직 완성되지 않았죠. 그래서 지금도 많은 사람들이 일을 해요. 문을 만드는 사람도 있고, 벽화를 그리는 사람도 있고, 돌에 조각을 새기는 사람도 있죠. 나도 그 일에 참여할 수 있게 돼서 정말 기뻐요."

그녀는 주변에 있는 모든 것들을 압도할 정도로 개성적인 외모를 지니고 있었다. 그때는 긴 치마에 수수한 블라우스를 입고 있었는데 굽 높은 부츠를 신고 있어서 키가 180센티미터는 족히 되어 보였다. 길고 까만 머리카락은 마구 뻗쳐 있고 얼굴은 섬세하면서도 강인한 인상을 풍겼다.

워싱턴 대학에서 연구활동을 하고 있는 포 박사는 발생생물학자들과 초파리를 통해 동물의 성장 방식을 연구하는 초파리 유전학자들 사이에서 대단히 유명한 인물로, 학자들은 종종 포 박사의 실험 결과를 자신들의 연구 논문에 인용하곤 한다. 포 박사는 발생 초기의 배의 각 부분에 있는 여러 세포군들이 각기 다른 속도로 분열을 일으키는 현상을 관찰하여 단순한 세포 하나가 어떻게 복잡한 신체와 뇌를 발생시키는가 하는 문제를 밝힐 실마리를 제공했다. 그 업적을 인정받아 포 박사는 미국 국립보건원에서 연구 보조금을 받고 있다. 그 보조금은 대학이나 연구소와 무관하게 개인이 독자적으로 사용할 수 있는 상금이다. 포 박사는 맥아더 상도 수상했는데, 이 상은 천재성을 지속적으로 발휘할 만한 사람에게 수여된다고 해서 '천재상'이라고 불리기도 한다.

어쨌든 포 박사는 남다른 방식으로 학문의 길을 개척해나가는 여성이다. 생물학자들은 대부분 대학에서 교수직을 따기 위해 노력하면서 대학원생들이나 박사 과정 이수자들, 또는 전문 연구원들을 모아 간신히 연구를 계속하거나 안정적인 임금을 보장해주는 기업체에서 일한다.

포 박사는 그 두 방식을 모두 택하지 않았다. 연구에 전념해야 할 시간을 강의에 빼앗길까 봐 교수직도 마다하고, 지배받거나 지배하기 싫어하는 성미라서 기업체에서 일하고 싶어하지도 않는다. 포 박사는 마흔 살이 된 1993년에야 연구를 도와줄 대학원생 한 명을 고용했다. 그전까지는 곁에서 도와주는 전문 연구원이나 대학원생 하나 없이 줄곧 혼자서 연구했다. 포 박사는 미국 국립보건원 보조금으로 연구 장비와 연구 재료를 구입하고 스스로에게 임금도 준다. 이것은 포 박사가 워싱턴 대학에 완전히 얽매여 있지 않다는 사실을 뜻한다. 말하자면 자영 과학자인 셈이다. 포 박사는 직원이 자기밖에 없는 포 사(社)에서 자신의 의지대로 일을 처리해왔다. 그녀가 학문을 연구하는 방식은 오늘날 대부분의 과학자들이 취하는 방식과 사뭇 다르다. 국제적인 거대 프로젝트인 인간게놈 프로젝트 같은 현대의 대규모 연구 사업에 참가하여 제약이 많은 공동 작업을 하기보다 고독한 완두콩 연구자인 멘델처럼 혼자서 독립적으로 연구하고 싶어하기 때문이다.

하지만 전화기를 통해 들려온 포 박사의 가녀린 목소리에서 우리는 그녀의 성격을 짐작할 수 있다. 포 박사는 누구에게나 인정받는 과학자이고, 남들과 다른 길을 걸을 만큼 용기도 있고, 자기가 하고 있는 일에 대한 자부심도 아주 강하다. 하지만 술집에 처음 들어가보는 십대 소녀처럼 매사에 자신감이 없다. 연구 보조금이 바닥났는데 지원이 끊겨버리면 어쩌나 싶어 늘 전전긍긍하고, 정신없이 일을 하고도 게으름을 피우지 않았던가 반성한다. 포 박사는 늘 자신이 어리석고 바람직하지 못하며 불안정하다고 생각한다. 청중의 넋을 빼놓는 언변을 갖고 있으면서도 말솜씨가 없다고 생각한다. 워싱턴 대학의 발생 생물학자인 가레트 M. 오델(Garrett M. Odell) 박사는 포 박사의 공동 연구자로 그녀와 함께 살고 있는데, 그녀에 대해 이렇게 말한다.

"포 박사는 자신이 잘 하고 있다는 사실을 알고 있습니다. 하지만 자신이 명석한 사람들에게 연설을 할 만큼 뛰어난가 하는 질문을 스스로에게 끊임없이 던지죠. 포 박사는 아직도 맥아더 상을 준 사람들이 자기를 다시 불러다가 '빅토리아 포 박사님입니까? 죄송합니다. 수상자 이름이 원래 빅토르 포였는데, 저희가 실수를 했습니다' 라고 하지 않을까 걱정한답니다."

두려움과 용기의 공존은 포 박사가 내적으로 지니고 있는 수많은 모순 가운데 하나일 뿐이다. 포 박사는 대부분의 기초 생물학자들이 환원주의적으로 접근하여 생물체를 가장 작은 단위의 물질로 쪼개어 가는 이 시대에 고리타분한 박물학자처럼 유기체의 발생 과정에서 일어나는 전체적인 변화를 관찰한다. 포 박사는 초파리, 금파리, 모기, 개구리, 박각시나방, 어류의 배를 관찰한다. 땅거미가 짙어져 밤이 오고, 밤이 깊을 대로 깊어 새벽이 와도 박사의 실험실은 불이 꺼질 줄 모른다. 포 박사는 자신의 경험만을 절대시하지 않는다. 자신의 연구에 도움만 된다면 새로운 기술도 과감하게 도입하고 분자생물학도 거리낌없이 이용한다.

포 박사는 말했다.

"나는 20세기 기술을 이용해서 19세기 방식으로 연구해요. 내내 현미경만 들여다보고 있으니까요."

그런 포 박사가 이제 20세기 기술에 21세기적인 기술까지 받아들이고 있다. 파리의 포배기에 나타난 세포들이 어떤 과정을 거쳐 더듬이, 발, 흉부, 눈 등으로 분화하는지를 추적하기 위해 오델 박사와 함께 관찰용 현미경을 여러 컴퓨터와 조정 장치에 연결시키고 있기 때문이다. 파리 배의 분화를 관찰하는 연구 사업은 1990년대 후반까지 완료될 예정인데, 포 박사는 이 사업을 통해 다른 과학자들이 회충을 관찰하여 제작한 발생예정배역도를 능가하는 세포 지도를 제작하고 싶어한다. 배의 발생 과정을 아주 상세하게 기록한 세포 지도를 제작하려는 것이다. 그 세포 지도가 완성되면, 그 지도의 완성을 기다리는 수많은 초파리 유전학자들뿐만 아니라 박사 자신도 그 세포 지도를 이용해 발생 단계에서 세포들의 행동을 통제하는 유전자가 무엇인지 밝혀낼 수 있을 것이다. 과학자들은 초파리의 발생을 조정하는 유전자들을 발견하면 인간의 발생을 조정하는 유전자들도 발견할 수 있을 것이라고 굳게 믿고 있다.

관찰은 포 박사의 성격에 잘 맞는다. 그녀는 "누구에게나 '가지 않을 길'이 있죠. 그 길이 나에게는 미술이에요. 그래서 나는 내가 관찰한 현상을 아주 시각적으로 표현하죠"라고 말한다. 포 박사는 자신이 관찰한 것을 아주 꼼꼼하게 그린다. 초파리의 배 그림은 너무나 정교하고 감각적이어서 과학 전문지에만 실리는 것이 안타까울 정도이다. 포 박사는 완벽주의자다. 학자들 중에는 단기간에 많은 책을 내려고 덤비는 이들이 많지만 포 박사는 한 해에 한 주제에 대해서만 책을 쓴다. 뿐만 아니라 확실하고 완벽하다는 확신이 서기 전에는 실험 결과를 발표하지 않는다. 그래서 포 박사의 이력은 또래의 다른 과학자들의 이력보다 짧다. 하지만 그 이력에 나열된 논문들은 보고서라기보다 책에 가깝다. 『발생*Development*』지는 포 박사가 전력을 기울여 쓴 논문 하나를 실으면서 포 박사만큼 확실하게 논문을 준비하지 못한 이들은 그만큼 긴 분량의 논문을 실을 생각을 말라고 경고했다. 오델 박사는 "관찰에는 엄청난 인내가 필요합니다. 보통 사람들 같으면 벌써 나가떨어졌을 텐데 포 박사는 수도사처럼 잘 버텨요"라고 말했다.

이쯤에서 포 박사의 또다른 모순점을 살펴보자. 포 박사는 연구 방식에서는 독자적이지만, 정치에 관해서는 참여 의식이 상당히 높다. 포 박사가 학계에서 종신 재직이 인정되는 지위를 욕심 내지 않는 데는 필요하면 언제라도 자유롭게 정치활동을 하고 싶다는 욕구가 잠재되어 있다. 오스틴에 있는 텍사스 대학의 대학원에 다니던 시절, 그녀는 일 년 반 동안 학업을 중단하고 정치 고문으로 일하면서 주 정부의 임신 중절 반대 법안을 폐기시켰다. 여성 운동과 베트남 전쟁 참전 반대 운동에도 참여했고, 최근에는 오델 박사와 함께 걸프전 반대 운동에 적극 동참했다. 또 캐나다 정부가 오래된 숲의 벌목을 허용하는 법률을 통과시키려고 한다는 이야기를 듣고, 자신의 소유지가 조금 있는 캐나다로 가서 캐나다 정부에 맞서 싸웠다. 그녀의 은사인 브루스 앨버츠(Bruce Alberts)는 그녀에 대해 이렇게 말한다.

"과학자들은 대개 자신이 속하지 않은 세계에 관심을 기울이지 않습니다. 하지만 포 박사는 다릅니다. 포 박사는 옆에서 누가 굶어죽거나 전쟁터에 끌려나가는데도 연구만 계속하는 것은 죄악이라고 생각합니다."

포 박사는 학문에서조차 정치적인 교훈을 찾아낸다. 포 박사는 말했다.

"지난 몇 년 동안 생물학에서 배운 놀라운 사실은 모든 종에서 같은 유전자들과 같은 형질들이 반복적으로 나타난다는 점이에요. 그 사실에서 우리가 놓치지 말아야 할 점은 우리 모두가 같은 구성물로 이루어져 있다는 사실이에요. 우린 생명의 그물의 일부분이에요. 그리고 이 생각을 받아들이려면 겸손이 전제되어야겠죠."

포 박사는 어린 시절에 아버지를 따라 이사를 많이 다녔다고 한다. 그래서인지 포 박사는 세상을 보는 시야가 참 넓다. 어린 시절 포 박사의 집은 미국의 와이오밍 주에서 멕시코로, 멕시코에서 영국으로, 그리고 다시 미국으로 이사했다. 아버지의 직업도 법률가에서 농부로, 농부에서 교사로 바뀌었다. 아버지는 그녀의 인생에서 빛나는 갑옷을 입은 기사였다. 모든 사물에서 아름다움을 발견하는 능력이 있었고, 세 딸의 지적 욕구를 끊임없이 자극할 줄 알았다. 아버지는 포 박사가 스물한 살이 되었을 때 출혈성 심장마비로 세상을 떠났다고 한다. 포 박사는 지금도 아버지를 그리워한다. 딸이 현미경으로만 볼 수 있는 세계에서 발견해낸 놀라운 것들을 보지 못하고 돌아가신 아버지를 생각하면 가슴이 미어지는 것 같다고 한다.

"아버지는 애벌레였던 우리를 키워주셨어요. 하지만 날개를 단 우리의 모습은 못 보고 돌아가셨죠."

인습에 얽매이기 싫어하는 포 박사의 학문적 성향은 마이클 데니스(Michael Dennis) 박사와의 결혼생활에서도 나타난다. 캘리포니아 대학에서 신경생물학을 가르치던 데니스 박사가 학문을 포기하고 조각가가 되겠다고 하자, 당시에 박사 과정을 막 이수하고 연구를 계속하던 포 박사는 딸과 남편과 함께 캘리포니아를 떠나 캐나다의 덴먼 섬으로 이사를 가기로 결정했다. 당시 포 박사의 지도 교수였던 앨버츠 박사는 포 박사마저 학문을 포기해야 할지 모른다는 이야기를 듣고 깜짝 놀랐다. 그래서 캐나다의 덴먼 섬에서 그리 멀지 않은 워싱턴의 프라이데이 하버 실험실이라는 아름다운 곳에 연락을 해서 포 박사가 연구를 계속할 수 있도록 주선해주었다. 앨버츠 박사는 그때 일을 회상하며 이렇게 말했다.

"당시 나는 포 박사가 덴먼에 가서 도자기나 구우며 사는 것만큼 큰 인력 손실은 없다고 생각했습니다."

포 박사는 프라이데이 하버 실험실에서 학위 취득 이후의 연구 과정을 끝냈다. 그리고 1980년대 중반부터 지금까지 국립보건원에서 독립 연구 지원금을 받고 있다. 포 박사와 데니스 박사는 현재 이혼했지만, 포 박사는 여전히 딸과 데니스 박사를 만나고 있고 덴먼 섬에 집도 한 채 있다.

포 박사는 재능을 헛되이 쓰지 않았고 여러 가지 발견을 하며 명성을 쌓아나갔다. 1980년대 후반 포 박사는 초파리의 배 발생 초기에 엄청난 변이가 일어난다는 사실을 발견했다. 초기 배의 세포들은 13번째 분열 때까지는 모두 똑같이 성장한다. 한 덩어리가 반에서 반으로 계속 나뉘어지는 것이다. 그러나 14번째 분열부터는 이러한 동시성이 사라지고, 각각의 세포군들이 저마다 다른 속도로 분열하기 시작한다. 여기서 각 세포군들이 분열하는 무대를 유사분열영역이라고 한다. 초파리의 배에는 모두 스물다섯 개의 유사분열영역이 있는데, 각 영역 사이에 경계가 매우 뚜렷하다. 유사분열영역들은 다가올 황금빛 미래에 대한 예고편이다. 세포 분화를 통해 각기 다른 특징을 지닌 기관들이 출현한다는 사실을 알려주는 첫 신호이기 때문이다. 배의 발생에서 이 시기를 자세히 살펴보면, 신경계로 분화되는 유사분열영역도 있고 다리로 분화되는 유사분열영역도 있다. 포 박사는 그 점에 대해 "마치 배가 각 유사분열영역에 그 영역이 무엇이 될지를 그림으로 그려놓은 것 같아요"라고 말한다. 과학자들은 각 유사분열영역에서 기관이 형성된다는 사실은 알지만 어떻게 그런 일이 일어나는지는 알지 못한다. 포 박사는 말한다.

"현재 나와 있는 발생예정배역도는 너무 엉성해서 세부 영역에 대해서는 자세히 살펴볼 수가 없어요. 발생예정배역도를 보고 우린 한 영역이 신경계로 분화될 거라는 사실은 알 수 있지만 신경계의 어느 부분으로 분화될지는 몰라요."

포 박사가 이제부터 하고 싶어하는 일은 그러한 구체적인 사항들을 관찰해서 각 유사분열영역들 안에 존재하는 개별 세포들의 활동을 추적하는 것이다. 포 박사는 아마 수도사처럼 외로이, 그러나 현미경을 통해 펼쳐지는 어마어마한 광경에 연신 감탄하면서 그 일을 해내고야 말 것이다.

현대의 생물학자 : 메리-클레어 킹

버클리 대학에 있는 메리-클레어 킹(Mary-Claire King) 박사의 사무실은 깔끔하지는 않지만 볕이 잘 들었다. 국제적인 유전학자인 킹 박사는 나를 만나자마자 요즘 자신이 가장 관심 있는 분야에 대해 활기차게 이야기했다. 그녀는 지금 유전성 유방암을 유발시키는 유전자를 찾아내려고 노력하고 있다고 한다. 그 유전자만 찾아낸다면 유방암 발병 위험이 있는 수천만 여성들이 희망을 얻게 될 것이다. 지난 십칠 년간 킹 박사는 동료들의 회의적인 시선과 이따금씩 고개를 내미는 좌절감을 극복하면서 줄곧 그 유전자를 찾아왔다. 그러던 1990년, 킹 박사는 드디어 그 유전자의 위치를 대략적으로 파악했다. 현재 킹 박사와 그 제자들은 그 유전자를 찾기 위해 밤낮 없이 연구하고 있다. 킹 박사는 그 연구가 성공하기를 간절히 바라고 있고, 자신의 연구팀이 성공할 가능성이 아주 높다고 믿고 있다. 물론 킹 박사의 실험실만이 그 유전자를 찾고 있는 것은 아니지만, 박사는 결승점을 코앞에 두고 늦게 참가한 선수한테 우승컵을 뺏기고 싶지는 않을 것이다.

킹 박사가 배양 접시들을 가리키며 말했다.

"그 유전자가 저 배양 접시들 중 어딘가에 있을 거예요."

접시에는 신체에서 떨어져나와 분석을 기다리는 실험 재료들이 놓여 있었다.

미소와 함께 깊게 파였던 보조개가 사라지더니, 킹 박사가 딱 부러진 목소리로 말했다.

"우린 그 유전자를 찾으려고 정말 밤낮 없이 노력했어요. 꼭 발견했으면 좋겠어요."

그때 박사의 제자인 듯한 동양계 청년이 문을 열고 고개를 빼꼼 들이밀었다.

청년이 멋쩍게 웃으면서 말했다.

"저어, 드릴 말씀이 있는데요."

킹 박사는 나에게 양해를 구하고 청년과 함께 방에서 나갔다. 갑자기 복도 가득 웃음소리가 울려 퍼졌다. 킹 박사의 사무실에 앉아 있는 내 귀에까지 들릴 정도였다.

웃음소리가 그치고 킹 박사의 목소리가 들렸다.

"그래, 잘했어! 정말 잘됐다!"

잠시 후 킹 박사가 환히 웃으며 돌아왔다. 그 순간 나는 과학 저술가답게 위대한 발견의 순간을 함께하는 것이 아닐까 하는 생각이 들었다.

"유전자가 발견되었나요? 제자들이 기대도 못 했던 특별한 것이라도 발견했대요?"

내가 묻자 킹 박사가 대답했다.

"그 친구 결혼한대요. 정말 너무 잘됐죠?"

하긴 킹 박사라면 충분히 그럴 수 있다. 딱딱한 수학을 전공했고 지금은 다른 연구자들 못지않게 엄격함과 추상성과 경쟁을 중요시하는 학문인 분자유전학을 연구하고 있지만, 킹 박사가 이제껏 해온 모든 작업에는 인간에 대한 따뜻한 사랑이 살아 숨쉬고 있기 때문이다. 킹 박사는 아르헨티나에서 '오월 광장의 할머니들'이라는 인권 모임과 함께 활동하면서 처음으로 세상에 알려지게 되었다. '오월 광장의 할머니들'은 1970년대부터 1980년대 초반까지 아르헨티나 군부에 의해 납치된 어린이들을 가족의 품에 돌려주려고 노력하는 사람들의 모임이다. 킹 박사와 그 동료들은 납치당했던 어린이들의 유전자를 분석하여 그 유전자를 아르헨티나에서 팔 년 동안 치러진 '더러운 전쟁'에서 살아남은 친척들의 유전자와 비교하는 일을 했다. 그를 통해 총살되거나 이유 없이 실종된 사람들의 자녀들이 갓난아기 때 납치되어 다른 가족에게 보내졌다는 사실을 밝혀냈다.

킹 박사는 엘모조테 사건에도 깊이 관여했다. 엘모조테는 엘살바도르의 마을로, 1981년에 이곳에서 미국인들에게 훈련받은 엘살바도르 군인들이 794명의 농부들과 그 자식들을 집단 학살한 바 있었다. 1992년에 그 희생자들의 유해가 최초로 발굴되었는데, 엘살바도르 정부는 유해 발굴이 끝난 뒤 유해를 법의학적으로 철저히 분석할 수 있게 해주었다. 킹 박사와 다른 연구자들은 희생자의 뼈와 이빨에서 DNA를 검출하여 살아 있는 친척들의 DNA와 비교함으로써 죽은 자의 신원을 밝혀내고 이를 형사 소송 절차에 이용하게 해주었다. 킹 박사는 "엘모조테 사건은 아르헨티나 사건보다 훨씬 어려웠어요. 생존자가 거의 없었거든요. 당연히 비교해볼 DNA도 거의 없었죠"라고 말했다.

1946년에 태어난 메리-클레어 킹 박사는 자유를 너무도 사랑한다.

킹 박사의 사무실은 임학 발전에 크게 공헌한 건물의 한복판에 있는데, 박사는 그 사무실에 자유를 수호하기 위해 노력한 역사가 조금이나마 깃들여 있다는 사실을 대단히 자랑스러워한다. 1970년 당시 버클리 대학의 대학원생이었던 킹 박사와 그 동료들이 바로 그 방에서 미국의 캄보디아 침략에 반대하는 서명 운동을 전개하여 캘리포니아 주 북부 지역에서 3천 명의 시민들에게 서명을 받아냈던 것이다. 하지만 킹 박사는 자기 과시용으로 정치적인 활동을 하는 것은 아니다. 킹 박사는 미 육군과 손을 잡고 일하고 있다는 사실을 자랑스럽게 말했다.

"지금 우리는 정부와 함께 일하고 있어요. 전쟁 뒤에 행방 불명된 미군들의 신원을 파악하는 일을 하죠."

얼마 전에 2차 세계대전중에 전투기가 격추되어 사망한 군인의 시신이 한 소택지에서 발견되었다. 킹 박사는 현재 그 군인의 신원을 알아내는 중이다. 킹 실험실의 연구자들은 자신들이 법의학자라고 생각하지는 않는다. 단지 시신에 잔존하는 신경 덩어리와 치아—치아는 뼈보다 유전물질을 더 잘 보존한다고 한다— 에서 DNA를 검출하는 방법을 알고 있기 때문에 그런 일을 할 뿐이다.

킹 박사는 주류 학계에서 정상의 자리에 올라설 만큼 과학의 실용성을 중요시한다. 킹 박사는 한때 인간게놈 프로젝트의 책임자였던 제임스 왓슨(James Watson) 박사를 대신할 강력한 후보로 거론되기도 했다. 인간게놈 프로젝트란 인간의 유전자 10만 개를 모두 지도로 작성해서 분석하고자 하는 유명한 연구 사업인데, 그 사업의 책임은 결국 킹 박사와 함께 유방암을 유발시키는 유전자를 찾고 있던 미시건 대학의 프랜시스 콜린스(Francis Collins) 유전학 박사가 맡게 되었다. 킹 박사는 사퇴 의사를 표명한 베르나딘 힐리(Bernadine Healy)

대신 미국 국립보건원의 책임자로 일해보라는 권유를 받았지만 정중히 거절했다. 킹 박사는 "나는 행정적으로 그렇게 큰 책임이 따르는 일에는 관심이 없어요. 그런 일을 하다 보면 내가 정말 사랑하는 일을 할 수가 없잖아요. 난 과학을 정말 사랑해요"라고 말했다.

그러나 순수 과학자들이 흔히 그렇듯이, 킹 박사는 누군가를 보조하려는 경향이 강하다. 킹 박사는 『미국의학협회지』에 두 명의 연구자와 공동으로 보고서를 발표하여 유방암을 유발시키는 유전자가 곧 검출될 것이라고 예고하고, 그 돌연변이 유전자를 보유하고 있는 여성들이 취할 수 있는 행동 방식들을 설명했다. 유방암을 유발하는 유전자는 미국에서만 약 60만 명의 여성들이 보유하고 있는 것으로 알려져 있는데, 그 돌연변이 유전자를 보유하고 있는 여성들은 50세가 되기 전에 유방암에 걸릴 확률이 아주 높다. 따라서 그러한 여성들은 유방을 제거하거나 현재 시험중인 타목시펜이라는 유방암 치료제를 복용하는 등의 가혹한 치료법을 이용할지 말지를 결정해야 한다. 과학자들은 타목시펜이 유방암 예방에 큰 효력을 발휘하기를 바라지만, 그 효력은 아직 미지수이다. 게다가 타목시펜은 건강에 몇 가지 문제를 일으킬 위험도 있고, 여성의 폐경기를 앞당기는 부작용도 있다.

킹 박사의 연구실은 같은 에이즈 환자들 사이에서도 생존 기간의 차이가 나타나는 것이 유전자 변이 때문인지를 밝혀내기 위해 에이즈 연구 분야에서 두 가지 연구 사업을 추진하고 있다. 또 피부와 관절이 점진적으로 파괴되어가는 자가 면역 질환인 전신성 홍반성루푸스의 유전적 요인을 연구하고, 유전성 농아를 결정하는 유전자도 찾고 있다.

킹 박사는 스탠포드 대학의 개체 유전학자인 루카 카발리-스포르차 (Luca Cavalli-Sforza) 박사가 지휘하는 인간게놈 다양성 프로젝트를 열렬히 지지한다. 이 프로젝트의 연구자들은 세계 각지에 흩어져 사는 4백여 민족들로부터 유전물질의 견본을 뽑을 계획이다. 대상은 스페인의 바스크 족과 시베리아의 케트 족, 길랴크 족처럼 역사가 길고 고유의 혈통이 거의 보존되어 있는 민족들을 중심으로 선정했다. 연구자들은 각 유전자들의 화학적 기호들을 자세히 검토함으로써 '현생 인류의 기원은 무엇일까? 그들은 어떻게 지구의 각 지역으로 이동했을까? 언어의 다양성이 유전적 변화와 관계가 있을까? 유전적 차이가 지역에 따라 환자 비율이 다르게 나타나는 것을 설명할 수 있을까?' 등 진화학, 언어학, 인류학의 영역에 걸쳐 있는 여러 가지 수수께끼에 대한 해답을 찾고자 한다. 킹 박사는 이 어마어마한 사업에 필요한 자금을 모으기 위해 매달 워싱턴에서 며칠씩 머물면서 로비 활동을 벌인다.

이렇듯 킹 박사를 비롯하여 스무 명의 연구원들이 모여 있는 자그마한 실험실은 그 크기에 비해 무척이나 다양한 활동을 한다. 킹 박사는 유전학을 전공하는 대학원생들과 학부생들에게, 그리고 과학이 전공이 아닌 신입생들에게 유전학을 가르친다. 하지만 연구 교수로서는 드물게 강의를 지루한 일이 아니라 즐거운 일로 받아들인다. 킹 박사는 숱이 많고 차분한 단발머리라서 나이에 비해 다소 젊어 보인다. "혹시 당황해본 적 있으세요?" 하고 묻는 나의 갑작스러운 질문에 킹 박사는 줄리아 차일드(Julia Child)*처럼 경쾌한 목소리로 대답했다. "물론이죠! 그런데 왜요?" 그리고는 어찌나 재빠르게 걸어가는지, 같이 걸어가던 내가 갑자기 느림보 거북이가 된 것 같았다.

킹 박사는 버클리 대학에서 학위 논문을 준비할 때 은사로서 많은

---

* 미국 PBS 방송의 요리 프로그램 진행자.

도움을 준 앨런 C. 윌슨(Allan C. Wilson) 박사를 닮고 싶어한다. 윌슨 박사는 1991년 57세의 나이에 암으로 세상을 떠난 명석한 두뇌의 소유자로, 흔히 '유전적 이브'(아프리카 이브라고도 한다—옮긴이)라고 불리는 고대 여성을 연구하여 큰 업적을 남겼다. 유전적 이브는 약 10만 년 전에 아프리카에서 살았던 것으로 추정되는 여성을 일컫는 말인데, 이론적으로 현재 살고 있는 모든 인류의 어머니이다. 윌슨 박사는 자신의 실험실 연구자들과 함께 세포의 작은 발전소라고 할 수 있는 미토콘드리아 속에 숨어 있는 유전자들을 연구하여 분자생물학이라는 무기로 진화의 수수께끼들을 밝히는 방법을 찾아냈다. 윌슨 박사는 킹 박사에게 학문 연구를 시작하기도 전에 그만두려 한다고 나무랐다. 킹 박사는 이렇게 말했다.

"당시에 난 내가 맡은 프로젝트의 단 한 부분도 제대로 해내지 못했어요. 그러다 보니 의기소침해져서 아무것도 하고 싶지 않았죠. 그때 윌슨 교수님이 말씀하셨어요. 제대로 못한다고 다들 포기하면, 과학이 어떻게 존재할 수 있겠느냐고요."

킹 박사는 그 말에 심기일전해서 인간과 침팬지가 DNA의 99% 이상을 공유한다는 사실을 증명하는 논문을 발표하여 무사히 박사 학위를 받았다. 킹 박사의 발견은 학계뿐 아니라 스스로도 깜짝 놀랄 만큼 큰 사건이었다. 킹 박사는 말했다.

"난 줄곧 실험 결과가 잘못된 것인 줄 알았어요. 인간과 침팬지의 DNA에서 차이점이 전혀 발견되지 않았거든요. 하지만 곧 깨달았죠. 차이가 없기 때문에 차이점이 나타나지 않았다는 사실을요."

킹 박사는 박사 학위를 받은 뒤에 동물학자인 남편 로버트 콜웰(Robert Colwell)과 함께 칠레에서 강의를 하다가 살바도르 아옌데의 좌파 정부가 전복되자 미국으로 돌아왔다. 킹 박사는 남아메리카에서 지내면서 남미의 언어를 익히고 주민들에게 깊은 애정을 느꼈다. 그래서 '오월 광장의 할머니들'이 납치된 어린이들을 가족의 품으로 보내는 운동을 벌이며 과학자들에게 도움을 요청했을 때 기꺼이 도와주겠다고 나섰다. 아르헨티나의 군부가 도끼눈을 뜨고 지켜보는 살얼음판 속에서도 킹 박사는 아르헨티나를 수없이 들락거리며 하루에 열여덟 시간 이상 일을 했다. 어렵지만 보람 있는 일이었다. 납치당한 어린이들을 부모의 품으로 돌려주자는 취지를 가진 아르헨티나 프로젝트는 지금도 계속되고 있고 앞으로도 한동안 계속될 전망이다. 이 사업 덕분에 지금까지 53명의 어린이가 가족의 품으로 돌아갔다. 하지만 150명의 어린이는 지금쯤 청소년이 되어 친부모가 누군지도 모른 채 남아메리카나 유럽, 또는 미국 어딘가를 떠돌고 있다. 킹 박사는 납치된 어린이들이 자신의 딸 에밀리 콜웰과 같은 또래라는 사실 때문에 더욱 어깨가 무거워지는 것 같다고 말한다. 킹 박사는 에밀리가 다섯 살이 되던 해에 남편과 이혼한 뒤 혼자서 딸을 키우면서 자기 분야에서 최고의 학자가 되기 위해 노력했다. 알다시피 유전학은 대단히 오랫동안 연구에 전념해야 하는 학문이다. 킹 박사는 결혼이 실패로 끝난 이유를 이렇게 설명했다.

"세 마리 토끼를 다 잡을 수는 없잖아요. 난 엄마였고, 과학자였고, 아내였어요. 셋 중 하나는 포기해야 했죠. 그래서 아내 자리를 포기한 거예요."

킹 박사는 실험실을 운영하면서 가족이 있는 연구원들의 편의를 최대한 봐주려고 노력한다. 그녀는 자신의 자유로운 기질에 걸맞게 매우 다양한 연구원들과 함께 일하고 있다. 연구원들은 여성들이 많고, 흑인, 중국인, 남미계 미국인 등 인종과 국적도 다양하고 동성애자도 있다. 킹 박사는 말했다.

"그렇게 오랫동안 이 일을 했지만, 백인이자 남성이자 이성애자인 연구원은 딱 한 명 있었죠."

사실 킹 박사의 실험실이 완전히 자유로운 곳은 아니다. 킹 박사의 제자들은 대부분 실험실 의자에서 눈을 붙인다. 외부와의 경쟁이 몹시 치열한 유방암 프로젝트 연구를 맡은 제자들은 더욱 그렇다. 킹 박사는 경쟁을 싫어한다. 경쟁이란 남성들이 과학에 자신들의 발자취를 남기기 위해 취해온 방법이라고 생각한다. 언젠가 킹 박사가 어느 학술 회의에서 강연을 할 때였다. 강연이 끝날 즈음에 킹 박사는 친구의 아들이 선물로 준 상어 모양의 필통을 탁자에 꺼내놓으면서 이렇게 말했다.

"이것은 청중석에 있는 모든 상어들*을 위한 것입니다."

순간 좌중이 찬물을 끼얹은 듯 조용해졌고 박수 소리도 나지 않았다. 하지만 킹 박사를 잘 아는 사람들이 말하듯이, 킹 박사는 절대로 만만한 사람이 아니다. 킹 박사는 생각하는 대로 이야기하고, 원하는 대로 행동하고, 뜻하는 바를 끝까지 밀고 나가는 성격이다. 유전학에서 킹 박사의 친구이자 경쟁자인 레이 화이트(Ray White)는 이렇게 말한다.

"경쟁에 관해서라면 킹 박사도 절대 불리할 게 없어요."

1994년 가을에 드디어 유방암 유전자가 발견되었다. 하지만 킹 박사의 실험실에서 발견한 것은 아니었다. 그 유전자를 발견한 이들은 유타 대학의 마크 스코닉(Mark Skolnick)과 44명의 연구원들이었다. 스코닉 박사와 킹 박사는 이십여 년 전에 공동 연구를 시도했다가 실

---

* 상어를 뜻하는 영어 shark에는 사기꾼, 탐욕스러운 사람이라는 뜻도 있다.

패한 뒤로 사이가 좋지 않다고 한다. 하지만 킹 박사는 여러 인터뷰를 통해 스코닉 박사의 연구 성과에 찬사를 보내고, 경쟁에서 진 기분이 어떠냐는 기자들의 질문에 "기분이 나쁠 줄 알았는데, 오히려 한 가지 일이 끝났다는 생각에 홀가분하고 좋아요"라고 대답했다. 하지만 아직 경기는 끝나지 않았다. 더욱 어려운 시합이 남아 있는 것이다. 유방암을 유발시키는 유전자를 발견했으니, 이제 가슴을 도려낼 위기에 처해 있거나 생명에 위협을 받고 있는 수많은 여성들에게 유방암 치료법을 제시하여 희망을 안겨줄 일이 남아 있기 때문이다.

스티븐 제이 굴드와 함께 과학 박물관에서

스티븐 제이 굴드(Stephen Jay Gould)가 뉴욕에 있는 자연사박물관의 서해안 지점 격인 캘리포니아 과학 아카데미의 식당에 앉아 있다. 스티븐 제이 굴드는 어린이라면 누구나 해보았음직한 장난을 칠 태세다. 바로 빨대 포장지를 천장으로 날려보내는 장난이다. 그가 빨대 포장지의 한쪽 끝을 물이 든 컵에 담그자, 포장지 끝이 코끼리의 코처럼 우글쭈글해졌다. 물에 젖은 그 부분이 바로 천장에 달라붙을 부분이다. 그는 빨대 포장지의 젖지 않은 부분을 살며시 찢고 포장지 속에 든 빨대로 바람을 세차게 불어넣어 빨대 포장지의 젖은 부분을 천장으로 날려보낼 작정인 듯하다. 세상에, '빨대 포장지 천장에 붙이기'를 좋아하다니. 그것도 하버드 대학에서 지질학과 생물학과 과학사를 가르치는 권위 있는 교수이자 훌륭한 과학 에세이를 발표해 두터운 독자층을 확보하고 있는 작가께서. 어디 그뿐인가? 그는 세리온이라는 조그만 열대 달팽이 연구의 국제적인 권위자이기도 하다. 그런 사람이 아직도 그런 장난을 좋아하는 것이다.

푸우우! 그가 빨대를 물고 바람을 세차게 불어넣었다. 하지만 가엾게도 빨대 포장지는 꿈쩍도 하지 않았다. 포장지에 미세한 구멍이 너무 많아서 포장지가 천장까지 날아가는 데 필요한 공기를 보유할 수 없었기 때문이다. 굴드 박사는 장난기 어린 얼굴로 못마땅한 표정을 지으며 포장지와 빨대를 탁자 한쪽으로 밀어놓았다. 그는 오랫동안 진화를 연구해왔다. 사람들은 흔히 진화와 진보가 같은 말인 줄 알고, 진화를 통해 모든 생명체들이 보다 완벽하게 변화한다고 믿는다. 하지만 그것은 완전히 잘못된 생각이다. 굴드 박사는 사람들이 그런 생각을 갖는 것을 무척이나 못마땅해한다. 그는 '진화'라는 단어를 떠올릴 때 '퇴화'라는 말도 함께 생각한다. 퇴화 또한 진화의 산물임을 알기 때문이다. 이윽고 그가 입을 열었다.

"왜 종이 제품을 비닐 제품으로 대체하는지 모르겠어요. 그러니까 이젠 빨대 포장지 하나 제대로 못 만들지 않습니까, 나 참!"

그가 어깨를 으쓱하고서 플라스틱 숟가락으로 수프를 떠먹었다.

굴드 박사는 샌프란시스코에서 자신의 여섯번째 에세이집인 『새끼 돼지 여덟 마리 *Eight Little Piggies*』를 집필하고 있다. 그의 에세이가 처음으로 발표된 것은 『자연사 *Natural History*』라는 잡지였다. 자신의 에세이에서도 말했듯이, 그는 지난 십구 년 동안 한 달도 빠짐없이 그 잡지에 에세이를 연재했다. 그리고 이제는 『뉴욕 북리뷰 *The New York Review of Book*』, 『발견 *Discover*』, 영국의 『네이처 *Nature*』 같은 정기 간행물에도 글을 싣는다. 그는 단일한 주제에 대해서 여러 권의 책을 쓰기도 했다. 그중에서 『놀라운 생명 *This Wonderful Life*』은, 길게는 55억 년 전까지 거슬러 올라가는 다양한 화석들을 보존한 채 캐나다의 한 채석장에서 발견된 바위, 버지스 셰일(Burgess Shale)의 재

해석 문제를 다룬 책으로 베스트 셀러가 되었다. 그는 자연과학서 작가들 사이에서 조이스 캐럴 오츠(Joyce Carol Oates)라고 불릴 정도로 많은 글을 쓴다. 그는 가르치는 일에도 열심이다. 하버드 대학에서 그가 강의하는 교실에는 앉을 자리가 없을 정도로 많은 학생들이 몰려든다. 그는 연구와 논문 작업도 게을리 하지 않는다. 십 년 전에 위강과 골반강에 종종 심각한 종양을 일으키는 중피종을 앓았을 때도 그는 하던 일을 멈추지 않았다. 그가 말했다.

"암과 싸워온 지 꽤 오래되었습니다. 암이 내 몸 속에 뿌리를 내리기 전에 지금 쓰고 있는 책을 다 끝내고 싶어요."

그는 지금 찰스 다윈의 진화론을 설득력 있게 재고찰하는 책을 쓰고 있다. 그는 늘 그런 식이다. 그의 친구들 말처럼 한순간도 손에서 일을 놓을 줄 모르는 일벌레인 것이다.

굴드 박사는 학문적으로도 귀감이 되는 사람이다. 과학 아카데미의 식당을 오가는 사람들이 그를 알아보고 우리 탁자로 와서 그의 손을 덥석 잡고 "굴드 교수님! 뵙게 되어 영광입니다!" 하고 인사를 했다. 굴드 박사는 전문적인 과학 교육을 받지 않은 대중들과 과학의 기쁨을 나누어야 한다고 믿는 영향력 있는 과학자이다. 그는 아직 미국과 캐나다에서만 177만 부가 넘게 팔리고 세계 각국에서 스테디 셀러 목록에 올라 있는 『시간의 역사*A Brief History of Time*』를 쓴 천체 물리학자 스티븐 호킹(Stephen Hawking)처럼 출판에서 기념비적인 성공을 거두지는 않았다. 〈코스모스〉라는 텔레비전 프로그램의 사회자로 활동하는 코넬 대학의 천문학자 칼 세이건(Karl Sagan)처럼 과학 전문 프로그램의 사회자로 활동한 적도 없다. 굴드 박사의 문체는 『세포 속의 생명체들*The Lives of a Cell*』을 쓴 의학자 루이스 토머스(Lewis Thomas)의 문체처럼 화려하지는 않지만 쉽고 간결하면서도 품위가 있기 때문에 전세계의 수많은 독자들로부터 사랑을 받고 있다. 그가 저술한 책들은 프랑스, 일본, 헝가리, 핀란드, 그리스 등 15개국이 넘는 국가에서 번역되어, 과학 분야에서 알베르트 아인슈타인 못지않게 존경받는 인물 다윈을 일반인들이 쉽게 이해하게 해주었다.

굴드 박사는 글쓰기는 좋아하지만 책을 소개하기 위해 여행하는 것은 끔찍하게 싫어한다. 그래서 저자 순회 여행의 일환으로 과학 아카데미를 방문했을 때에도 상당히 짜증스러워했다. 스물다섯 살 남짓 되어 보이는 한 젊은이가 우리 탁자로 와서 애독자라면서 굴드 박사에게 인사를 했다. 젊은이가 가자 굴드 박사가 말했다.

"젊은 세대는 왜 이야기를 할 때마다 질문하는 것처럼 말끝을 올릴까요? 마치 자기 말에 동의해달라는 것 같아요."

그리고는 전화 수화기를 얼굴에 대는 시늉을 하며 흉내를 냈다.

"이런 식이에요. 여보세요? 굴드 박사님? 저 에이미예요? 연합통신사에 다니는? 그래요, 맞아요. 아실 줄 알았어요."

굴드 박사는 과학 아카데미의 공룡 전시장에서 걸음을 멈추더니 손을 내저으며 말했다.

"공룡도 이젠 별 볼일 없는 생물이 되어버렸어요. 일반인들에게 너무 많이 공개되어 있으니까요."

공룡 전시장 안에서 한 무리의 어린이들이 관람만 가능한 전시물에서 작동까지 가능한 전시물 쪽으로 우당탕 뛰어가고 있었다. 굴드 박사가 그 모습을 보고 말했다.

"아이들이 여기서 뭘 배울까요? 내가 보기엔 단추 누르는 재미밖에 못 느끼는 것 같군요."

전시장에는 쇠줄에 연결된 커다란 쇠공이 천장에서 바닥으로 늘어뜨려져 있었다. 진자였다. 그가 말했다.

"왜 우리나라의 과학 박물관에는 어디나 다 이런 진자가 있을까요? 난 아직도 진자가 어떻게 작동하는지 모르겠어요. 박물관을 찾는 관람객들도 아마 잘 모를걸요."

진자란 줄 끝에 추를 매달아 회전하는 지구와 일직선을 유지하며 흔들리는 기구를 말한다. 굴드 박사는 진자가 지구와 함께 회전하는 건물에 설치되어 있기 때문에 추의 축 역시 회전하지 않겠느냐고 물었다. 진자에 대한 설명이 적힌 안내판을 무색하게 만드는 멋진 질문이었다.

그는 까다롭기는 하지만 무척 똑똑한 이야기꾼이다. 그의 이야기를 듣고 있노라면 마치 그의 에세이를 읽고 있는 듯하다. 굴드 박사는 머릿속에 한 가지 생각이 떠오르면 그 생각을 다른 생각과 연결시키고, 그렇게 연결된 생각을 또다른 생각과 연결시켜 결국에는 꽉 짜여진 하나의 이론을 이끌어낸다. 그가 말했다.

"누구나 어느 정도의 정신적인 기술은 갖고 있을 겁니다. 난 어쩌다 그런 정신적인 기술들을 하나로 연결시킬 수 있게 된 것뿐이죠. 정신적 기술이 자신의 일에 도움이 되게 변형시킬 수 있는 사람은 참 행복한 거예요. 변형시키지 못하면 그 기술은 재주에 불과하거든요."

굴드 박사는 유전자 결정론을 강력하게 비판하고, 표준화된 시험을 통해 개인의 능력과 지력을 판단하고자 하는 태도를 대단히 혐오한다. 그래서 유전과 환경으로 양분되는 줄기찬 논쟁에 진저리를 친다. 그는 1981년에 베스트셀러를 기록한 자신의 책 『인간에 대한 잘못된 측정 *The Mismeasure of Man*』에서 유전과 환경에 관한 자신의 생각을 단 한 번 언급했다. 하지만 그 일로 인해 '지력은 얼마나 유전됩니까? 지력의 얼마나 많은 부분이 교육을 통해 습득될 수 있습니까? 범죄 행위는 선천적인 것입니까, 후천적인 것입니까? 정확한 수치를 말

쏨해주십시오. 얼른 대답해 주십시오!' 라는 식의 질문을 수도 없이 받았다. 굴드 박사는 생물과 환경이 서로 긴밀하게 연관되어 있고, 선천적인 요인과 후천적인 요인 또한 서로 분리될 수 없을 정도로 긴밀한 연관성을 유지한다고 강조한다.

"선천적인 요인과 후천적인 요인을 분리시키는 것은 논리적으로도, 수학적으로도, 철학적으로도 절대 불가능한 일입니다. 선천적인 요인과 후천적인 요인은 결합하여 작용합니다. 이제 나는 사람들에게 그 사실을 이해시키려고 노력하지 않기로 했습니다. 노력하는 데도 지쳤어요. 유전(nature)이라는 말과 환경(nurture)이라는 말이 언어학적으로 유사하다는 사실은 참으로 불행한 일입니다. 그래서 이 잘못된 논쟁이 지금까지 계속되고 있는 것 같거든요."

진화와 자연 본성에 대한 굴드 박사의 견해는 많은 사람들에게 영향력을 미치고 있지만, 그 견해에 반기를 드는 학자들도 상당히 많다. 굴드 박사와 나일스 엘드리지(Niles Eldredge) 박사의 단속평형설은 진화란 완만하고 점진적으로 진행되는 것이 아니라, 짧은 기간 동안 폭발적으로 빠르게 일어났다가 더이상 변화가 일어나지 않는 안정화 기간이 오랫동안 이어진다는 내용을 골자로 하고 있다. 학계에서는 진화란 각 유기체들이 포식자나 기생충은 물론이고 같은 종의 다른 개체들한테까지 대항하여 살아남기 위해 이루어져왔다고 보는 입장이 주를 이루고 있다. 그러나 굴드 박사는 용감하게도 자연계에서 나타나는 몇몇 특징들이 개체의 이익뿐만 아니라 종 전체의 이익을 위해 진화했다고 주장한다. 대부분의 현대 생물학자들이 입에 담기조차 싫어하는 '종의 이익을 위해서' 라는 논리가 진화에서 타당성을 지니고 있다고 주장하는 것이다.

몇몇 학자들은 굴드 박사가 그런 주장을 펼 만큼 연구에 매진하는 학자가 아니다. 그의 에세이에서 내용상의 문제점들이 발견되는 경우가 종종 있다. 그는 자기 잇속을 차리기 위해 에세이를 쓴다 등의 이유를 들며 굴드 박사를 비판한다. 나일스 엘드리지 박사는 굴드 박사가 과대 광고로 인해 진화론의 예언자로 찬양받음과 동시에 생물학자이면서 사회학자인 듯한 분위기를 풍기는 지독히 통속적인 인물이라고 비판받는다고 말한다. 나일스 엘드리지 박사는 말한다.

"어떤 사람들은 굴드 박사를 매장시키고 싶어 안달을 하며 감정적으로 비판의 칼날을 들이댑니다."

그러나 굴드 박사는 자신이 비판보다는 존경을 많이 받는다고 생각하기 때문에 누가 뭐라고 하든 신경쓰지 않는다. 그는 뉴욕 출신 특유의 공격성과 방어성을 모두 갖고 있다. 그의 아버지는 독학으로 법원의 속기사까지 되었지만 대학 졸업장이 없다는 이유로 늘 열등감을 안고 살았다. 그런 아버지 밑에서 굴드 박사는 뉴욕 퀸즈 지구 중하류 계층의 일원으로 소년 시절을 보냈고, 지금은 매사추세츠 주 케임브리지에서 아내와 두 아이와 함께 살고 있다. 굴드 박사는 공식적인 자리에서 아내와 자식들의 이야기를 꺼내지 않는다. 대중들은 그가 야구와 바그너와 모차르트를 광적으로 좋아한다는 사실은 알고 있지만, 그의 사생활에 대해서는 아는 바가 거의 없다.

굴드 박사는 살이 보기 좋게 쪄서 그런 대로 여유 있는 인상이었다. 식사하는 것을 보니, 감자 튀김과 매운 고추를 어지간히 좋아하는 듯하다. 굴드 박사는 요즘 자연계 어디에서나 나타나는 부정확성과 오물과 과잉이라는 문제에 대해 고민하고 있다. 『새끼 돼지 여덟 마리』는 자연계의 반복과 느슨함과 우연성이라는 주제를 다루고 있는데, 표제 에세이에서 그는 현대의 척추동물들이 왜 과거의 몇몇 동물들처럼 손가락 발가락이 여덟 개씩이 아니라 다섯 개씩인지 이야기하면서 이것이 진화의 산물이라는 결론을 내린다. 『새끼 돼지 여덟 마리』에서 그는 인간의 세포에 있는 과잉 유전물질들, 즉 쓰레기 DNA라고 격하되어 유전물질들이 진화와 변화를 유발시킨 요인일지도 모른다고 주장한다.

인터뷰가 끝날 무렵에 굴드 박사는 이렇게 말했다.

"어린 시절에는 과학의 엄정성과 확고함과 정확성에 매료되었습니다. 그러나 이제는 자연의 아름답고도 재치 있는 우연성에 관심이 갑니다."

세상에 영원히 변하지 않는 것은 없다. "사십 년 전에 뉴욕의 자연사박물관에 가서 박물관 식당 천장에 빨대 포장지를 날려보냈죠. 그 포장지는 빳빳하게 말라서 꽤 오랫동안 천장에 종유석처럼 매달려 있었는데, 어른이 되어서 그곳을 가보니 그 포장지들이 하나도 보이지 않았어요"라는 그의 말처럼.

세포의 죽음은 생명 유지의 열쇠

'죽음은 생명 유지의 필수 요소다' 라는 말을 의문 없이 받아들일 사람이 있을까? 하지만 젊음의 향기를 발산하는 젊은이의 몸에서도, 무덤을 향해 무거운 발걸음을 옮기는 늙은이의 몸에서도, 세포는 매일 수백만 개씩 죽어간다. 자궁 속에서 태아의 뇌가 발생할 때도 태아의 뇌에 있는 신경세포의 80%가 죽는다. 덩굴손 모양의 뉴런이 쓸모가 없을 뿐 아니라 뇌의 발생에 방해가 될 가능성이 있기 때문이다. 태아의 손가락 사이에 있던 물갈퀴 모양의 막 역시 태아가 세상으로 나오기 전에 녹아 없어진다. 성인의 몸에서도 인체의 건강한 조직들을 공격하는 실수를 범한 면역세포들은 소리없이 사라진다. 그러나 다음의 사실들을 알면 우리는 세포가 죽는다는 사실에 감사할 수밖에 없을 것이다.

세포의 죽음은 생명 유지에 필수적인 요소지만, 과학자들은 세포의 죽음이 따분하고 일반적인 현상이라는 이유로 그것을 오랫동안 무시해왔다. 과학자들 사이에서 죽은 세포는 대개 관심 영역에서 제외된다. 죽은 세포에서는 생명 현상이나 활동이 나타나지 않기 때문이다. 그러나 세포가 죽어가는 모습은 너무나 놀랍다. 상처 부위의 세포들은 산불 속에 스러져가는 나무들처럼 죽음의 불을 끌 새도, 죽음의 원인을 분석할 새도 없이 순식간에 사라져버린다.

생물학자들은 최근에 세포 사망의 한 형태를 연구하여 그 현상에 '세포의 계획적인 사망'이라는 뜻을 지닌 '아포토시스'라는 명칭을 붙였다. 다양한 환경에서 세포와 조직을 제거하는 작용을 하는 아포토시스는 세포의 죽음에 대한 연구 활동에 새로운 활력을 불어넣었다. 생물학자들은 최근 연쇄 반응을 통해 면역세포를 급속도로 퇴하시키는 해로운 혈액 세포 안에서 시한폭탄과 같은 유전자를 발견했는데, 그 유전자는 자신이 포함된 해로운 혈액세포가 위험할 정도로 늘어나면 자폭명령을 내린다. 또 간과 전립선이 비정상적으로 비대해지는 것을 막아주는 단백질과 모충이 나방으로 탈바꿈할 때 기어다니는데 쓰이던 근육들을 제거해주는 단백질, 그리고 수컷이 될 태아에서 암컷의 생식기를 없애주는 단백질도 발견했다.

이러한 일련의 발견들은 알츠하이머병, 파킨슨병, 루게릭병처럼 뇌세포가 대규모로 죽어가는 퇴행성 질환을 앓는 사람들에게 새로운 치료법을 제시해줄지도 모른다. 세포의 죽음을 유발시키는 유전자들에 대해 제대로 알게 되면, 그 유전자들이 제 역할을 못해서 세포가 죽지 않고 무한히 분열하는 암세포로 변했을 때 어떤 일이 발생할지를 밝힐 실마리를 얻을 수 있을지도 모른다. 한 세포의 죽음이라도 정확하게 밝혀내기만 한다면, 왜 모든 생물체가 궁극적으로는 죽음을 맞을 수밖에 없는지를 밝힐 수 있을 것이다.

세포의 죽음이 무질서하게 일어날 것이라고 여기는 우리의 생각과 달리, 세포는 대부분 정교하게 계획된 유전자 프로그램에 의해 죽는다. 그 유전자 프로그램은 췌장이나 신장에서 미성숙한 세포를 제 기능을 발휘할 수 있는 세포로 변화시켜주는 유전자 프로그램과 상당히 흡사하다. 세포 스스로가 재빨리, 일정한 형식을 가지고 죽기란 쉬운 일이 아니며 상당히 놀라운 일이다. 죽도록 계획되어 있는 세포는 일단 자신을 죽일 유전자 십여 개를 가동시켜야 한다. 마치 세포가 "이제 죽어야 돼" 하고 중얼거리면서 고도의 집중력을 가지고 치밀하게 자살을 수행하는 것과 같다. 하지만 세포가 죽어가는 과정은 결코 차분하지 않다. 폭발물이 터지듯이 세포막이 터져나가면서, 세포 안에 있던 물질들이 혈액 속으로 흘러 들어가 신체에 재흡수되기 때문이다.

과학자 사이에서 아포토시스에 대한 논의가 매우 활발하게 일어나는 가운데 아포토시스(apoptosis)라는 단어를 어떻게 발음할 것인가에 대해서도 의견이 분분하다. 어떤 이들은 첫 글자인 a를 길게 발음하고, 어떤 이들은 짧게 발음한다. 또 어떤 이들은 p를 둘 다 발음해서 아폽토시스라고 하지만, 어떤 이들은 두번째 p를 탈락시켜 아포토시스라고 한다. 아포토시스라는 말은 앞서 말했듯이 세포 사망의 형태를 맨 처음 기술한 스코틀랜드 에든버러 대학의 앤드류 와일리(Andrew Wylie) 박사가 처음 사용한 것으로, 고대 그리스어의 '나뭇잎이 나무에서 떨어지다' 라는 표현 중 '-에서 떨어지다' 에 해당하는 단어에서 따온 것이다. 그러나 생물학자들은 그가 '머리카락이 두피에서 떨어지다' 라는 표현에서 아포토시스라는 용어를 따왔을 거라고 농담을 한다. 아포토시스를 연구하는 남성 과학자들이 대부분 대머리이기 때문이다.

아포토시스의 발견은 세포의 죽음을 단순한 사건으로 받아들여오던 과학자들의 구태의연한 사고에 경종을 울렸다. 과학자들은 오랫동안 세포의 죽음을 외부로부터 에너지를 받아들이지 않는 생명의 부재 상태, 즉 세포의 의무 불이행 코드라고 생각했다. 이 개념으로 신체가 심한 외상을 입어 상처 부위의 세포들이 일정한 프로그램 없이 마구잡이로 부풀어올랐다가 죽는 현상과 같은 몇몇 경우를 설명할 수는 있지만, 면역학적 차원에서의 세포의 죽음은 설명할 수 없다. 면역 작용을 담당하는 T세포와 B세포의 죽음을 해명할 수가 없는 것이다. T세포와 B세포는 신체의 상태에 따라 증식량이 결정되는 면역세포들로, 조금씩 다른 형태를 지닌 유입 단백질들을 공격하는 작용을 한다. 하지만 이 면역세포들의 95% 내지 98%는 살아 있으면 신체의 조직을 공격하거나, 면역세포를 생산하는 기관에 해를 끼칠 수도 있는 형태로 변화한다고 한다. 면역학자들은 신체가 그렇듯 신체에 해를 끼칠 수도 있는 면역세포들을 생산하자마자 제거한다는 사실을 발견하고 그런 면역세포들을 살해하는 자객들을 찾아내려고 노력하고 있다. 해로운 면역세포들을 제거하는 역할을 담당하는 신체의 공격 부대를 찾고 있는 것이다.

면역학자들은 해로운 면역세포들을 죽이는 신체의 살인 무기를 조사하는 과정에서 자살 지침서를 발견했다. 신체에 해를 끼칠 수도 있는 T세포와 B세포들은 죽임을 당하는 것이 아니라 스스로 목숨을 끊고 있었다. 곧이어 세포가 부르는 죽음의 노래가 대략적으로 기록되었다. 해로운 면역세포들은 아직 완전히 파악되지 않은 어떤 신호를 받고 자살 프로그램을 가동시킨다. 자살 프로그램이 가동되면, 세포의 핵은 전지 가위 역할을 하는 효소를 분비해서 염색체들을 단일한 모양으로 아주 잘게 조각 내고, 세포막에 구멍을 뚫는 효소들을 활성화시키고, 그 장소를 청소할 대식세포들을 불러들이는 화학 신호를 보낸다. 결국 세포 스스로가 자신을 분해할 효소를 분비해 목숨을 끊고 자신을 잡아먹을 대식세포들을 불러들여 신체 내에서 사라지는 것이다. 한 생물학자가 말했듯이, 아포토시스는 죽음을 위한 춤의 제전이다.

냉혹하게 들릴지 모르겠지만, 아포토시스가 일어나지 않으면 더욱 처참한 일이 일어난다. 과학자들은 아포토시스의 진행 경로를 차단하는 유전자에 변이가 일어나 사람 림프종(human lymphoma)이 발생하는 경우를 종종 보아왔다. bcl-2라고 불리는 그 유전자는 평소에는 신체가 반복적으로 침입하는 세균들을 인식하고 공격할 수 있게 해주는 면역 체계의 장기 메모리 역할을 할 몇몇 B세포들을 살려두기 위해 아포토시스의 진행 경로를 차단하는 역할을 한다. 그러나 변이가 일어난 bcl-2 유전자는 B세포의 일부가 아니라 B세포 전체가 영원히 살아 있게 하고, 그렇게 해서 살아남게 된 면역세포들은 '해를 끼칠 가능성이 있는 경우에는 자살하라'는 신체의 명령을 어기고 몸 속에서 끊임없이 떠돌아다니다가 암세포가 발생한 지역에 합류한다.

인간보다 단순한 구조를 가진 유기체들도 아포토시스의 덕을 본다. 선충류 중에 '카이노르하브디티스 엘레간스'라는 1밀리미터 길이의 반투명한 생물이 있는데, 이들은 전체 1,090개의 세포들 중 131개가 죽기 위해 생성된다. 생물학자들은 그 131개의 세포에서 죽음을 실행시키는 유전자를 상당수 발견하고는 그 유전자들을 파괴자의 자리에 갖다놓고 실험을 했다. 그 결과 다른 유전자들이 명령을 내리기 전까지 세포를 죽이는 게임을 시작하려 들지 않는 유전자들이 있다는 사실이 발견되었다. 과학자들은 〈앨리스의 식당Alice's Restaurant〉(아서 펜 감독의 1969년도 영화―옮긴이)을 인용하면서 첫 단계가 죽이는 것이고, 두번째 단계가 죽은 세포를 제거하는 것이고, 세번째 단계가 흔적을 지우는 것이라고 말한다. 이렇게 유전자들이 저마다 맡은 임무를 수행하기 시작하면, 세포를 조각 내는 유전자도 있고 죽은 세포를 이웃 세포들이 흡수하게 조정하는 유전자도 있다.

선충의 신체가 죽음이 예정된 세포들을 가장 먼저 만드는 것을 보면, 그 세포들이 단지 죽을 목적으로 태어난 것만은 아닌 듯하다. 그 세포들은 미켈란젤로의 손길을 기다리는 대리석 덩어리와 같다. 그 세포들이 떨어져나가면서 선충이 아름다운 모양을 지니게 되는 것이다. 선충은 생식기로 분화될 부분에 죽음이 예정된 세포들이 가장 많은데, 선충이 수컷이 되느냐, 양성체가 되느냐에 따라 세포들이 죽는 형태가 다르다.

담배박각시나방도 변태에 앞서 몇몇 세포들을 죽인다. 담배박각시나방은 아주 많은 수의 근육세포들을 이용해서 고치에서 나온다. 그러나 그 근육세포들은 담배박각시나방이 고치에서 벗어나는 순간 쓸모가 없어져서 밤새 아포토시스 방식으로 스스로의 목숨을 끊는다. 과학자들은 담배박각시나방의 근육세포들을 아포토시스가 일어나기 직전에 지름 5밀리미터 크기로 절개했다. 그 결과 여러 종류의 단백질들을 많이 발견했다. 그 단백질들 중에는 죽음이 예정된 세포 안에 있는 수많은 다른 단백질들에 '퇴화'라는 딱지를 붙이는 유비퀴틴이라는 것도 있었다. 유비퀴틴의 활동으로 세포 안에 있는 단백질들이 하나 둘씩 죽어가면, 세포도 서서히 죽어간다. 유비퀴틴과 세포의 죽음과의 연관성은 박각시나방에 국한되는 것이 아니다. 알츠하이머병 환자들의 뇌에서 나타나는 신경섬유의 복잡한 엉킴 속에서 유비퀴틴의 흔적이 발견되는 것을 보면, 유비퀴틴이 신경세포들을 죽이도록 자극받았다는 사실을 알 수 있다. 유비퀴틴은 왜 세포들을 죽이는 일에 동참하는 것일까, 그리고 유비퀴틴의 활동을 어떻게 막을 수 있을까 하는 문제들은 여전히 풀리지 않고 있다. 세포의 죽음은 부단한 노력 없이는 풀 수 없는 수수께끼다.

삶과 죽음의 조정자, myc 유전자

인간의 거의 모든 암세포의 중심부에서 발견되는 염색체의 파편 중에는 비정상적인 분자들이 상당히 많다. 이 분자들은 암세포에서 우연히 떨어져나온 파편이 아니라 암을 발생시킨 근본적인 원인인 듯하다. 지금까지 발견된 변이들 중에서 가장 위험하고 가장 일반적인 변이는 myc 유전자의 기능에 장애를 일으킨 변이이다. 유방, 뇌, 혈액, 폐 등 신체 모든 부위의 암세포 속에는 심하게 손상된 myc 유전자가 숨어 있다. myc 유전자는 때로는 조각으로 나뉘어 질서 없이 재배열되기도 하고, 때로는 유전물질이 과다해지는 비정상적인 순환을 거듭하며 계속 분열하기도 한다. myc 유전자는 암 조직 내에서는 자주 변이를 일으키지만 정상 조직 내에서는 생명과 모든 신체세포들의 유지에 핵심적인 역할을 하는 특성들을 아주 많이 지니고 있기 때문에 McGene이라고 불린다. myc 유전자는 신체의 어느 부위에서나 발견된다.

　지난 이십여 년 동안 과학자들은 이 유전자에 대한 연구에 착수했다가 해석하기가 어려워 포기하기를 몇 차례 거듭한 끝에 이 중요한 분자를 표면화시키는 발견들을 해냈다. 과학자들이 발견한 현상들은 대개 세포들이 분열할 때와 성숙할 때, 그리고 신체를 위해 자살을 감행할 때를 어떻게 아는지를 근본적으로 보여주는 것들이다. 이 발견은 암의 치료에 중요한 의미를 지니고 있는데, 특히 유방의 종양들 중에서 어떤 것들이 간단한 수술로도 치료가 가능한지를 구별해주고, 매우 공격적인 암들 중에서 어떤 것들이 재발 가능성이 높아 강력한 화학요법으로 치료를 해야 하는지를 구별해주는 역할을 한다. 네덜란드의 과학자들은 유방암 세포가 비정상적으로 많은 수의 myc 유전자들을 잠복시키는 증상인 유전자 증폭이라는 변이의 형태를 갖고 있는 여성들이 myc 유전자를 덜 잠복시키고 있는 유방암 환자들보다 수술 뒤에 재발할 위험이 훨씬 높다는 연구 보고서를 발표했다.

　시험관 실험과 쥐를 대상으로 한 실험에 따르면, 일반적인 암세포에서 나타나는 많은 유전자 결함 현상들 중에서 myc 유전자의 결함이 가장 심각하기 때문에 myc 유전자만 제거해도 암을 치료하거나 암의 일부를 다스릴 수 있다고 한다. 과학자들은 1960년대부터 활용되어온 약품들을 이용해 배양된 암세포에 나타나는 myc 유전자의 결함을 어느 정도 고칠 수 있었다. 그 약품들은 암세포가 myc 유전자를 너무 많이 복제하지 않게 하고, myc 유전자를 핵 밖으로 몰아내어 세포질 안에서 빨리 퇴화하게 하는 효력을 갖고 있다. 그렇게 해서 확대된 myc 유전자들이 제거되면, 세포들은 안정을 되찾고 몸에 해롭지 않은 상태로 돌아가는 것이다. 이러한 작용을 하는 약품들 중 하나는 유전자 증폭의 기미가 있는 진전된 자궁암을 앓는 여성들이 이용할 수 있도록 시험중에 있다.

그러나 흔히 그렇듯이 의학의 발전과 그에 따른 치료법의 개발은 이 McCancer 유전자에 대한 우리들의 기초적인 이해보다 훨씬 뒤쳐져 있다. 우리는 이제 myc 유전자가 생산하는 단백질이 세포 안에서 일반적으로 어떤 작용을 하는지, 그러한 작용이 제대로 일어나지 않으면 왜 그렇게 끔찍한 결과가 발생하는지를 너무나 잘 알고 있다. myc 단백질은 활동중인 세포가 분열을 계속해야 할지, 분열하지 않고 폐, 대장, 유방 등의 기관을 구성하는 일원으로 분화하여 정착해야 할지 결정을 내리는 스위치와 같다. myc 단백질은 세포가 분열을 시작하게 하고, 분열을 유지하게 하는 데 없어서는 안 될 요소인 듯하다. myc 단백질은 세포가 성숙하여 마지막 단계에 이르기 전까지 침묵을 지키고 있다. 그러나 세포를 확대시키는 이 단백질은 세포의 파괴까지 책임진다. 세포가 충격을 받을 때, 세포 표면에 엇갈린 메시지들이 쏟아질 때, 세포가 순간적으로 영양물질을 박탈당할 때, myc 단백질은 자기 파괴의 버튼을 눌러 혼란을 진압한다. 아포토시스 프로그램을 가동해 세포를 죽이는 것이다.

세포의 죽음은 별이나 도시의 폭발만큼이나 장엄하다. 세포 표면이 일렁거리며 올록볼록 솟아오르고, 지진이 발생했을 때처럼 DNA의 축이 흔들리고, 내부의 물질들이 밖으로 터져나간다. 그렇게 이십오 분이 지나고 나면 세포의 죽음은 완료된다. 세포의 죽음을 세포의 성장과 연결시켜 사고하는 것은 타당하지 않은 듯하지만 진화의 측면에서 생각해보면 서로 연결시켜 사고할 만한 합당한 이유가 있다. 건강한 신체가 잃어버린 조직을 보충하기 위해서는 세포분열이 반드시 필요하다. 그러나 세포분열을 명령하는 생화학적 신호가 제대로 전달되지 않거나 왜곡되어 전달될 가능성이 있으면, 세포는 자살 프로그램을 가동시킨다. 그것이 신체에 가장 안전한 방법이기 때문이다. 신체에서 일어날 수 있는 가장 위험한 사건은 세포들 중 하나가 암세포로 바뀌는 것이다. 손이나 발이 떨어져나가거나, 간이나 뇌의 상당 부분이 떼어져도 생명은 유지될 수 있지만, 죽지 않는 세포 하나가 우리의 생명을 앗아갈 수도 있기 때문이다. 따라서 myc 단백질로 하여금 세포를 증식시키게 하기보다는 암세포로 변할 가능성이 있는 세포를 죽이게 하는 것이 낫다.

myc 유전자에 관한 연구는 오랜 침체기를 겪은 후에 다시금 활기를 찾게 되었다. 과학자들은 닭의 골수암을 연구하는 과정에서 myc 유전자를 최초로 확인하고, 이 유전자가 닭의 골수종(**my**eloma in **c**hickens)을 촉진시킨다는 이유로 myc라고 불렀다. 비정상적인 작용을 하는 myc 유전자는 곧 인간의 암에서도 검출되었다. 생물학자들은 1980년대에 사람의 백혈병과 림프종의 몇몇 형태가 myc 전좌라는 염색체 질환으로 발생한다는 사실을 발견하고 흥분을 감추지 못했다.

myc 유전자를 가지고 있는 염색체의 한 부분은 종양 초기의 어느 시점에서 다른 염색체와 유전자의 일부를 바꿔, 한 염색체에 있던 myc 유전자를 다른 자리로 이동시킨다. 그 과정에서 이동된 myc 유전자는 자신을 점검하는 일상적인 염색체의 신호에서 벗어나, 난폭한 유전자 스위치에 연결되어 면역 항체들을 끊임없이 생산하라는 신호를 보낸다. 새로운 자리에 재배열되어 영구적인 활성이 보장된 myc 유전자는 myc 단백질을 끊임없이 생산하고 결과적으로 암세포의 성장을 촉진하는 것이다.

다른 종양들도 myc 유전자가 수십 수백 번 복사된 유전자들을 가지고 증식하고, 또다시 myc 단백질을 과잉 생산하여, 결과적으로 암세포로의 성장을 초래하는 myc 증폭의 결과로 드러났다.

그러나 1980년대 말에 myc 유전자에 대한 연구는 난관에 부딪쳤다. myc 단백질이 중요하다는 사실은 다들 알고 있지만 myc 단백질을 검출하기가 어려워서, myc 단백질이 어떤 작용을 하는지, 왜 myc 단백질이 과다하게 존재하면 암세포의 성장이 촉진되는지를 어느 누구도 밝혀내지 못했다. 그러한 상태는 1990년에 와서 급변했다. myc 단백질이 류신 지퍼(leucine zipper)라고 불리는 것을 포함한 몇 개의 나침의가 어우러진 모양임이 밝혀진 것이다. 지퍼 모양은 다른 단백질과 짝을 이루어야 세포 안에서 활동을 시작할 수 있는 단백질에서 발견되었다. 이 단백질들은 부분부분이 지퍼의 이빨처럼 튀어나와 있기 때문에 류신 이빨을 지닌 다른 단백질과 단단히 맞물릴 수 있다. 일단 두 단백질이 맞물리면 하나의 단위가 되어 혼자서는 할 수 없는 일들을 하게 된다.

생물학자들은 단백질을 소량 검출하여 수만 가지 방식으로 짝을 지어본 결과 myc 단백질의 짝을 발견해냈다. 그리고 맥스(max)라는 이름을 붙였다. myc에는 맥스라는 이름이 가장 잘 어울릴 것 같았기 때문이다. 과학자들은 myc-max 복합체를 시험관에서 활동시켜보고는 두 단백질이 서로 맞물려 작용하는 이유를 알게 되었다. myc-max 복합체는 전사인자로서, DNA 분자의 특정 부분에 달라붙어 한 무리의 유전자들을 작동시키거나 활동을 중지시키는 스위치와 같은 역할을 하여 세포 안에서 대규모의 변화를 일으키는 것이다.

myc-max 복합체가 어떤 유전자를 활동하게 하고, 어떤 유전자의 활동을 중지시키는가 하는 문제는 여전히 베일 속에 가려져 있다. 인간의 DNA에 있는 10만 개의 유전자 중에서 myc-max 복합체가 인식할 수 있도록 배열되어 있는 것은 천여 개, 혹은 백여 개에 불과할 수도 있다. 또한 그 유전자들 중 얼마나 많은 수가 myc-max 복합체와 의사소통을 할 수 있는지, 그러한 의사소통이 어떻게 세포의 성장이나 성숙, 혹은 죽음에 영향을 미치는지는 몇 년이 흘러야 밝혀질지도 모른다. 하지만 myc-max 복합체가 나누는 메시지 가운데 어쨌든 한 가지는 밝혀졌다. 평상시에 세포분열 단백질의 활동을 억제하여 세포분열을 제한하는 단백질, 그러니까 망막아종 단백질의 작동을 막아 세포를 성장시키는 역할을 하는 듯하다. 다시 말해 세포의 성장을 가로막는 요인을 잠재워 세포가 성장하게 해주는 것이다. 이것이 바로 자연이 즐기는 루브 골드버그* 식 배열이자 공중 곡예이다.

---

* Rube Goldberg, 미국의 풍자만화가. 단순한 일을 복잡한 방법으로 처리하는 괴상한 기계들을 발명해내는 과학자를 주인공으로 하는 만화를 그려 많은 인기를 끌었다.

자살의 다른 측면

표면적으로 보자면, 자살은 자연의 섭리를 조롱하는 행위이자 '모든 생명체는 스스로의 목숨을 지키기 위해 끝까지 싸운다'라는 뿌리 깊은 본능에 정면으로 위배되는 행위이다.

그러나 진화의 측면에서 냉철하게 생각해보면, 자살은 용서할 수 없는 탈선 행위도 아니고 자연선택과 적응의 흐름을 거스르는 인간의 오만도 아니다. 자살하는 사람은 누구에게도 털어놓을 수 없는 고통 속에서 몸부림치다가 아무도 몰래 스스로의 목숨을 끊었겠지만, 자살이라는 현상 자체는 상당히 일반적이다. 대부분의 나라에서 전체 사망 건수 중 자살이 차지하는 비율은 1%나 된다. 미수에 그친 경우까지 포함하면, 수치는 더욱 높아질 것이다. 몇몇 진화 유전학자들은 이 수치가 너무 크기 때문에 자살을 사회적 병리나 정신질환 현상으로 해석하는 것은 무리라고 말한다.

사실 거의 모든 나라에서 자살률이 계속 높게 나타나는 것을 보면,

자살에는 진화의 요인이 내재되어 있는 듯하다. 상식적으로 이해하기 힘든 행동에는 진화적 요인이 내재되어 있는 경우가 종종 있기 때문이다. 자살의 욕구는 진화상의 어느 시기에서 그러한 욕구를 갖고 있는 이들에게 이점을 준 몇몇 특성들을 부수적으로 동반하고 있다.

민족에 따라 자살율이 다르다는 사실은 자살이 유전적 요인 때문이라는 주장을 뒷받침해준다. 자살은 거의 모든 나라에서 일어나는데, 다른 민족보다 훨씬 더 자살율이 높은 민족이 있다. 예를 들어 헝가리와 핀란드의 자살률은 미국이나 다른 유럽 국가의 두 배 내지 세 배에 달한다. 여기에서 주목할 점은 먼 옛날로 거슬러올라가면 헝가리인과 핀란드인이 유전적으로 같은 뿌리를 갖고 있다는 사실이다(언어학적으로도 헝가리어와 핀란드어는 같은 언어적 기원으로 묶여 인도-유럽어족과 구분된다). 높은 자살율은 핀란드와 헝가리라는 국가의 사회 경제적 조건 때문일 수도 있지만, 다른 나라로 이주한 핀란드인들과 헝가리인들도 자살율이 높은 것으로 보아 자살이 유전적 요인에 기초한다고 볼 수 있다.

자살이 단 하나의 유전자 때문에 일어난다거나 자살이나 정신병이 좋은 것이라고 주장하는 사람은 아무도 없다. 젊은이들은 종종 자살의 유혹을 느낀다. 이들은 자살을 고귀함과 낭만으로 포장하고, 성인이 되면서 정신적 충격을 받았을 때 선택할 수 있는 것이라고 여긴다. 그러나 분별 있는 성인이라면 절대로 용납하지 못할 사고 방식이다.

하지만 몇몇 자기 파괴적인 행위들에 대해서는 진화론적 해석을 할 수도 있다. 다수의 이론가들은 자살 충동을 느끼는 것이 생존하는 친족들에게 이익을 주기 위한 자기 희생적 본능의 표현이라고 주장한다. 한 사람의 죽음으로 친족들이 죽음을 면하고, 각자 전보다 더 풍부한 자원을 얻을 수 있기 때문이다. 자신의 목숨을 제물로 바친 희생자의 유전자들은 생존하는 친족들을 통해 대대로 전달된다. 간단한 예를 들어보자. 밀림에 사는 한 원인은 자기 가족들을 잡아먹으려고 덤비는 표범에게 스스로를 희생시킴으로써 자신의 유전적 혈통을 보존한다. 그러나 인간은 복잡한 사회 집단 속에서 살기 때문에 자살의 충동 또한 복잡하고 뒤틀린 형태로 나타난다. 자살의 유혹이 자신의 죽음을 통해 이익을 얻거나 자신의 유전적 유산을 물려줄 가족이 없는 사람에게까지 뻗치는 것이다.

어떤 이들은 자살이 유전적인 것이 아니라 자연선택 과정에서 획득한 또다른 특성, 즉 우울증의 가장 비극적인 산물이라고 주장한다. 다윈을 신봉하는 몇몇 사상가들은 극도로 침울한 기분은 누구나 느껴보는 것이기 때문에 그것만으로는 질병이라고 볼 수 없다고 말한다. 또한 번씩 우울한 기분에 빠져들면 감정을 죽이고 냉철하게 자신의 잘못을 되돌아볼 수 있기 때문에 살아가는 데 도움이 된다고 말한다. 그러나 우울한 기분도 너무 오래 지속되거나 너무 자주 찾아오면, 장점은 사라지고 우울증이라 불리는 고통스러운 정신질환을 앓게 된다.

몇몇 생물학자들은 인간의 행동이 인간 고유의 특징을 지니기보다는 동물의 행동이 좀더 복잡하게 발전된 것이라고 보고 자살과 우울증의 기원에 대한 실마리들을 찾기 위해 다른 동물들을 연구했다. 그 연구는 많은 위험이 따랐다. 하지만 인간이 아닌 동물들은 뚜렷한 근거가 될 기록을 남기지도 않고, 낭떠러지에서 뛰어내리는 것과 같은 고의적인 행동은 하지 않는 것 같다. 그런데도 종족을 위해 자신을 희생하는 동물들이 한둘이 아니다. 흰개미는 내장을 터뜨려 자신들의 보금자리를 위협하는 적에게 끈적거리고 냄새 나는 물질들을 흘려 보낸다. 설치류는 함께 사는 다른 설치류에게 전염병을 퍼뜨리지 않기 위해 스스로 굶어죽는다. 더 놀라운 사실은 영장류에서 많은 종의 원

숭이들이 스트레스를 받으면 심각한 우울증에 빠져 스스로의 생명을
위협하는 행동들을 한다는 점이다. 굶어죽을 때까지 음식물을 거부하
거나, 정상적인 원숭이들이 가까이 가지 않는 위험한 나뭇가지에 매
달린다. 원숭이의 우울증은 인간의 우울증과 흡사해서, 프로작과 같
은 우울증 치료제를 투여해 치료할 수 있다.

확실히 자살이라는 문제는 섣불리 다룰 수 없는 주제이다. 자살과
우울증을 자연선택 탓으로 돌리면, 너무나 뻔하고 하나마나한 이야기
를 하는 것처럼 들리기 쉽다. 정신과 의사들은 사람들이 흔히 생각하
듯이 정신병이 자기 탐닉이나 성격적 결함이 아니라, 기질적 장애
(organic disorder, 뇌가 손상되거나 그 구조가 변하면서 일어나는 장
애―옮긴이)임을 알리기 위해 오랫동안 고군분투해왔다. 의사들은 우
울증과 같은 정신질환을 엄격하게 의학 용어로만 표현하려 했다. 우
울증을 당뇨병이나 암처럼 질병으로만 보는 것이다. 연구자들은 인간
의 복잡한 행동들을 다윈주의적으로 해석하면 지나치게 과장되거나
단순화될 위험이 크다는 것을 잘 알고 있다.

확실히 인간보다 하등한 동물들의 자살은 오랫동안 잘못 해석된 부
분이 많다. 인간이 아닌 동물종의 자살을 이야기할 때 항상 입에 오
르는 레밍의 집단 자살을 예로 들어보자. 사람들은 설치류인 레밍이
"오늘이 죽는 날이야"라고 말하는 자명종 소리를 듣기라도 한 것처럼
떼지어 바다로 뛰어들어 집단 자살을 하는 줄 알았다. 그러나 최근의
조사에 따르면 레밍은 자살을 하는 것이 아니라고 한다. 황갈색의 조
그마한 설치류인 레밍이 집단적으로 죽는 것은 사실이다. 그러나 그
것은 판단을 잘못했기 때문에 일어나는 일이지 자살은 아니다. 레밍
은 메뚜기처럼 서식지의 풀을 모두 먹고 나면 식량이 있는 새 땅을
찾아서 이동하기 시작한다. 지나가는 길에 바위가 있으면 바위를 넘

어가고, 나무가 있으면 나무를 돌아가고, 물가에 도착하면 헤엄쳐서 건너간다. 시내나 연못은 헤엄쳐서 건너갈 수 있지만, 호수나 바다 같은 곳은 헤엄쳐서 건너갈 수 없다. 그러나 레밍은 죽기 전에야 그 사실을 깨닫는다.

야생동물들의 자살이 의도된 것인지 우연인지는 아직 명확히 밝혀지지 않았다. 몇몇 동물행동학자들은 특정 조건에서 여러 마리의 형제들 가운데 가장 어린 새끼 새가 유전적 혈통을 남기기 위해 아무 저항도 없이 형제의 손에 목숨을 잃는다는 점을 보여줄 가설을 발전시켜왔다. 투구펭귄의 경우, 어미 투구펭귄은 번식기마다 큰 알 하나, 작은 알 하나를 낳는다. 그런데 남극에 추위가 들이닥치면, 어미는 새끼를 한 마리밖에 기를 수 없다. 이때 어미의 선택을 받는 운 좋은 새끼는 대개 큰 알에서 부화한 새끼이다. 어미는 큰 알에서 부화한 새끼가 포식자에게 희생당할 경우에 대비해서 두 개의 알을 낳는 것이다. 이론상으로는 큰 알과 작은 알에서 새끼들이 모두 부화하면 작은 펭귄이 큰 펭귄의 손에 순순히 죽는 것이 상책이다. 형제의 칼에 몸을 던져 자살을 하는 것이 최상의 선택인 것이다. 결국 두 마리의 새끼가 모두 살아남을 가능성이 없다면, 왜 살아남을 확률이 더 높은 형제에게서 생존에 필요한 자원을 빼앗겠는가?

학자들은 이 이론을 뒷받침해줄 실측적 자료들도 확보했다. 투구펭귄 형제가 만나면, 작은 펭귄이 소리없이 죽어버린다는 것이다. 그러나 이 이론을 비판하는 이들은 작은 펭귄이 순순히 "내 몫까지 살아줘"라고 작별 인사를 한다고 보지 않는다. 그래서 이렇게 반론을 제기한다. 어떤 사람이 식량이 아주 조금밖에 없는 작은 구명선에 마이크 타이슨과 함께 타고 있다고 치자. 그러면 그 사람은 죽기살기로 타이슨에게 싸움을 하거나, 기회를 노리고 있다가 타이슨을 바다로 떠밀어 넣거나, 그것도 아니면 타이슨의 머리에 벼락이 떨어지기를 기도할 것이다.

과학자들은 대개 생식이라는 측면에서 스스로 목숨을 끊는 행동을 통해 얻는 것이 많고 잃는 것이 적을 때 그 죽음을 자살이라고 부른다. 그러한 자살을 택하는 동물들 중에는 주변의 색과 조화를 이루는 보호색으로 포식자의 눈길을 피하는 나비들도 있다. 그 나비는 번식기가 지나면, 새끼들에게 위험을 주는 존재가 된다. 어른 나비가 새에게 발견되면, 새가 그 나비의 날개 무늬를 보고 주변에 있는 다른 나비들을 환경에서 식별해낼 수 있게 되어 새끼 나비들도 큰 위험에 처하게 된다. 그래서 생식기가 지난 어른 나비들은 풀밭으로 떨어져 지쳐서 죽을 때까지 날개로 바닥을 친다. 잡히기 전에 날개의 무늬를 없애 비밀을 지키려고 하는 것이다.

자기 희생의 예는 그 외에도 많다. 각다귀처럼 생긴 작은 곤충인 혹파리는 어미가 새끼들에게 자신의 몸을 먹이로 제공하고, 새끼들은 어미를 흔적도 없이 먹어치운다. 털이 없고 눈이 먼 설치동물, 벌거숭이두더지쥐는 벌들처럼 서로 긴밀한 관계를 유지하면서 땅 밑에서 집단생활을 하는데, 기생충에 감염되면 공동 배설 지역으로 가서 죽을 때까지 꼼짝하지 않는다. 일단 죽기로 마음먹은 벌거숭이두더지쥐는 움직이지 않는다. 실험 조건하에서도 강제로 먹이를 먹일 수 없다. 집단에 기생충을 옮기지 않으려는 것이다.

과학자들은 자살이 친족의 이익을 위한 자기 희생이라는 이론을 인간 세계에 적용시키면서 확실한 예를 든다. 자식의 목숨을 구하기 위해 기꺼이 죽음을 택한 어머니들, 형제를 구하기 위해 화염에 휩싸여 죽어가는 영웅들…… 그뿐만이 아니다. 최근에는 소위 이성적인 자살이라 불리는 것까지 있다. 이성적인 자살이란 나이 많은 환자나 악성 질환의 말기 환자가 가족의 수고를 덜어주기 위해 죽음을 앞당겨 달라고 요구해서 죽는 것을 말한다. 연구자들은 정신병을 앓거나, 외로움을 타거나, 돌봐주는 이들과 사이가 나쁜 환자들의 자살 행위를 정당화하는 데 이성적인 자살이라는 용어를 사용하는 것을 대단히 싫어한다. 그러나 정신과 의사들은 자살을 기도하는 사람들이 자살을 욕심을 버린 행위이자 가족과 친구들을 위한 최선의 선택으로 본다는 사실을 알고 있다. 자살 기도로 목숨을 잃을 뻔하다가 깨어난 사람들과 이야기를 해보면, 대개 타인을 위해서 그런 행동을 했다고 이야기하고 자살 시도가 현명하고 사려 깊은 행동이었다고 믿는다는 것이다. 그런 점에서 보면 인간의 자살은 벌거숭이두더지쥐의 자살과 아주 비슷하다. 자살을 생각하는 사람들은 자신이 뭔가에 오염되고 감염된 혐오스러운 존재라고 느낀다. 그래서 자기가 사랑하는 사람들이 그 병에 감염되기 전에 병의 근원지를 파괴하는 것이 최선의 방법이라고 생각하는 것이다.

사실 자살을 시도하는 사람들 중에는 우울증이나 조울증 같은 정서 불안 증상을 앓는 이들이 많다. 그런데 정서 장애는 대개 신경세포들 간의 의사소통을 활성화시켜 감정과 공격성을 조절하게 해주는 노르아드레날린이나 세로토닌 같은 신경전달물질이 급격히 감소한다는 특징이 있다.

원숭이들을 연구하는 과학자들은 자신이 연구하는 원숭이가 심각한 우울증의 징후를 보이는 것을 여러 번 보았다고 말한다. 침팬지 연구의 권위자 제인 구달은 생후 7년 6개월 된 수침팬지가 어미를 잃고 슬픔에 잠겨 음식을 입에 대지도 않고 어미의 시신을 지키는 것을 보았다. 제인 구달은 말했다.

"그 침팬지는 하루가 다르게 말라가다가 결국 몸져누워 세상을 떠났어요. 상심한 나머지 죽은 거죠."

원숭이의 우울증은 행동에서뿐만 아니라 생화학적 작용에서도 인간의 우울증과 비슷하다. 동물행동학자들이 히말라야원숭이를 풀어놓고 기르면서 관찰한 결과, 그 원숭이들의 20% 정도가 심각한 우울증을 앓고 있는 것으로 밝혀졌다고 한다. 이 수치는 인간이 일생 동안 정서 불안에 시달리는 비율과 거의 같다. 원숭이도 인간과 마찬가지로 친족이나 배우자를 잃거나 사회적 지위가 떨어졌을 때 실의에 빠진다. 게다가 뇌척수에서 노르아드레날린의 수치가 하락하는 등 인간의 우울증 환자의 뇌에서 발견되는 몇 가지 생화학적 변화들이 우울증에 빠진 원숭이들의 뇌에서도 일어난다.

우울증은 진화의 역사에서 원시 인류보다 먼저 나타났다. 우울증은 인간이나 발달된 인식 능력을 가진 동물들이 상황을 파악하고 자신들의 대응 전략이 어떻게 실패로 끝나게 되었는지 숙고하여 같은 실수를 반복하지 않을 방법을 찾게 해주는 기능을 하는 보호본능일 수도 있다. 또는 안정된 상태에서 큰 이익을 제공하는 어떤 기질의 불가피한 침체 국면일 수도 있다. 히말라야원숭이 무리에서는 우울증을 앓는 원숭이들이 감각과 감정이 예민하게 발달했다는 이유로 집단 내의 최고 계급에 오른다. 그런 원숭이들은 포식자가 접근하는 소리, 이웃이 될지도 모르는 동물들의 모호한 움직임 등 환경의 중요한 변화에 어느 누구보다 민감하다. 그들의 눈과 귀와 코는 너무나 예민하다. 아름다운 바이올린의 팽팽한 현과 같아서, 너무 세게 켜면 끊어져버린다.

조각이불에 한 조각을 더 붙이다

나는 멋지게 죽는 방법 따위는 없다고 믿는다. 죽음이란 단지 불쾌한 일일 뿐이다. 우리는 일을 배우고 지식을 터득하고 자기 관점을 세우고 세상을 살아가는 요령을 익히며 평생을 살아가다가, 뒤따라오는 최신형 모델들에게 떠밀려 폐기 처분당하는 운명을 지고 살아간다. 자연은 끊임없이 새 장난감만 찾는 못된 녀석이다. 죽음이 자연의 그런 변덕 때문에 생기는 일이어도 기쁘게 죽을 수 있겠는가?

그러나 내가 아는 이들 가운데 자기 나름의 스타일을 가지고 죽은 이를 꼽으라고 한다면, 로드니 홈즈 씨를 꼽고 싶다. 로드니는 부주의하고 엉뚱한 자기 성격에 맞는 스타일로 죽었다. 로드니는 내가 네 살짜리 꼬마였을 때부터 우리 가족과 가깝게 지냈는데, 급성 폐렴에 걸려 며칠 동안 혼수 상태로 있다가 갑자기 세상을 떠났다. 의사들이 선반에 놓인 채 먼지만 푹푹 쌓이던 항생제들까지 모두 써보았지만, 로드니는 끝내 의식을 회복하지 못했다. 그는 오래 앓지도 않고 서서히 야위지도 않았고, 그저 무심하게 죽고 말았다. 로드니가 죽기 며칠 전에 나는 헬스 클럽에서 그를 만났는데, 그때만 해도 무척 건강해 보였다. 그러나 로드니를 치료한 의사의 말로는 로드니의 T4 세포의 수가 정상인보다 975개나 적은 25개에 불과했다고 한다. 로드니는 에이즈로 인한 합병증으로 죽었다. 그러나 자신이 에이즈 바이러스에 감염되었다는 사실을 몰랐다. 아니, 알고 싶어하지 않았다.

로드니가 에이즈 감염을 무시하고 지내기로 한 데에는 두 가지 이유가 있었던 것 같다. 우선 그는 스스로를 잘 알았다. 그는 에이즈에 정면으로 맞서 싸울 사람도 아니고, 검사 결과를 받아들이고 의연히 대처할 수 있는 사람도 아니었다. 의학 서적을 책장이 닳도록 읽으면서 대처 방법을 연구하거나 약간의 희망이라도 줄 수 있는 약품이 나오면 무조건 써보는 사람도 물론 아니었다. 그래서 그는 에이즈에 감염될 위험이 있다는 사실 자체를 무시하기로 한 것 같다. 나는 로드니처럼 병에 대응하는 사람들을 잘 알고 있다. 그런 사람들은 병이 찾아오면, 들어오지 못하게 일단 문부터 잠근다. 병이 잠긴 문을 따고 들어올 동안에 최소한 숨을 돌릴 여유라도 얻기 위해서이다. 병에 당당히 맞서 싸우려면 절제된 생활을 해야 한다. 그러나 로드니는 그럴 수 있는 사람이 아니었다. 그는 무모하고 부주의했다. 뛰어난 인테리어 디자이너이자 목수였지만, 무슨 일이건 빨리 해치우기에 바빠 실수가 많았다. 집을 꾸밀 때도 구석진 곳은 신경 쓰지 않고, 가구 가장자리는 페인트칠을 덜 하고, 벽에 박아야 할 못이 바닥을 뒹굴게 내버려두고 떠나는 식이었다. 병에 맞서 싸우려면 스스로에 대해 어느 정도의 자신감이 있어야 한다. 그러나 로드니는 누가 봐도 불안정한 성격이었다. 로드니는 키도 작고 생김새도 볼품없었다. 마치 멍청하게 생긴 도자기 인형과 불독을 섞어놓은 듯한 인상이었다. 가정적인 게이가 되기란 평범한 여성이 되기보다 훨씬 어렵다. 그는 말솜씨는 없었지만 상상력이 풍부했고, 함께 있는 사람들을 즐겁게 해주려고 최선을 다했다. 하지만 그의 곁에는 친구가 별로 없었고, 그나마 있는 친구들도 그의 약점을 감싸주지 못했다. 로드니가 병원에 있을 때 평소 로드니와 가깝게 지내던 목사가 와서 철야 기도를 했는데, 그 목사는 로드니가 아직 죽지도 않았는데도 로드니의 덕행을 이야기하는 것만큼이나 악행을 시시콜콜 꼬집었다.

그런 로드니도 자신의 한 가지 문제점만큼은 너무나 멋지게 고쳤다. 바로 알코올 중독증을 깨끗이 치료한 것이었다. 그는 알코올 중독증에 걸릴 정도로 술에 절어 살았지만, 죽기 팔 년 전에 알코올 중독자 협회에 가입한 뒤로는 취하도록 술을 마신 적이 없었다. 나는 이따금 로드니가 술을 줄이는 일과 에이즈 바이러스 감염 여부를 확인해보는 일 중에서 술을 줄이는 일을 선택했다는 생각을 하곤 한다. 그의 몸에 에이즈 바이러스의 감염 징후인 대상 포진이 처음으로 나타난 것은 1980년대 중반, 그가 술을 끊은 직후였다. 나는 물론이고 그를 아는 사람들이 그에게 누차 에이즈 바이러스에 감염되었는지 확인해보라고 권했지만, 그는 그 문제에 대해 언급하기조차 싫어했다. 양성 판정을 받을 경우, 술을 마시고 소란을 피우지 않고는 견딜 재간이 없었기 때문이었는지도 모른다. 그러다가 알코올 중독이 재발하면 나가 돌아다니며 술을 퍼마실 것이고, 그럼 에이즈 바이러스를 퍼뜨리고 다닐 것이 분명하니까 다른 사람들을 보호해야겠다는 생각에서 그랬을 수도 있다. 로드니는 대상 포진이 나타났을 때 에이즈가 자신의 의지나 꿈보다 훨씬 강하다고 생각했던 것 같다. 사실 에이즈는 우리들이 이제껏 보아온 그 어떤 질병보다도 강하다. 그러면서도 아직 치료 방법이 발견되지 않아, 우리의 창의성을 고양시켜주고 우리에게 새로운 세계를 펼쳐 보여주던 수많은 예술가들과 개혁가들을 죽음으로 몰아넣은 병이 바로 에이즈다. 에이즈는 인류가 이제껏 경험해온 온갖 사악한 병 중에서도 가장 사악한 병이다.

에이즈의 추악성은 신체를 완벽하게 망가뜨리는 속성에서도 드러난다. 에이즈 바이러스는 인간의 신체 속에 있는 그 어떤 세균도 알지 못하는 공격 방법을 알고 있고, 그 공격 방법을 적극적으로 이용한다. 에이즈 바이러스는 저항하는 숙주의 방어를 체계적으로 공격하는 방법을 알고 있다. 에이즈 바이러스는 먼저 신체의 전체 면역 군대에서 대장 역할을 하는 보조 T세포들을 감염시켜 죽음에 이르게 한다. 보조 T세포는 T세포 가운데 하나로 업무 판단자의 역할을 하는데 이들의 수는 의외로 적다. 에이즈 바이러스는 장애 T세포들과 대식세포를 죽이고, 면역세포들의 의사소통 신호를 보내는 단백질 분자, 사이토카인(cytokine, 세포질 분해 효소—옮긴이)의 네트워크를 파괴한다. 에이즈 바이러스는 끊임없이 모습을 바꾼다. 바이러스를 죽이는 항체들이 에이즈 바이러스의 모양을 익힐 때쯤 되면, 에이즈 바이러스는 단백질로 된 새 가면을 쓰고 항체들 앞을 유유히 빠져나간다. 에이즈 바이러스는 혈액 속에 모습을 드러내지 않는 동안에도 조용히 면역 체계를 파괴한다. 림프절 속에서 몇 년 동안 번식을 계속하면서 신체의 내부를 돌아다니는 T세포들을 습격하는 것이다.

에이즈 바이러스는 면역 체계를 파괴하면서 개체의 비계를 파괴한다. 면역세포들은 신체와 외부 유입물들을 명확하게 구별한다. 외부에서 굴러 들어온 기생자, 흡혈동물, 도둑들로부터 신체 조직을 구별하는 것이다. 면역 체계가 없으면, 외부의 균들이 문이 활짝 열린 성안으로 몰려 들어오듯 벌떼처럼 신체 안으로 몰려 들어온다. 그렇게 해서 평소에는 아주 작은 모기를 쫓을 때처럼 손을 흔들어 간단히 쫓아버릴 수 있는 균류, 박테리아, 바이러스, 원생동물, 이스트 같은 시덥잖은 병원체들이 몸 속으로 들어와 복작대면서 번식하게 되는 것이다. 에이즈는 다른 어떤 질병보다도 확실하게 인간이 유기체라는 사실을 상기시켜준다. 우리의 몸은 눈에 보이지 않는 수많은 생물들을 위한 먹이이자 자원의 보고이다. 그 생물들은 늘 우리의 죽음을 기다린다. 에이즈 환자는 그러한 생물들에게 산채로 잡아먹히는 것이다.

에이즈는 수많은 사람들의 목숨을 앗아갔다. 미국에서만 1994년 말 현재 25만 명에 이르는 사람들이 에이즈로 사망했다. 그러나 불행은 단지 사망자 수보다 더 큰 데 있다. 에이즈는 우리의 용기를 말살시켜 용기가 사라진 사실조차 깨닫지 못하게 한다. 에이즈는 가장 친밀한 사랑의 행위를 살인이나 자살에 다가가는 것과 마찬가지인 양 왜곡시켰다. 에이즈는 에로티시즘과 성적 모험주의를 체제 위협 행위로 여기고 역사와 과학이 자신들의 편이라고 주장하는 고상한 체하는 인간들과 깡패들에게 축제를 벌여주었다. 보수주의 혁명은 에이즈가 나타나기 전부터 시작되었을 수도 있지만, 로널드 레이건이 미국 대통령에 당선되고 일 년 뒤인 1981년에야 에이즈가 대중에게 공개되었다. 에이즈는 보수주의 세력의 분노에 불을 붙이고 천 년 지옥의 유황 불에 부채질을 했다. 결국 에이즈는 악마라고 손가락질 받고 무시당하던 동성애자와 마약 중독자들처럼 감염 위험이 높은 계층에 주로 나타났다. 초기의 예측과는 달리 미국의 주류를 이루는 이성애자들은 에이즈라는 재난을 비켜갔고, 그로 인해 신은 백인이고 이성애자이며 기독교도라는 완고한 편견이 더욱 힘을 얻고 있다.

에이즈의 시대에, 도덕주의의 음산한 바람이 불고 있다. 오늘날에는 아무도 자유 분방한 성행위와 성적 열정을 자기 표현 방식이나 자기 발견 방식이라고 옹호하지 않는다. 기괴한 양식의 작품을 선보이는 예술가들조차 성적으로 도덕주의자인 체하고, 결혼 전에 순결을 지켜야 한다는 생각이 또다시 유행처럼 번져나갔다. 이 암울한 폭풍 속에서도 긍정적인 것을 찾아내고자 하는 사람들은 에이즈의 위협 때문에 자신에 대해 더욱 진지하게 생각하고 자신의 파트너와 보다 깊고 의미 있는 관계를 갖도록 노력하게 되었다고 말한다. 그렇게 해서 전보다 더 즐거우면 그것은 좋은 일이겠지만 내가 보기에는 그런 것 같지 않다. 사랑하는 사람에게 성실해야 하는 데에는 여러 가지 중요한 이유들이 있지만, 두려움 때문에 성실해야 하는 것은 아니다. 공포는 친밀감보다 경멸감을 키워내기 마련이다.

나는 미국이라는 나라에서 젊음과 생기 발랄함과 기쁨을 빼앗아가는 에이즈가 끔찍하게 싫다. 에이즈는 희망에 먹구름을 드리우고, 의학을 좌절시키고, 전염병의 시대가 끝났다고 믿던 즐거운 환상을 깨뜨렸다. 에이즈는 우리를 분열시켰고, 우리의 통찰력과 관대함과 동정심을 새로운 차원으로 끌어올리지도 않았다. 오히려 우리 안에 있던 벽을 공고히 하고 새로운 분열을 만들어냈다. 이성애자와 동성애자, 가난한 자와 부유한 자, 에이즈 감염자 수가 통제할 수 없이 폭발적으로 늘어나는 개발도상국과 이제는 감염자 증가율이 안정기에 접어든 선진국으로 분열되었다. 심지어 남성 동성애자들 사이에서도 에이즈는 높은 벽을 만들고 편을 가른다. 에이즈에 걸려 괴로워하고 데이트를 할 때마다 자신의 감염 사실을 언제 고백할지 고민하는 감염자와 감염되고 싶어하지 않는 비감염자로 분리시키는 것이다.

로드니는 이 새로운 형태의 사회적 배타성, 자신이 이미 거슬리는 존재가 되어버린 하위 문화 속에 생겨난 이 새로운 차별 방법을 방관한 것이다. 로드니는 속물처럼 미적 감각이나 예민한 지각력, 독설에 가까운 재치가 없는 이들을 무시하고 잘난 척했을지도 모른다. 하지만 그것은 단지 늙은이의 허영심과 불안전성이 뒤섞여 나타난 것이지, 그다지 중요한 변별점도 아니고 저주받은 자와 구원받은 자를 나누는 성서적 기준도 아니다. 로드니는 알코올 중독자에다가 외모도 우스꽝스럽고 성격도 원만하지 못하고 수입도 불안정한 탓에 늘 사회의 변두리를 맴돌면서 살았다. 그는 자신을 외롭게 만들 또다른 오점이 생기는 것을 바라지 않았다. 그래서 로드니는 뉴욕의 게이들 중에서 가장 에이즈에 무신경했다. 그에게는 동성애자 친구도 별로 없어서 장례식에 갈 일도 별로 없었다. 자신의 젊은 애인에게 이사를 와서 함께 살자고 했을 때도 애인이 에이즈에 감염되어 결핵을 앓고 있다는 사실 따위는 개의치 않았다. 그는 격렬한 사랑에 빠져 있었고, 사랑만을 중요하게 생각했다.

그 당시 나는 건강 문제에 너무나 소홀한 로드니를 바보라고 생각했다. 하지만 지금 돌이켜보니, 로드니는 애인이 자기 집으로 이사왔을 때 이미 에이즈에 감염되어 있었던 것 같다. 어쩌면 로드니도 '내가 혹시?' 하는 생각을 했을지 모르지만 어쨌거나 로드니는 치료를 하려고 애쓰지 않았다. 어떤 에이즈 치료제도, 어떤 폐렴 치료제도 쓰지 않았다. 로드니는 에이즈에 감염되었다는 사실을 인정하지 않았고, 에이즈의 진행을 둔화시킬 가능성이 있는 약을 복용하지 않았다. 그래서 1993년에 로드니는 죽었다. 의사들조차 에이즈가 뭔지 모르던 시절에 에이즈로 사망한 이들처럼 아무런 조치도 취해보지 못하고 죽은 것이다. 로드니는 서서히 죽어가지 않았다. 에이즈가 찾아오자마자 그대로 로드니를 삼켜버렸다.

손녀딸의 두려움

어느 날 오후 늦게 첫번째 전화가 걸려왔을 때 나는 사업적인 일로 동료와 이야기를 나누고 있었다. 수화기를 통해 들려오는 목소리가 어찌나 크고 겁에 질려 있었던지, 곁에 있던 동료가 그 목소리를 듣고 걱정스러운 얼굴로 내 표정을 살폈다.

할머니가 소리쳤다.

"나탈리, 너냐? 나탈리, 나 좀 도와줘!"

나는 전화기를 손으로 감싸쥐고 물었다.

"무슨 일 있어요?"

뒤이어 할머니가 울먹이며 목소리가 높아졌다 낮아졌다 했다. 할머니는 12시부터 지금까지 죽 혼자 있었다고 했다. 꼬박 다섯 시간 동안이나 말이다! 그리고 밤 10시까지 아무도 오지 않을 거라면서 울음을 터뜨렸다. 할머니는 그 사실이 견딜 수가 없어서 금방이라도 미쳐버릴 것만 같았지만 다들 그런 할머니를 혼자 내버려두었고, 그래서 할머니는 겁에 질려 있었다. 할머니는 모두에게 전화를 걸었다. 할머니의 아들(우리 삼촌), 의붓아들, 손자, 손녀, 그 모두에게. 그리고 이제 나에게까지.

나는 할머니가 뭘 바라고 전화를 한 건지 뻔히 알면서도 시치미를 떼고 퉁명스럽게 물었다.

"그래서 제가 어떻게 해드렸으면 좋겠어요?"

"제발 애야, 나한테 좀 와줘! 부탁이다, 나탈리! 난 혼자야!"

"네, 네, 알았어요. 갈게요. 최대한 빨리 갈게요."

나는 전화를 끊고 동료에게 곧 나가봐야 한다고 말했다. 그러나 아주 큰 일이 일어났다고 생각하지는 않았다. 우리 할머니는 뉴욕 북동부에 있는 한 아파트에서 살았다. 그곳에는 할머니를 아는 사람들이 많아서, 할머니가 잘 지내시는지 보러 들르는 사람도 상당히 많았다. 하지만 할머니는 늘 사람을 원했다. 하지만 휴우―, 난 바빴다. 나는 할머니의 전화를 끊고 나서 동료와 이십 분 정도 더 이야기를 나누었다. 또다시 전화가 걸려왔다. 할머니는 정말로 히스테릭한 목소리로 소리쳤다.

"나탈리, 너 지금 어디 있는 거냐? 곧장 온다고 했잖아! 빨리 좀 와줘, 제발!"

이제는 나도 정말로 서둘렀다. 후닥닥 문을 열고 나가 택시를 잡았다. 그러나 할머니가 사는 아파트에 도착한 순간, 달아나고 싶은 마음이 굴뚝같았다. 할머니가 내 팔을 잡아당겨 나를 집 안으로 이끌었다. 할머니의 얼굴은 눈물 자국으로 얼룩덜룩해져 있었고, 듬성듬성한 흰 머리카락이 마구 엉클어져 있었다. 할머니의 목욕 가운은 허리춤까지 내려와 있었다. 나는 얼른 돌아섰다. 할머니의 알몸을 한 번도 본 적이 없기 때문이다. 집 안에서 온통 퀴퀴한 냄새가 진동을 하여 숨을 쉴 수가 없었다. 나는 창문을 활짝 열고 소파에 걸터앉았다.

그리고 나서 오 분간, 할머니가 거실 안을 오락가락하며 세상을 욕하는 동안에 나는 한마디도 하지 않았다. 할머니는 그날 아침 일찍 자신을 버리고 간 삼촌을 욕했다(삼촌은 출근을 해야 했다). 할머니는 오스트레일리아에 놀러 간 내 어머니(할머니의 딸)도 욕했다. 자식이라는 것들이 어떻게 어미 호주머니에서 돈을 훔쳐갈 궁리만 하느냐, 어떻게 자기 집 열쇠를 다 뺏어가버릴 수 있느냐, 어떻게 어미와 십 분 이상 함께 있지를 못하느냐면서 할머니는 길길이 날뛰었다. 하지만 나는 할머니의 자식들이 할머니 때문에 밤낮으로 얼마나 애를 쓰는지 너무나 잘 알고 있었다.

할머니가 불평을 늘어놓을수록 나는 어찌해야 할지 알 수 없었고 화만 났다.

결국 나의 성미가 나의 판단력을 누르고 말았다. 나는 벌떡 일어나 아무도, 아무것도 할머니를 도울 수 없다고 소리를 질렀다.

"할머니를 도울 수 있는 사람은 할머니뿐이에요!"

그리고 나서 마음을 진정시키고 말했다.

"내 말 이해하시겠어요? 늘 그렇게 다른 사람들한테 의지하려고만 하면 안 돼요!"

그 순간 할머니가 귀청을 찢을 듯이 날카롭게 비명을 지르고는 침대에 쓰러졌다. 어줍잖은 설교를 늘어놓음으로써 내가 얻은 것이라고는 할머니의 히스테리와 자신에 대한 무력감뿐이었다.

우리 할머니는 여든 살인데, 나이보다 훨씬 늙어 보인다. 당뇨병, 녹내장, 천식, 관절염 등 여러 가지 병을 조금씩 앓고 있지만, 할머니의 진짜 병은 신경정신학적인 것이다. 할머니는 알츠하이머병을 앓고 있었는지도 모른다. 혹은 끊임없이 조용한 발작을 일으키고 있었는지도 모른다. 할머니의 주치의는 할머니의 병을 확실히 알지 못했다. 그는 이렇게 말했다.

"솔직히 말해서 진단을 정확히 내리는 것은 중요하지 않습니다. 할머니의 병은 고칠 수 없어요."

확실한 건 할머니가 늙는 것을 싫어하고, 단 몇 분도 혼자 있지 못하고, 사람들, 그중에서도 특히 할머니 때문에 세상에 태어나게 된 자식들과 손주들이 곁에 없으면 아무 일도 못한다는 사실이었다.

요즘 우리 가족들이 나누는 대화의 대부분은 할머니에게 초점이 맞추어져 있다. 할머니 문제를 어떻게 해야 할까? 할머니를 노인 요양소에 보낼까?(그건 생각만 해도 끔찍했다.) 같이 살 사람을 고용할까?(그건 너무 돈이 많이 들었다.) 새로 개발된 정신 치료제를 드시게 할까?(어떤 약을 써도 효과가 없을 것 같았다.) 할머니는 낮에만 곁에 있어줄 사람을 원하는 것이 아니다. 밤에도 원한다. 그래서 우리 가족들이 골머리를 앓는 또다른 문제는 이제 누가 할머니 집에서 자느냐 하는 것이다. 지금까지 이 시련에서 남은 것은 죄책감밖에 없었다. 우리 가족들은 할머니를 행복하게 해줄 가능성이 없을 것 같아 심한 좌절감을 느낀다. 그 좌절감 때문에 우리는 할머니에게 대놓고 화를 내기도 하고, 할머니를 만나러 가지 않기도 한다. 그러나 이것은 부끄럽고도 미성숙한 반응이다. 어머니는 할머니에게 온갖 정성을 기울이면서도 늘 잘 해드리지 못한다고 걱정한다. 하지만 그러면서도 모욕과 비난이 뒤섞이며 쏟아져나오는 할머니의 끊임없는 요구에 분노를 터뜨린다. 그리고 나서 어머니는 또다시 할머니를 보러 가고 할머니에게 끊임없이 전화를 걸지만, 결국에는 또 마음을 다스리지 못하고 할머니에게 화를 내고 만다. 삼촌은 평소에 감정 조절을 잘한다. 그러나 요즘 와서 살이 찌고 표정이 어두워지기 시작했다.

나는 못된 짓만 골라서 하는 손녀딸이다. 나는 몇 주 동안 할머니에게 전화 한 번 걸지 않는다. 할머니를 보러 가면, 신병 훈련소의 하사관처럼 뻣뻣하게 군다. 건강 제일론자로서, 할머니에게 이제라도 늦지 않았으니 운동을 시작하라고 설교한다. 할머니가 눈물을 보이면 고개를 돌리고, 할머니가 독백처럼 정신없이 떠들어대면 책을 읽는다. 할머니는 나더러 모질다고 한다. 할머니의 말이 옳다.

나는 이제껏 사람이 늙어가는 모습을 곁에서 지켜본 일이 없었다. 우리 할머니가 처음이다. 나는 할머니를 존경했다. 할머니는 내가 어렸을 때 보내드린 자작시들과 편지들을 지금도 여전히 아끼고 사랑한다. 할머니는 늘 생기 있고 기운이 팔팔한 분이었다. 이스라엘 국채를 판매하고, 자선 중고품 할인 판매장에서 장시간 일하고, 노벨 문학상을 수상한 유태계 미국인 작가 아이작 싱어(Isaac Bashevis Singer)처럼 자신의 지난날을 재미있게 이야기했다. 그래서 할머니가 가는 곳에는 늘 친구들이 들끓었다. 당시에 친구가 별로 없는 침울한 소녀였던 나에게는 할머니의 그런 점들이 너무나 존경스러웠다.

하지만 그 뒤부터 시련의 시기들이 퇴적층처럼 할머니 주위에 차곡차곡 쌓여 할머니를 숨막히게 했다. 할머니는 불치병을 앓은 세 명의 남편들을 꿋꿋하게 간호했지만, 자기 형제들의 죽음 앞에서는 조금씩 허물어져갔다. 할머니는 형제들 중 막내였다. 1982년에 하나 남은 언니마저 저 세상으로 가버렸을 때, 할머니는 거의 실성한 사람 같았다. 할머니한테는 여전히 친구들이 많았지만, 할머니는 자식과 손주들의 보살핌을 더욱 극성스럽게 요구했다. 할머니는 감정적으로 차츰 예민해져서 파티 장소에서도, 유월절 정찬식 장소에서도, 심지어는 내 여동생의 결혼식 장소에서도 화를 냈다.

할머니의 증세가 심각해지자, 할머니에 대한 나의 반응 또한 심각해졌다. 어머니는 나에게 할머니에게 잘 해드리고 전화도 자주 하라고 당부하지만, 나는 핑계를 늘어놓으면서 늘 빠져나간다. 하지만 내가 둘러대는 핑계들은 내가 듣기에도 말이 안 된다. 사실 내가 할머니를 보지 않으려고 한 것은 할머니를 보면 겁이 났기 때문이다.

내 마음속에는 완벽한 할머니 상이 있다. 지혜롭고, 위엄 있고, 스스로에게서 평화를 얻고, 자신이 걸어온 길에 대해 무언의 자신감이 있는 할머니이다. 남의 환심을 사거나 뛰어난 이들을 깎아내리는 데 시간을 낭비하지 않는다. 대신 자신의 일을 한다. 그 할머니는 화가 조지아 오키프(Georgia O'Keeffe)일 수도 있고, 조각가 루이즈 네벨슨(Louise Nevelson)일 수도 있고, 작가 마리안 무어(Marianne Moore)일 수도 있다. 혹은 책을 읽고, 바흐의 음악을 듣고, 기억 저편으로 흘러가버린 나날들을 혼자서 조용히 되짚어보는 유명하지 않은 할머니일 수도 있다.

물론 내가 꿈꾸는 할머니는 다음과 같은 면들을 갖고 있지 않다. 돈이 없어 쩔쩔맨다거나 관절염을 앓는다거나 숨을 쉴 때 가래 끓는 소리가 난다거나 기억력과 시력과 분별력을 잃어 고통받는 일도 없다. 무엇보다도 나의 이상형은 내가 잘 아는 할머니와 다르다.

나는 우리 할머니를 사랑한다. 우리 할머니도 정신이 맑을 때는 즐겁게 지낸다. 그러나 어쩔 수 없이 할머니의 그 지긋지긋한 절망감이 고개를 쳐들면 할머니는 울고, 욕하고, 헐뜯을 구실을 찾고, 나는 그런 할머니를 만나지 않아도 될 핑계를 찾는다.

나는 오키프와 무어만큼 근사하게 늙어가기를 바라지는 않는다. 앞으로 살아갈 반세기 동안의 내가 서른한 살인 지금의 나보다 낫기를 바랄 뿐이다. 그러나 그렇게 늙어갈 수 있을지 의문이다. 예민하고, 겁에 질려 있고, 행복을 얻지 못하고, 죽고 싶어하면서도 삶에 필사적으로 매달리는 우리 할머니를 볼 때, 나는 나 자신을 본다. 그래서 그런 할머니를 보고 있을 수가 없다.

우리 할머니는 1991년 9월에 여든세번째 생일을 하루 앞두고 돌아가셨다. 나는 할머니가 돌아가신 직후보다 요즘에 더 할머니 꿈을 자주 꾼다. 내 꿈에 나타나는 할머니는 늘 돌아가실 당시보다 훨씬 젊다. 정신도 아주 맑고, 몸도 건강하다. 할머니는 원래의 자신을 되찾았다. 한창 시절의 자신의 모습을 되찾은 것이다. 그런 할머니를 나는 꿈속에서 의아함과 안도감이 섞인 눈길로 바라본다. 꿈을 꾸는 나의 마음은 아이의 마음이다. 감성적이고 숭고하고 이야기의 결말을 다시 쓰고 싶어하는 아이의 마음이다.

역자 후기

이따금 우리는 우리 자신이 자연의 일부임을 잊고 살지만, 우리 주변에는 수많은 생물들이 살고 있다. 굳이 애완동물을 키우지 않더라도 인간의 집에는 수많은 생물들이 공존한다. 인간들이 끔찍하게 싫어하는 바퀴벌레를 비롯하여 파리, 모기, 개미, 거미 등은 어느 집에서나 흔히 볼 수 있는 생물들이다. 평소에는 전혀 눈에 띄지 않다가 과자 부스러기가 떨어지면 어디선가 나타나 끌고 가는 개미나, 살충제의 포화 속에서도 살아남은 바퀴벌레를 보면 그들의 끈질긴 생명력에 놀라게 된다. 그리고 문득 자연에 대한 경외감과 신비감이 솟구치며 그들의 생명력에 대해 탐구하고 싶어진다. 바로 그런 이들에게 나탈리 앤지어는 뛰어난 안내자 역할을 한다.

앤지어는 작은 생명체에서 영장류 동물에 이르기까지 그 안에 숨은 자연의 진리를 밝혀내기 위해 인간이 이룩한 모든 학문을 무기로 이용한다. 동물행동학을 비롯하여 분자생물학과 진화론, 유전학까지 동원하여 조목조목 비밀을 밝혀나가는데, 앤지어의 날카로운 논리적 추궁 앞에서 독자가 알고 있던 상식과 어설픈 지식은 여지없이 깨지고 만다. 부지런하다고 알려진 개미가 사실은 지독하게 게으르다는 사실과 그 이유가 주어진 생명에너지가 정해져 있어서 쓸데없이 부지런을 떨면 그만큼 목숨이 줄어들기 때문이라는 사실, 귀엽고 사랑스럽기만 할 것 같은 돌고래가 짝짓기를 위해 거칠고 비열한 행동을 하기도 한다는 사실을 생생하게 알려준다. 나아가 바람 피우는 새와 놀라운 재활용가인 쇠똥구리, 새끼를 정성껏 돌보는 바퀴벌레 등 잘 알려져 있지 않은 이야기를 쏟아놓으며 과학자들이나 흥미를 느낄 법한 전문지식의 세계로 일반 독자들을 끌고 들어간다.

그러나 무엇보다도 놀라운 것은 앤지어의 글이 철저하게 과학적이라는 점이다. 그녀가 들려주는 이야기는 결코 과장되거나 인간의 시각에서 드라마틱하게 재구성한 것이 아니다. 그녀는 과학 저술가답게 객관적인 사실에 근거하여 과학적이고 전문적인 관점에서 서술한다. 허술한 서술이나 화려한 묘사로 독자를 붙잡아두는 것이 아니라, 왕성한 호기심과 창의적인 문제 제기, 그것을 입증하는 실험 결과와 분석 내용을 통찰력 있게 풀어냄으로써 독자들의 흥미를 고조시킨다. 세포는 갑자기 죽는 것이 아니라 정교하게 계획된 유전자 프로그램에 따라 죽는다는 사실, 기생충은 단순히 빌붙어 사는 것이 아니라 자신이 살기 좋은 환경을 만들도록 숙주를 조종한다는 사실 등을 비전문가인 독자들도 흥미진진하게 읽을 수 있도록 풀어놓았다. 심지어 앤지어는 그 동안 다분히 감상적이고 관념적으로 이해해온 영역까지 과학적으로 분석해낸다. 가령 부모의 헌신적 사랑이나 이성에 대해 느끼는 매력 같은 것들도 막연히 숭고하거나 매력적인 감정이 아니라, 특정 호르몬의 작용에 의해 일어나는 현상이라는 점을 일러주는 것이다.

『살아 있는 것들의 아름다움』은 해박한 지식을 갖춘 저자가 동물에 대해, 자연에 대해 생생하고 열정적이며 신랄하게 써내려간 과학 저술서로, 생물학의 다양한 측면들과 과학자들의 지난한 연구 과정, 그들의 비전과 쟁점 등을 한 권에 고스란히 담아놓은 책이라고 해도 과언이 아니다. 덕분에 독자들은 여러 분야를 전문적으로 섭렵하는 지적 쾌감을 맛볼 수 있을 것이다. 그런 만큼 옮기는 과정에서의 고통도 컸다. 듣도 보도 못한 이름의 선충, 호르몬, 화학물질, DNA 등 수없이 나타나는 암초들 때문에 애를 먹었다. 더욱이 앤지어가 다루고 있는 내용들은 대부분 이미 오래 전에 밝혀진, 고정불변의 케케묵은 지식이 아니라, 말 그대로 최신 정보와 지식을 바탕으로 한 것이기 때문에 더욱 어려움이 많았다. 특히 암이나 에이즈처럼 나날이 새로운 사실이 밝혀지는 분야에서는 그새 이 책에서 다루지 않은 새로운 사실들이 밝혀지지 않았을까 걱정스럽기도 했다. 하지만 수많은 동식물 이름과 생물학을 비롯한 각종 학문의 최신 용어 같은 암초들에도 불구하고 이 책은 매력적이다. 힘겹게 번역을 끝낸 지금, 이제 독자 입장에서 아무 부담 없이 이 책의 재미에 흠뻑 빠질 일만 남았다. 마지막으로 옮긴이로서, 지독한 고난이도의 수수께끼를 아주 사소한 상식까지 총동원하여 오랜 시간을 투자하여 끈덕지게 풀어냈을 때와 같은 쾌감을 맛보게 해준 저자 나탈리 앤지어에게 치떨리는 감사를 보낸다.

2003년 8월
햇살과나무꾼

옮긴이 **햇살과나무꾼**

햇살과나무꾼은 동화를 사랑하는 사람들이 모여 만든 곳으로, 세계 곳곳에 묻혀 있는 좋은 작품들을 찾아 우리말로 소개하고 어린이의 정신에 지식의 씨앗을 뿌리는 책을 집필하는 어린이 책 전문 기획실이다. 지금까지 『워터십다운의 열한 마리 토끼』 『나는 선생님이 좋아요』 『내가 사랑한 침팬지』 『시튼 동물기』 등을 우리말로 옮겼으며, 『내 친구 개』 『옛날 장인들은 어떻게 살았을까』 『위대한 발명품이 나를 울려요』 『거꾸로 배우는 동물의 세계』 등을 집필했다.

살아 있는 것들의 아름다움

1판 1쇄   2003년 11월 2일
1판 12쇄   2019년 9월 19일

지은이   나탈리 앤지어
펴낸이   햇살과나무꾼
펴낸곳   (주)북하우스 퍼블리셔스
출판등록   1997년 9월 23일 제406-2003-055호
주소   04043 서울시 마포구 양화로 12길 16-9 (서교동 북앤빌딩)

전자우편   henamu@hotmail.com
홈페이지   www.bookhouse.co.kr
전화번호   02-3144-3123
팩스   02-3144-3121
ISBN 978-89-5605-500-8 03400

이 도서의 국립중앙도서관 출판도서목록(CIP)은 e-CIP 홈페이지(http://www.nl.go.kr/cip.php)에서 이용하실 수 있습니다. (CIP제어번호 : CIP2003001325)